SCR YANQI TUOXIAO CUIHUAJI
QUANSHOUMING ZHOUQI GUANLI

SCR烟气脱硝催化剂全寿命周期管理

内蒙古电力科学研究院　编著

中国电力出版社
CHINA ELECTRIC POWER PRESS

内容提要

本书以火力发电厂烟气脱硝催化剂使用及寿命管理为主线，以延长催化剂使用寿命为核心，探讨了影响催化剂寿命的关键因素及延长催化剂使用寿命的方法。从投运前SCR烟气脱硝催化剂设计选型、使用现状、工作机理，到运行中活性检测预估、添加更换及再生，再到运行后续的优化调整、寿命管理、废旧催化剂处理技术等方面进行了全面、系统的评价和分析，给出了合理的结论和建议。依据结论可以对催化剂的寿命和运行状态有一个全方位的了解和判断，为SCR烟气脱硝系统健康高效、安全稳定、环保经济运行打下坚实的基础。书中还介绍了国内外烟气脱硝催化剂发展历程、趋势和国内最新相关法律法规及标准。

本书立足于SCR烟气脱硝技术的实际应用，以理论结合实际的方式，通过翔实的试验数据和案例分析，为SCR烟气脱硝的设计、设备选型、运行、生产服务、科研、教学等生产、技术人员及管理人员提供参考。

图书在版编目（CIP）数据

SCR烟气脱硝催化剂全寿命周期管理 / 内蒙古电力科学研究院编著 .—北京：中国电力出版社，2019.8
ISBN 978-7-5198-3369-5

Ⅰ.①S… Ⅱ.①内… Ⅲ.①火电厂—烟气—脱硝—催化剂—研究 Ⅳ.①X773.017

中国版本图书馆CIP数据核字（2019）第138444号

出版发行：中国电力出版社
地　　址：北京市东城区北京站西街19号（邮政编码100005）
网　　址：http://www.cepp.sgcc.com.cn
责任编辑：刘汝青（010-63412382）　董艳荣
责任校对：黄　蓓　王海南
装帧设计：张俊霞
责任印制：吴　迪

印　　刷：三河市万龙印装有限公司
版　　次：2019年8月第一版
印　　次：2019年8月北京第一次印刷
开　　本：787毫米×1092毫米　16开本
印　　张：11.5
字　　数：276千字
印　　数：0001—1500册
定　　价：55.00元

《SCR 烟气脱硝催化剂全寿命周期管理》
编　委　会

主　任　张叔禹

副主任　刘永江

主　编　禾志强

副主编　李浩杰　赵　宇　高正平　张志勇　张　铭

郭江源　赵全中　姜　冉　武　洁

前 言

氮氧化物（NO_x）排放量已成为我国国民经济和社会发展“十三五”规划纲要中的约束性指标，“十三五”期间要求 NO_x 排放量累计增速不超过 15%。

选择性催化还原法（SCR）烟气脱硝技术是目前最为成熟、应用较为广泛的烟气脱硝技术。SCR 烟气脱硝技术的核心是催化剂，催化剂的成本占整个 SCR 烟气脱硝系统投资成本的 20%～40%，其性能也决定着 SCR 烟气脱硝系统脱硝效率的稳定性。在 SCR 烟气脱硝装置的运行过程中，催化剂活性会因受到物理变化和化学作用的影响而逐渐衰减，因此应通过加强催化剂管理，规范安装、运行、检测及维护等全寿命管理过程，延长催化剂的使用寿命，也就是广义上所说的 SCR 烟气脱硝催化剂全寿命周期管理。

本书以提升 SCR 烟气脱硝催化剂的使用寿命为目的，紧密围绕催化剂的性能检测、质量评价、优化调整、全寿命管理等展开论述，涵盖了催化剂制备、检测评价、运行中寿命管理、再生技术及废旧处理技术等各个环节。全书内容共分为六章。第一章介绍了目前国内外 SCR 烟气脱硝催化剂的发展历程、工作机理，并对催化剂的分类及催化剂寿命概念进行了介绍；第二章详细介绍了 SCR 烟气脱硝催化剂的设计选型及制备工艺；第三章主要探讨了 SCR 烟气脱硝催化剂运行中的评价方法、催化剂的活性在线分析，以及催化剂的添加、更换和再生计划等，分析了各种评价方法技术在工程应用中的优点和问题，为实际工程中的技术应用提供了依据；第四章对运行中的 SCR 烟气脱硝催化剂进行了活性预估，通过优化调整，以延长催化剂寿命；第五章、第六章结合实际脱硝催化剂再生和处理案例，介绍了对失活催化剂的再生技术和对废旧催化剂的处理要求。

在本书的编写过程中，得到了内蒙古电力（集团）有限责任公司相关领导、内蒙古电力科学研究院领导和同事的大力支持和帮助。内蒙古电力科学研究院近几年一直积极开展 SCR 烟气脱硝催化剂的性能评价、管理和再生工艺的科研工作，并取得了一定的研究成果。本书既可以为从事 SCR 烟气脱硝技术的设计、运行和管理人员提供催化剂全寿命管理的技术指导，也可以作为相关专业学生的参考用书。

感谢外审专家对本书提出的宝贵意见，我们已经仔细研究了相关修改意见，并做了相应改正。

除了本书所列的参考文献外，编写人员还参阅了部分近年来我国电力、环保、化工等领域专家及专业技术人员撰写的报告、文献、总结资料，恕难一一详列，在此一并向各位专家、同仁致谢！

限于编者水平，书中难免存在疏漏与不足之处，恳请读者谅解并批评指正！

编著者

2019 年 6 月

目 录

第一章 SCR烟气脱硝催化剂概述

第一节　SCR烟气脱硝催化剂发展历程及趋势

一、国内外SCR烟气脱硝催化剂发展历程

SCR烟气脱硝催化剂大多数由载体和活性组分两部分组成，载体占催化剂组成成分的85%左右。成本上载体约占催化剂总成本的45%。

（一）国内SCR烟气脱硝催化剂发展历程

我国对于火力发电厂氮氧化物的排放控制起步较晚，国内首台利用SCR烟气脱硝技术脱除烟气中氮氧化物的装置直到20世纪末才建成。具有我国自主知识产权的SCR烟气脱硝工程2006年在国华太仓发电有限公司成功运行。这项技术的成功运用，意味着选择性催化还原脱硝技术在我国是可行的。

SCR烟气脱硝催化剂的发展主要历经了四个阶段。最早的活性组分采用的是Pt、Rh、Pd等贵金属，还原剂常采用CO和H_2或碳氢化合物，此类催化剂反应的活性温度较低，一般在300℃以下，目前贵金属催化剂较多用在柴油机的排放控制中；接着，引入了V_2O_5/TiO_2等金属氧化物作为催化剂，250～400℃是金属氧化物的活性温度区间，其中燃煤电厂SCR烟气脱硝系统中应用较多的催化剂是钛基钒类催化剂；最后，碳基催化剂的引入使脱硫脱硝同时得到有效控制。

1. 贵金属催化剂

活性组分采用的是Pt、Rh、Pd等贵金属类催化剂，氧化铝等整体式陶瓷可作为其载体，由于贵金属催化剂在SCR烟气脱硝反应中作为最早使用的一类催化剂，所以这类催化剂在20世纪70年代前就已经在烟气控制排放方面迅速发展。贵金属催化剂的优点是对NH_3氧化具有很高的催化活性，缺点是在反应过程中会消耗大量的催化剂，同时贵金属催化剂成本造价又很高昂，这些都会增加运行成本。因为贵金属催化剂还易发生硫中毒，所以进一步提高低温活性是贵金属催化剂的研究方向，以期提高其抗硫性能和选择性。目前，贵金属催化剂的应用方向为用于低温条件下以及天然气燃烧后尾气中氮氧化物的脱除。在贵金属类催化剂中，活性组分Pt的研究较为深入，其反应过程为NO在Pt的活性位上脱氧，接着碳氢化合物再将Pt-O还原。Pt催化剂具有较高的效率，但其有效温度区间过窄。在这类催化剂中，还原剂多采用CO及碳氢化合物。

2. 金属氧化物催化剂

V_2O_5、WO_3、Fe_2O_3、CuO、CrO_x、MnO_x、MgO、MoO_3 和 NiO 等金属氧化物或其联合作用的混合物，如水滑石中提取出来的 Co-Mg-Al、Cu-Mg-Al 和 Cu-Co-Mg-Al 等是金属氧化物类催化剂的主要成分。金属氧化物类催化剂载体通常为 TiO_2、Al_2O_3、ZrO_2、SiO_2 等。在金属氧化物催化剂中，还原剂常采用氨或尿素，这些载体具有微孔结构，能够提供较大的比表面积，在 SCR 烟气脱硝反应中所具有的活性极小。目前，V_2O_5/TiO_2 类催化剂在工程上使用较多。在钒类催化剂中，作为具有锐钛矿结构的 TiO_2 的载体，按照化学成分可分为以下几种类型，分别是 V_2O_5-WO_3/TiO_2、V_2O_5-MoO_3/TiO_2、V_2O_5-WO_3-MoO_3/TiO_2 等，V_2O_5-WO_3/TiO_2 是其中研究最为广泛的，单一活性成分的 V_2O_5/TiO_2 应用较少。各个成分的主要作用如下：

（1）由于 V_2O_5 能将 SO_2 氧化成 SO_3，对整个反应进程不利，因此，其担载量通常不能超过 1%（质量分数），钒的担载量不能过大。

（2）作为载体的具有锐钛矿结构的 TiO_2，主要是因为钒类氧化物的 TiO_2 表面有很好的分散度；SO_2 氧化生成的 SO_3 与 TiO_2 发生的反应是很弱的且是可逆的；TiO_2 表面生成的硫酸盐的稳定性要比在其他氧化物如 Al_2O_3 和 ZrO_2 要差。

（3）WO_3 占比含量较大，其主要作用是增加催化剂的活性和增加热稳定性，质量分数大约能够占到 10%。

（4）MoO_3 的作用主要是提高催化剂的活性，同时也可以抑制催化剂的 As 中毒。

3. 分子筛催化剂

在 SCR 系统中，沸石分子筛催化剂在温度较高的燃气电厂和内燃机中应用最早。运用离子交换方法制成的金属离子交换沸石是 SCR 烟气脱硝过程中主要方法，金属 Mn、Cu、Co、Pd、V、Ir、Fe 和 Ce 等均可用于离子交换，金属元素的沸石类型主要包括 Y-沸石、ZSM 系列、MFI 和发光沸石（MOR）等，国外研究较多的沸石是 Cu-ZSM-5。分子筛催化剂优点是活性温度范围较宽且选择性还原 N 也具有高的催化活性，在选择催化还原 NO 技术中也备受关注。在离子交换的分子筛催化剂中影响选择性还原 N 的因素有分子筛的孔结构、硅铝比以及金属离子的性质和交换率。近几年，研究 Fe-ZSM-5 和 Cr-ZSM-5 催化剂的较多，在实际应用中也取得了较好的效果。分子筛催化剂目前存在的问题包括大多数的催化活性主要表现在中高温区域，实际应用中会存在水抑制及硫中毒的问题。

4. 碳基催化剂

近年来，国内外不少学者以各类碳基为载体负载金属氧化物，用来制备碳基催化剂，原因是碳基拥有较大的表面积及稳定的化学性质，并且具有良好的选择催化还原活性。目前碳基催化剂的载体主要分为活性炭（AC）载体、活性炭纤维（ACF）载体、活性炭成型物载体等几类。活性炭（AC）载体作为最常用的催化剂载体，其特点是孔隙较大、比表面积大、吸附能力强。由于活性炭表面含有丰富的氧、氮等官能团，对其表面进行不同的处理，就会改变官能团的数量和类别，就会对活性组分与活性炭之间的相互作用产生影响。目前研究的活性炭催化剂有 CuO/AC、Fe_2O_3/AC、Cr_2O_3/AC，其都可表现出较好的低温 SCR 性能，尤以 Fe 的脱硝性能最好，但缺点是会造成催化剂中毒。而要抵抗催化剂的中毒现象，可以采用 V_2O_5/AC 催化剂，原因是在低温下硫酸铵盐在 V_2O_5/AC 上比在 V_2O_5/TiO_2 上更易分

解，活性炭对硫酸铵盐的分解起到促进作用，所以 SO_2 对一定量的钒负载量的催化剂没有毒害作用，只有当钒的含量过大时，钒是 SO_2 的强催化剂，导致生成硫酸铵盐，硫酸铵盐与 NO 的反应分解和其生成不能够达到平衡，就会导致催化剂中毒。活性炭纤维（ACF）优点如下：

（1）活性炭纤维具有高的比表面积和外表面积，并且具有特殊的微孔结构，使得吸附分子直接到达微孔的吸附部位，不用经过中间的大孔、中孔，这就大大缩短了吸附行程，吸附速率变快，大部分的微孔得到有效利用，效率提高。

（2）在低温下活性碳纤维能够将 NO 氧化成 NO_2，是一种良好的催化剂，在有水的条件下可转化为硝酸。

（3）活性碳纤维具有还原性能，可将 NO_x 还原为 N_2。

在形态方面，活性炭（AC）在常温下呈粉末状或颗粒状，在某些特殊的气相吸附方面受到一定限制。而活性炭纤维（ACF）在这方面就很有优势，它成型性能好、使用方便，能够弥补活性炭在形态方面的缺陷。

活性炭纤维目前普及程度不高，原因是原料价格高，成本昂贵，制作工序较为复杂。国外在活性炭成型物方面做了较多的研究，尤其是日本，旨在生产制造出成型性能好，使用方便且价格低廉的材料。目前所研究的活性炭成型物的制造中，往往是将活性炭或者其他含碳的材料与其他材料混合成型，如胶黏剂或纤维质基材，接着进行炭化处理，最终生产制造出布状、蜂巢状、多孔陶瓷状、毡状、波纹板状等多种形状的物料。目前，大多数活性炭纤维载体尚处在试验室研发状态。

（二）国外 SCR 烟气脱硝催化剂发展历程

1. 研究历史

SCR 烟气脱硝技术是目前国外应用很广泛的一项烟气脱硝技术，在其发展的 30 年的进程中，由于催化理论和反应机理方面仍有部分不足，所以该项技术还没有达到完善的程度，国外学者对该项技术的研究从未停止过。近些年来，对 SCR 烟气脱硝技术主要从反应机理、反应动力学、抗毒性能、新型催化剂及载体的研究等方面进行。

2. 研究机构

国外各研究机构对 SCR 烟气脱硝技术研究均有所建树，在剑桥大学、雷丁大学、美国密歇根大学、日本九州大学、日本国立材料和化学研究所等研究机构中，密歇根大学的研究方向主要是贵金属催化剂的研究，日本国立材料和化学研究所则是侧重于金属氧化物催化剂制备方法的研究。

3. 研究进展

（1）贵金属催化剂：对于贵金属催化剂的研究，科研人员采用新的制备技术以及新型载体，目标是研发出一些性能较好的低温催化剂，用来针对一些含硫分较低的工业烟气。

Evgenii V. Kondratenko 等人在贵金属催化剂的制备方面对 Ag/Al_2O_3 进行了研究。研究结果表明，同时有 O_2 和 H_2 存在的情况下并且在低温范围内，催化剂的活性会有大幅度的提高。I. Salem 等人就 ZrO_2 及 SnO_2 对 SCR 烟气脱硝催化剂 Pt/Al_2O_3 催化活性的影响也进行了研究；此外，关于不同还原剂对 SCR 反应进程的影响也进行了深层次研究。结果显示，在 250℃左右时，若以 C_3H_6 作为还原剂，加入 ZrO_2 和 SnO_2，可以大大提高 NO_x 的转化率，

同时会减少 N_2O 的生成。随着反应进程的推进，反应温度逐渐升高，而 NO_x 的转化率会随之下降。日本 Ken-ichi Shimizu 等人在选择性催化还原 NO 的过程中，采用尿素作为还原剂，当其中加入了 0.5%的 H_2 时，就使催化剂 Ag/Al_2O_3 的活性大大提高。研究结果指出，在 200～500℃温度范围内，体积空速为 75000/h 时，催化剂 Ag/Al_2O_3 的活性达到最高，且 NO 的转化率高达 84%，还没有 N_2O 生成。西班牙 P. Bautista 等人在富氧条件下对硫酸盐掺杂 Pd/ZrO 选择性催化还原 NO 的过程进行了研究，研究结果显示，通过不断地掺杂硫酸盐，Pd/ZrO 的化学结构会发生相应的变化，使得催化剂的活性和选择性都有了明显的增强。

（2）金属氧化物催化剂：国外对于金属氧化物催化剂的研究主要致力于对氧化锰（MnO_x）的研究，并且已经发现某些催化剂已经显示出了良好的低温活性。韩国的 Min Kang 等人运用沉淀法，将沉淀剂加入制备出了一系列氧化锰催化剂，且在 NH_3-NO_x 环境下对催化剂的活性进行了测试，测试结果表明，沉淀剂选用 $NaCO_3$ 制备氧化锰催化剂时，催化剂具有的大的表面积、高的表面氧浓度及大量存在的 CO_3^{2-} 都提高了催化剂表面对 NH_3 的吸附能力，这就使得催化剂的低温催化活性达到较高。

对于金属氧化物催化剂的制备，既要对所用载体的种类进行考量，也要对金属氧化物活性组分的数量及种类进行考虑。S. Djerad 等人的研究结果表明，在 150～250℃低温下，氧浓度的高低会直接影响催化剂 V_2O_5-WO_3/TiO_2 的活性，随着氧浓度的升高，转化率会随之增加。Al_2O_3 也是一种较好的金属氧化物催化剂的载体，原因是其具有较高的热稳定性，且含氮物质在其表面上的酸性位更易发生吸附和还原。韩国 Muhammad Faisal Irfan 等人对几种新型 NO 氧化和 NO_x 还原的催化剂的活性做了研究，结果显示，在催化剂 Co_3O_4-WO_3 中，由于有复合物 Co-W 的形成，催化剂在高空速或低温条件下对 NO_x 的转化率也较高。

（3）分子筛催化剂：对于分子筛催化剂的制备同样是从载体和活性组分两方面考虑，既要考虑载体的种类，同时又要考虑活性组分的数量和种类。Gongshin Qi 等人在 NH_3-NO_x 条件下对催化剂 Fe-ZSM-5 的活性做了研究。结果表明，NO_2 的存在会对催化剂 Fe-ZSM-5 的活性产生影响，当 NH_3、NO 和 NO_2 三者的化学计量比为 2∶1∶1 时，催化剂 Fe-ZSM-5 的活性达到最大。Johannis A. Z. Pieterse 等人对 Pd-MOR 沸石上 H_2、CO、CH_4 选择性催化还原 NO_x 做了相应的试验，试验结果显示，在氧浓度含量很高的条件下，H_2 和 CO 具有很高的 NO_x 的转化率。单独以 H_2 和 CH_4 为还原剂时，加入 Ce 也会对 SCR 整个反应过程有较大的促进作用，但若混合 H_2 和 CO，却对反应进程没有明显的作用。

（4）碳基催化剂：对于碳基催化剂的制备与上述分子筛催化剂制备相同，同样是从载体和活性组分两方面考虑，既要考虑载体的种类，同时又要考虑活性组分的数量和种类。在 NH_3-NO_x 条件下，Yoshikawa 等人将活性炭纤维（ACF）作为载体，其上负载有 Fe_2O_3、Co_2O_3 和 Mn_2O，结果显示，Mn_2O_3/ACF 的活性最高。当 Mn_2O_3 负载量为 15%（质量分数），温度为 100℃时，NO_x 的转化率为 63%；温度为 150℃时，NO_x 的转化率高达 92%。活性炭载体具有较大的表面积且化学性质温度，N. Shirahama 等人发现，即使在没有负载活性组分的情况下，用活性炭纤维浸泡尿素溶液催化还原空气中的 NO_2，也会取得良好的试验结果。

（5）同时除去 NO_x 和 SO_2 的催化剂：目前，在燃煤烟气处理领域中的一个新热点是能够同时除去 NO_x 和 SO_2 的催化剂。由于分步脱除 NO_x 和 SO_2 会出现成本高、占地面积大、催化剂用量多等问题，所以能够同时脱除 NO_x 和 SO_2 的催化剂是一项很有前途的技术。目

前，此项技术研究最多的催化剂有 CuO/Al_2O_3、CuO/AC 和 V_2O_5/ACH。

（6）其他催化剂：Alain Kiennemann 等人研发了一种脱除 NO_x 的 $H_3PW_{12}O_{40}\cdot 6H_2O$-金属-载体型催化剂，此类催化剂的特点是具有多种催化功能。另外，意大利的 Nunzio Russo 等人制备了各种尖晶石氧化物催化剂，如 AB_2O_4（A＝Mg、Ca、Mn、Co、Ni、Cu、Cr、Fe、Zn；B＝Cr、Fe、Co），通过 XRD、BET、TEM 等对其进行了表征，并对 N_2O 在此类催化剂作用下的分解进行了研究，最终得出，$MgCo_2O_4$ 的催化活性达到最高。

（三）我国 SCR 烟气脱硝催化剂应用情况

由于我国的煤炭资源及燃料供应政策的特殊性，燃料能源供给会呈现出多样性和复杂性的特点，所以我国燃煤电厂的煤种品质相对较差，含灰量较高（通常为 30%～40%），砷的含量也较大（通常在 9.6～21.0μg/g 之间）。这些因素决定了我国的 SCR 烟气脱硝技术不能全部采用国外的现有 SCR 烟气脱硝技术。目前，我国正在向环保大国迈进，现有的 SCR 烟气脱硝技术市场非常乐观。但当前在我国，SCR 烟气脱硝技术的研发方面还处于薄弱环节，尤其是催化剂方面，必须加快自主开发的步伐，要研发出符合我国煤质特点的，具有高活性，水热稳定性好、强度高、寿命长且成本低的 SCR 烟气脱硝催化剂。

近几年，为了加快国内 SCR 烟气脱硝技术的改造，占领国内 SCR 烟气脱硝催化剂的市场，国内的各大高校和科研院所开始在催化剂的组成、反应机理，以及催化剂粉末试样在抗水、抗硫、抗碱金属中毒方面有了进一步的研究，但在催化剂制备方面还没有大规模的成型工艺。因此，我国烟气脱硝催化剂的当务之急就是要解决催化剂的规模化生产，以实现具有自主知识产权的催化剂的生产技术，从根源上解决催化剂成本高的瓶颈问题。在我国，催化剂的生产企业分布很不均匀，图 1-1 所示为脱硝催化剂生产企业区域分布。

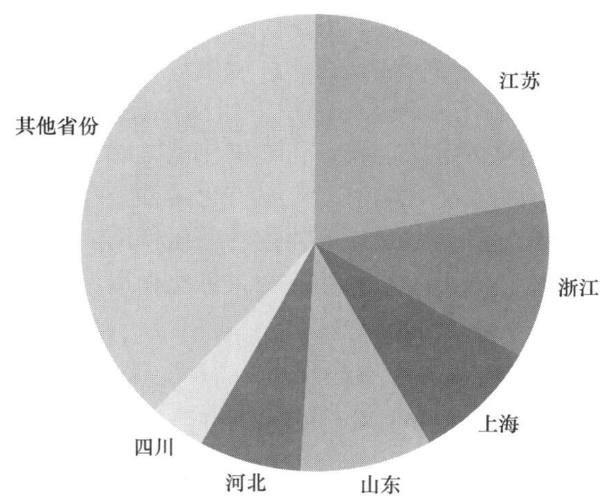

图 1-1　脱硝催化剂生产企业区域分布图

二、SCR 烟气脱硝催化剂应用前景展望

有多种方法都可以降低燃煤机组中氮氧化物的排放，但目前 SCR 发展较为成熟，因此，也得到了国内外的普遍认可。SCR 能够有效降低氮氧化物排放量，同时也被证明是比较经济

的解决方案。其应用前景如下：

（1）SCR 烟气脱硝技术脱除氮氧化物率高达 85%以上，且系统安全、可靠，运行稳定，氨逃逸率不超过 2μL/L，是所有降低氮氧化物技术中最为成熟的。

（2）我国燃煤电厂中运用 SCR 烟气脱硝技术成本昂贵，原因之一在于催化剂依赖于进口，这就要求要加快催化剂国产化、规模化的步伐，降本增效。

（3）如果仅仅是采用单一的 SCR 烟气脱硝技术进行脱硝，不仅消耗大量的催化剂，增加成本，而且催化剂后续的再生问题也较为烦琐。脱硝技术更多的应该是在 SCR 烟气脱硝技术的基础上，结合炉内脱硝技术，这样就可以有效减少催化剂的用量，降低成本及系统维护费用。

（4）氨逃逸会对后面的设备造成堵塞，影响整个系统可靠运行，因此，要尽量避免氨逃逸现象。能同时还原 NO 并且氧化 NH_3 的催化剂是今后催化剂的一个方向。

（5）SCR 装置安装在脱硫系统之后的布置方式称为冷段布置，此种方式优点是可以独立安装，不用对锅炉结构、空气预热器、风道等进行二次改造，且催化剂处在除尘、脱硫之后较为“干净”的烟气之中，不存在飞灰对设备的堵塞及腐蚀现象，也不会出现催化剂中毒现象，催化剂的寿命也可达 3～5 年。但经过脱硫系统后的烟气温度仅有 50～60℃，没有达到催化剂的反应温度，需要对烟气加热，能耗较高且压力损失较大。因此，低温脱硝技术是今后烟气脱硝技术的发展方向。

第二节　SCR 烟气脱硝催化剂工作机理

一、催化作用的定义及分类

催化作用就是能够控制化学反应方向、改变反应速率、控制产物的组成，而不改变平衡点的一类反应，因此催化反应就是对反应速率、反应生成物、反应方向的控制。催化反应可分为化学催化和生物催化两大类。化学催化包括多相催化、均相催化、电催化和光催化等。生物催化包括酶催化、仿生催化以及微催化。化学催化就是利用催化剂作用于化学反应的过程，无论是生成物还是催化剂均属于化学品。生物催化主要是利用生物酶或是人工合成的仿生物酶进行催化反应，其研究对象通常是生物体内的催化作用。

通常根据催化剂与反应物是否处于同一相态中，催化作用可分为均相催化和多相催化。

1. 均相催化

均相催化就是催化剂与反应物都处在同一相态中的反应，若催化剂、反应物、生成物三者均在气相中反应，称为气相均相催化反应，如 SO_2 与 O_2 在催化剂 NO 的催化作用下生成 SO_3 的反应。若催化剂、反应物、生成物三者均在液相中反应，则称为液相均相催化反应。

2. 多相催化

催化剂和反应物不是在同一相态中进行的反应称为多相催化反应。气、固相催化反应就是气态反应物与固态催化剂组成的反应体系；固相催化反应就是液态反应物与固态催化剂组成的反应体系；气、固、液三相催化反应就是气态和液态是反应物，固态是催化剂，三者组成的反应体系称为气、固、液三相催化反应。若反应物是气态，催化剂为液态，则称为气、液相催化反应。

均相催化与多相催化的比较见表 1-1。

表 1-1　　均相催化与多相催化的比较

项目	均相催化	多相催化
优点	催化剂活性高，选择性高，制备易重复	催化剂与产品分离容易，易于连续大规模生产
缺点	催化剂与产品分离困难，难连续大规模生产	催化剂选择性差，催化剂制备重复性差

二、催化作用机理

化学反应的进行就是化学键的断裂和重新组合的过程，这就需要反应物分子获得一定的能量来促使分子键的断裂，然后才能生成新的化合物。对于在热力学范畴内能够进行的很多反应，使反应物分子中键断裂所需要的能量很大，在正常条件下很难实现，而当加入一定的催化剂后，反应能够很快进行。催化剂正是由于改变了反应过程中的活化能，改变了反应的历程，才对化学反应的速率发生了改变。

（一）均相催化反应

在均相催化中，非催化反应式为

$$A+B\xrightarrow{E_1}AB \tag{1-1}$$

在没有催化剂的情况下，反应物 A 和 B 需要 E_1 的化学能转化成生成物 AB。

催化反应式为

$$A+B\xrightarrow{C}AB \tag{1-2}$$

$$A+C\xrightarrow{E_2}AC \tag{1-3}$$

$$AC+B\xrightarrow{E_3}AB+C \tag{1-4}$$

如图 1-2 所示，非催化反应中反应物 A 与 B 要生成 AB 需要足够的能量 E_1，而在有催化剂的条件下，催化反应只需克服 E_2 和 E_3 这两个较小的能峰即可。因此：

（1）催化剂参与了整个反应过程，但反应前后却没有发生变化，只是降低了反应所需的活化能，加速了反应进程，缩短了反应时间。

（2）催化剂不能移动化学反应的平衡点，并且对于不同的反应，其所需的化学能有所不同。

（3）催化剂的选择性是由其功能决定的。

（二）气、固催化反应

气、固催化反应属于多相反应中的一种，多相反应除了与温度、压力、浓度有关之外，还与反应物的相界面有关。因此，气、固催化反应的反应速率与相间的扩散速率及相界面大小有关。

在气、固催化反应中，首先反应物从气体中移动到固体催化剂表面，如果是多孔催化剂，反应物还需向孔内扩散。接着吸附分子之间或者吸附分子与反应物之间进行反应，生成的产物离开催化剂表面，通过多孔内的微孔或者气膜重新回到气体中。气、固催化反应过程如图 1-3 所示。

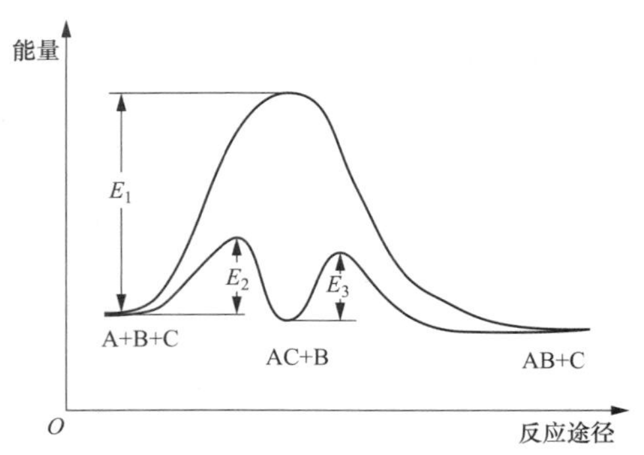

图 1-2 催化反应活化能与反应途径

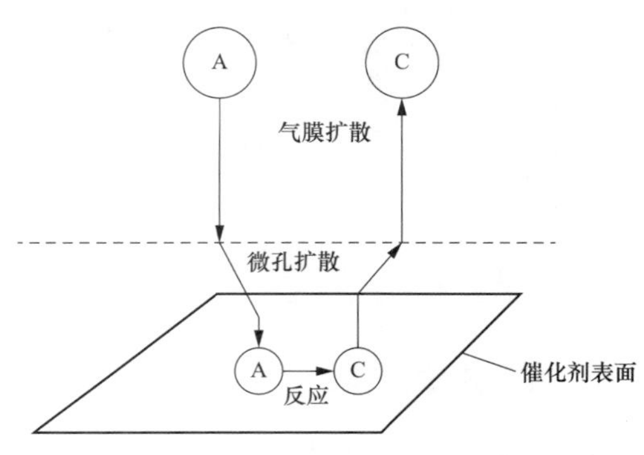

图 1-3 气、固催化反应过程

气、固催化反应中固体催化剂之所以能进行催化反应，是因为固体催化剂与各个组分的气体分子发生反应，而吸附就是最基本的一种现象。吸附可分为物理吸附和化学吸附两种。物理吸附指的是气体分子与固态催化剂表面的粒子之间由于物理作用力而停留在催化剂表面的现象。化学吸附指的是气体粒子与固态催化剂表面的粒子之间是由于发生了化学变化而停留在催化剂表面的现象。因此，物理吸附可以看作是两者之间并没有发生化学反应，化学吸附中两者均发生了化学反应。物理吸附与化学吸附比较如表 1-2 所示。

表 1-2　　物理吸附与化学吸附比较

项目	物理吸附	化学吸附
吸附热（$-\Delta H$）	较低，放热	接近反应热，放热或吸热
活化能（E）	基本上不需要	很小
吸附层的数目	多层	最多单层
吸附温度	低，升温吸附量下降	高，影响复杂
选择性	无	有
吸附速度	快	非活化吸附，快
		活化吸附，慢
可逆性	可逆	可逆或不可逆
专一性	专一	非专一

（三）催化理论

影响气、固催化反应的因素包括电子效应、能量效应和结构效应。电子效应是指在催化反应过程中，催化剂本身组分之间或者催化剂与反应物组分之间通过轨道的相互作用或者电子的相互传递而引起活化能的变化；结构效应是指催化剂本身的几何结构与反应物的几何结构之间相互匹配适应对整个催化反应的影响；能量效应是指通过催化剂与反应物之间发生化学反应，其反应中所需能量大小影响催化剂的用量。目前，几种催化理论都认为，在气、固催化反应中，吸附质与催化剂之间生成了中间活性物，因此会改变反应路线，使活化能降低。

三、SCR 烟气脱硝催化剂催化机理

（一）SCR 烟气脱硝催化剂概述

1. SCR 烟气脱硝工艺流程

SCR 烟气脱硝技术由于具有脱硝效率高、系统安全稳定等优点而被国内外企业广泛应用。在美国、日本、荷兰、瑞典等国 SCR 烟气脱硝技术已成为应用最多、最成熟的技术之一。根据近几年的调查研究，SCR 烟气脱硝技术也必然会成为我国烟气脱硝技术的主力。SCR 烟气脱硝系统典型工艺流程图如图 1-4 所示。

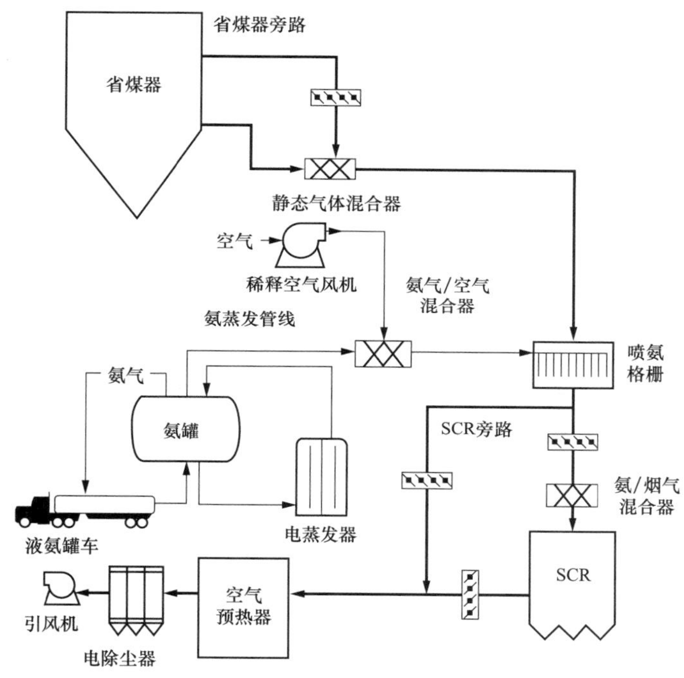

图 1-4　SCR 烟气脱硝系统典型工艺流程图

如图 1-4 所示，燃煤电厂烟气脱硝的流程为从锅炉中出来的烟气首先进入省煤器中；然后进入 SCR 反应器中，在反应器中与喷入的 NH_3 发生化学反应，脱硝后的烟气进入空气预热器；随后依次进入除尘系统、脱硫系统再次“净化”，最终排入烟囱，排向大气。

2. SCR 烟气脱硝工艺原理

SCR 烟气脱硝系统是在适宜的温度，有催化剂的条件下，利用 NH_3 作为还原剂，有选择地将 NO_x 转化为空气中的水和氮气，SCR 烟气脱硝系统反应原理如图 1-5 所示。

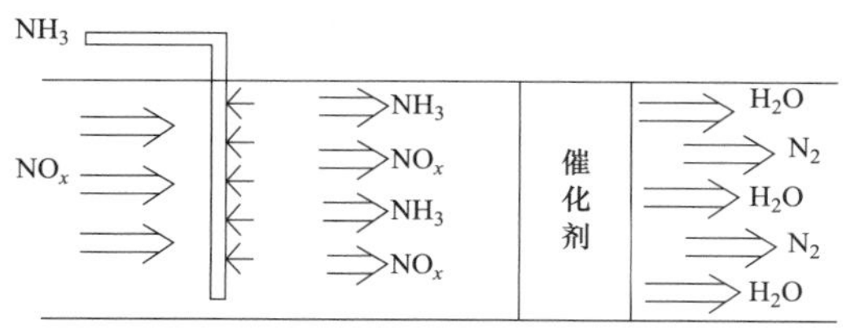

图 1-5　SCR 烟气脱硝系统反应原理

主要反应为

$$4NH_3 + 4NO + O_2 \longrightarrow 4N_2 + 6H_2O \tag{1-5}$$

$$4NH_3 + 6NO \longrightarrow 5N_2 + 6H_2O \tag{1-6}$$

$$4NH_3 + 2NO_2 + O_2 \longrightarrow 3N_2 + 6H_2O \tag{1-7}$$

$$6NO_2 + 8NH_3 \longrightarrow 7N_2 + 12H_2O \tag{1-8}$$

由于省煤器出口处的 NO 的含量占总 NO_x 总量的 95%左右，所以脱除 NO_x 主要是以脱除 NO 为主，即反应式（1-5）。如果在没有催化剂的情况下进行，反应式（1-5）仅在很小的温度区间内进行（980℃左右）。若反应式（1-5）中采用合适的催化剂进行反应，反应温度在 290～430℃之间，很符合省煤器出口处的温度。

在反应过程中，还有可能发生以下的副反应，即

$$4NH_3 + 3O_2 \longrightarrow 2N_2 + 6H_2O \tag{1-9}$$

$$2NH_3 \longrightarrow N_2 + 3H_2 \tag{1-10}$$

$$4NH_3 + 5O_2 \longrightarrow 4NO + 6H_2O \tag{1-11}$$

NH_3 分解为氮气和氢气的反应式（1-10）和 NH_3 被氧化成 NO 的反应式（1-11），反应温度只有在 350℃才能开始发生，且在 450℃以上才发生得剧烈；当温度在 300℃左右时，只有副反应式（1-9）发生。

由于煤质中硫分的存在，所以锅炉排出的烟气中存在 SO_2，在催化剂的作用下，SO_2 会被氧化成 SO_3，如果 SO_3 达到一定的量，SO_3 与 H_2O 和逃逸的 NH_3 就会发生式（1-13）的反应，生成 $(NH_4)_2SO_4$ 和 NH_4HSO_4。生成的 $(NH_4)_2SO_4$ 和 NH_4HSO_4 会附着在后续设备空气预热器上，造成空气预热器的腐蚀和堵塞，影响整个系统的稳定运行。另外，$(NH_4)_2SO_4$ 和 NH_4HSO_4 也会附着在催化剂表面，造成催化剂的表面积减少，从而影响催化剂的活性。减少 $(NH_4)_2SO_4$ 和 NH_4HSO_4 的生成就是要将反应温度控制在 300℃左右。

$$2SO_2 + O_2 \longrightarrow 2SO_3 \tag{1-12}$$

$$NH_3 + SO_3 + H_2O \longrightarrow NH_4HSO_4 \tag{1-13}$$

（二）SCR 烟气脱硝反应机理

催化剂的反应机理可分为酸碱催化反应机理、氧化还原型催化反应机理、配位催化反应机理三大类。酸碱催化反应所用的催化剂大多为酸碱盐类，其反应特点是催化剂与反应物分子间因电子对接收或发生强烈极化而形成的活性物；配位反应的特点是催化剂与反应物之间由于配位作用而使反应物活化；SCR 催化反应即氧化还原催化反应，其特点是在反应过程中，催化剂和反应物之间会发生单个电子的转移，即在反应过程中催化剂会发生元素价态的变化。

研究者们对这一类 V_2O_5/TiO_2、V_2O_5-WO_3/TiO_2 SCR 烟气脱硝催化剂的反应机理做了进一步的研究，研究结果表明，催化剂的活性与 NH_3 吸附的 Bronsted 酸位有关，NH_3 最先被吸附在 Bronsted 酸位并得到活化，接着 NH_3 与烟气中的 NO_x 发生反应生成中间产物，之后中间产物被分解为 N_2 和 H_2O。因此，整个反应中包括了酸化和氧化还原两个过程。NH_3 选择性还原 NO 反应机理示意图如图 1-6 所示。

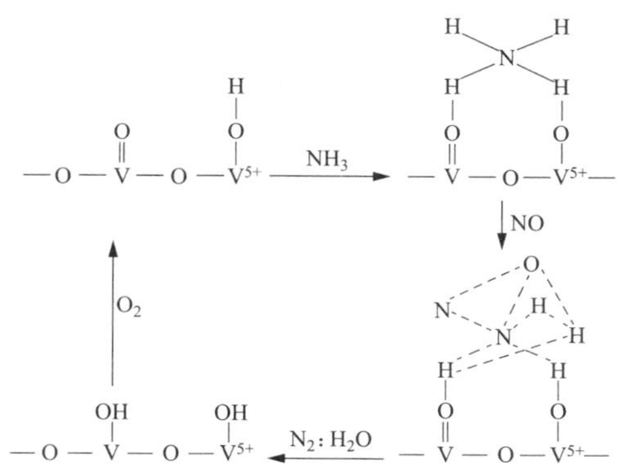

图 1-6　NH_3 选择性还原 NO 反应机理示意图

（三）SCR 烟气脱硝催化反应动力学

SCR 烟气脱硝催化反应由以下 7 个步骤组成：

（1）NH_3 由气相扩散到催化剂的表面。

（2）NH_3 由催化剂外表面向孔内扩散。

（3）NH_3 吸附在 Bronsted 酸位并且得到活化。

（4）NO_x 从气相扩散到吸附态周围。

（5）NH_3 与 NO_x 反应生成 N_2 和 H_2O。

（6）N_2 和 H_2O 扩散到催化剂表面。

（7）N_2 和 H_2O 由催化剂表面进入到气相主体。

以上 7 个步骤中，步骤（1）和步骤（7）是催化剂表面和气相的物质传递过程，称为外扩散；步骤（2）和步骤（6）是催化剂孔内的扩散过程，称为内扩散；步骤(3)(4)(5)称为化学反应过程。因此，SCR 烟气脱硝催化反应分为吸附、化学反应、解吸附 3 个过程。

通过试验，得出了 NH_3 在催化剂上的吸附与解吸附的动力学，并用下列方程式表示，即

$$r_a = K_a^0 \exp\left(-\frac{E_a}{RT}\right) C_{NH_3}(1-\theta_{NH_3}) \tag{1-14}$$

$$r_d = K_d^0 \exp\left(-\frac{E_d}{RT}\right) \theta_{NH_3} \tag{1-15}$$

式中　r_a——催化剂对 NH_3 的吸附率，s^{-1}；

K_a^0——催化剂对 NH_3 的吸附率常数，$m^3 \cdot mol^{-1} \cdot s^{-1}$；

E_a——NH_3 吸附活化能，kJ/mol；

R——理想气体常数，$J \cdot mol^{-1} \cdot K^{-1}$；

T——反应器的温度，K；

C_{NH_3}——反应器内 NH_3 的摩尔浓度，mol/m^3；

θ_{NH_3}——催化剂表面 NH_3 的覆盖率；

r_d——催化剂对 NH_3 的解吸附率，s^{-1}；

K_d^0——催化剂对 NH_3 的解吸附率常数，$m^3 \cdot mol^{-1} \cdot s^{-1}$；

E_d——NH_3 解吸附活化能，kJ/mol。

NO与NH_3间的化学反应：在SCR烟气脱硝反应中，主要研究的是表面化学反应。NO、NH_3和过量O_2在适当的温度和一定的催化剂作用下的化学反应式为

$$4NH_3+4NO+O_2 \longrightarrow 4N_2+6H_2O \tag{1-16}$$

这个反应的NO的消耗率方程为

$$r_{NO}=K_{NO}C_{NO}\theta_{NH_3} \tag{1-17}$$

$$K_{NO}=K_{NO}^0\exp\left(-\frac{E_{NO}}{RT}\right) \tag{1-18}$$

式中 r_{NO}——NO的消耗率，s^{-1}；

K_{NO}——NO的反应率常数，$m^3 \cdot mol^{-1} \cdot s^{-1}$；

C_{NO}——反应器中NO的摩尔浓度，mol/m^3；

θ_{NH_3}——催化剂表面NH_3的覆盖率；

K_{NO}^0——NO的反应率常数的指前因子，$m^3 \cdot mol^{-1} \cdot s^{-1}$；

E_{NO}——NO反应的活化能，kJ/mol；

R——理想气体常数，$J \cdot mol^{-1} \cdot K^{-1}$；

T——反应器温度，K。

由式（1-7）可见，在SCR烟气脱硝反应中，影响表面化学反应速率的因素与反应器中NO的摩尔浓度、催化剂表面NH_3的覆盖率、NO反应的活化能、反应器温度等有关。

第三节　SCR烟气脱硝催化剂分类及特点

催化剂是整个SCR烟气脱硝系统的核心，良好的催化剂既具有高的脱硝效率，同时也具有良好的抗酸碱能力。催化剂的物理结构、化学成分、寿命和其他参数都会直接影响SCR系统的稳定运行。在其他条件相同的条件下，催化剂的体积越大，脱硝效率就会越高，同时氨逃逸率也会越小。从经济方面来看，催化剂的投资占脱硝项目的30%～50%。可见，SCR烟气脱硝系统中催化剂的设计是脱硝技术的关键。

对SCR烟气脱硝催化剂按照原材料、结构、载体材料、工作温度、用途等几方面进行分类，可分为如下几类：

一、按原材料分类

按原材料来分，SCR烟气脱硝催化剂可分为贵金属类催化剂、金属氧化物催化剂和分子筛催化剂。

1．贵金属类催化剂

贵金属类的催化剂主要是Pt、Rh和Pd等，通常以Al_2O_3等整体式陶瓷作为载体。目前对Pt的研究较为普遍，贵金属类催化剂是最早使用在SCR烟气脱硝反应中的催化剂。这类催化剂的反应机理首先是NO在Pt的活性位上脱氧，形成Pt-O，接着Pt-O又被碳氢化合物还原为Pt。Pt类催化剂使用的还原剂一般为CO或碳氢化合物。此类催化剂的优点是拥有较高的活性，对NH_3的氧化作用明显，脱硝效率较高；缺点是催化剂的有效温度区间较窄，成本昂贵。目前，贵金属类催化剂多用于汽车尾气和天然气烟气的净化中。

2. 金属氧化物催化剂

近年来，对于金属氧化物催化剂的研究逐步深入，对钒类催化剂的研究相对较多。钒类催化剂通常以 Al_2O_3、TiO_2、ZrO_2、SiO_2 和活性炭为载体，以 V_2O_5、WO_3、Fe_2O_3、CuO、CrO_x、MnO_x 和 NiO 等金属氧化物或其混合物为催化剂的活性组分；而商用金属氧化物类催化剂以 TiO_2 为载体，以 V_2O_5、V_2O_5-WO_3 及 V_2O_5-MoO_3 为活性组分；氧化铁基催化剂是以 Fe_2O_3 为载体，以 CrO_x、Al_2O_3、ZrO_2、SiO_2 及微量的 CaO 为活性组分。

在工程中应用最广泛的一类金属催化剂是以氨或尿素为还原剂，将其负载在 TiO_2 上，活性组分是氧化钛，这样就会有较高的活性且有较强的抵抗 SO_2 中毒的能力。这类催化剂的活性温度区间是 300～400℃。若在其中加入 WO_3 或 MoO_3，就可增加催化剂的活性和热稳定性，减少催化剂的比表面积。

3. 分子筛催化剂

分子筛催化剂就是一分子筛为活性组分的催化剂。分子筛催化剂多用于催化裂化、甲醇制汽油等有机领域。Cu/ZSM-5 分子筛催化剂多用于 SCR 烟气脱硝反应中，还原剂采用氨或碳氢化合物，由于分子筛催化剂拥有规整的微孔孔道结构和适当的表面酸性，所以，分子筛催化剂具有较高的活性且温度窗口较宽，在 SCR 领域备受关注。

离子交换法是分子筛催化剂制备的主要方法。SCR 烟气脱硝效率主要受到分子筛催化剂的微孔孔道、金属离子性质和交换率的影响。贵金属分子筛和非贵金属分子筛是分子筛催化剂的两种类型。非贵金属催化剂由于反应温度高、抗毒性和热稳定性较差等缺点，应用领域受限。而含贵金属的催化剂在较低的温度下就可以活化碳氢化合物，这样就可以减少碳氢化合物在高温下的燃烧损耗，所以得到了学者们的关注。例如，含 Pt 的分子筛催化剂具有较强的抗毒能力，但会有大量 N_2O 生成；含 Pd 的分子筛催化剂抗 SO_2 毒性弱，但其抗 H_2O 的能力较强。

二、按结构分类

SCR 烟气脱硝催化剂按其结构分类可分为蜂窝式、波纹式和平板式催化剂 3 种，如图 1-7 所示。

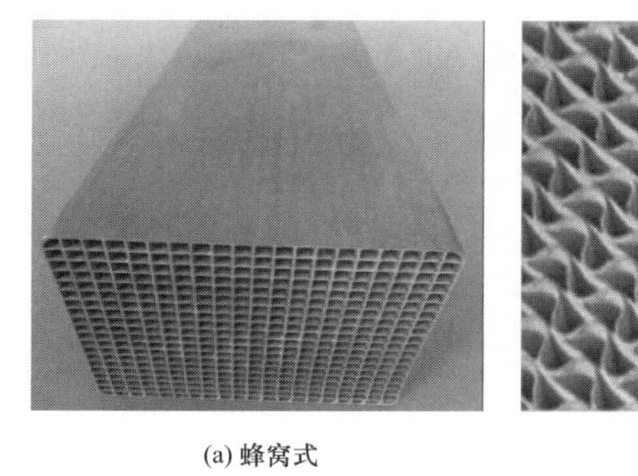

(a) 蜂窝式　　(b) 波纹式

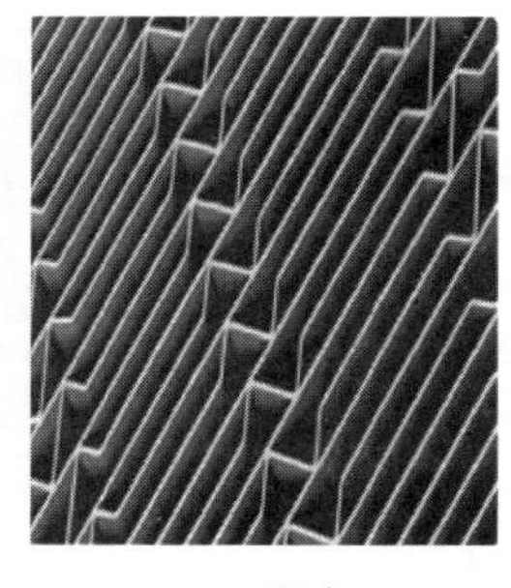

(c) 平板式

图 1-7　催化剂类型

1. 蜂窝式催化剂

SCR 烟气脱硝反应中的蜂窝式催化剂是以 TiO_2 为载体、V_2O_5 为活性物质，并添加水、增塑剂、黏结剂、玻璃纤维等，通过捏合、干燥和煅烧得到的。蜂窝式催化剂属于均质催化剂，即活性成分在其中均匀分布，因此，最大的特点就是活性成分高，即使催化剂有磨损，催化剂的活性依然很高。在高灰和低灰的工况下，蜂窝式催化剂均可用。蜂窝式催化剂的优点众多，如温度窗范围宽、活性高、选择性强、压降小、不易堵塞。目前占有约80%的市场。

2. 波纹式催化剂

波纹式催化剂是以高强度的玻璃纤维等材料为基材，再浸渍钒系催化剂粉末烧结而制成的。波纹式催化剂在工艺上和结构上具有蜂窝式和板式两种催化剂的优点，弥补了两种催化剂的不足，具有脱硝效率高、模块质量轻、耐磨、耐腐蚀、对 SO_2 与 SO_3 的氧化率低等特点。

3. 平板式催化剂

平板式催化剂的制备工艺不同于蜂窝催化剂的整体挤出烧制，平板式催化剂以薄型不锈钢金属丝网为基材，在不锈钢的表面涂敷或浸泡活性成分，使涂覆好的催化剂片形成褶皱并剪成单板，将单板组成催化剂单元，而后烧结成型。平板式催化剂在抗磨损、防止飞灰阻塞和抗中毒方面有着优势。但催化剂比表面积小、模块质量大、活性低是其劣势。

平板式催化剂实物图如图1-8所示，SCR烟气脱硝催化剂性能比较见表1-3。

图1-8 平板式催化剂实物图

表1-3 SCR烟气脱硝催化剂性能比较

名称	蜂窝式催化剂	平板式催化剂	波纹式催化剂
基材	整体挤压	不锈钢金属	陶瓷纤维
活性	高	中	高
SO_2/SO_3 转化率	较高	较高	低
压力损失	高	低	中
比表面积	大	小	较大
抗阻塞性	中	高	中
抗磨损性	中	高	低
市场占有率（%）	60～70	20～30	5

三、按载体材料分类

SCR烟气脱硝催化剂按载体分类，可分为碳基载体催化剂及陶瓷载体催化剂。

碳基载体催化剂主要分为3类，分别是活性炭催化剂（AC）、活性炭纤维（ACF）催化剂和活性炭成型物催化剂。碳基载体催化剂的特点是比表面积大、化学稳定性良好且有很好的选择催化还原性。

活性炭是一种理想的催化剂载体材料，原因是其拥有大的比表面积和特殊的孔结构，有研究者将活性炭催化剂放在140～320℃温度间，用NH_3对NO进行还原反应，试验得出，随着活性炭比表面积的增大，活性也会随之增强。

以陶瓷为载体的催化剂因其密度小且耐持久性强，在商业领域内应用广泛。陶瓷催化剂的主要成分是堇青石，因为在我国高岭土中较为丰富，所以陶瓷载体催化剂资源丰富，价格低廉。

四、按工作温度分类

按照工作温度分类，催化剂可分为高温催化剂、中温催化剂和低温催化剂3种。高温催化剂的工作环境温度在400℃以上，中温催化剂的工作环境温度在300～400℃之间，低温催化剂的工作环境温度在300℃以下。目前，SCR烟气脱硝技术的反应温度在280～420℃之间进行，而低温SCR烟气脱硝技术的反应温度则可以在80～150℃之间进行，低温催化脱硝技术目前已应用在燃油、燃气电站中，前景较为乐观。

五、按用途分类

催化剂根据其蜂窝内孔径的不同，可分为燃煤型催化剂、燃气型催化剂和燃油型催化剂。燃煤机组的SCR烟气脱硝系统中的催化剂，其蜂窝内孔尺寸一般在5mm以上，而燃油、燃气机组内的SCR烟气脱硝系统中催化剂的内孔尺寸大多数在4mm以下。由于燃煤机组SCR烟气脱硝系统中的烟气量较大，烟气成分较为复杂且烟气温度、流速、烟气量也经常发生变化，为了保证系统安全稳定、连续地运行，要求燃煤机组SCR烟气脱硝系统的催化剂应具有较高的活性、较强的抗毒能力以及较好的热稳定性等特点。

第四节 SCR烟气脱硝催化剂寿命

一、全寿命管理含义及SCR烟气脱硝催化剂寿命管理

（一）全寿命管理

全寿命管理也叫全寿命周期管理，它包含了设备全寿命管理和资产全寿命管理两层含义。资产的全寿命管理是企业以长远利益为出发点，经过全面的经济、技术、组织改革等措施，对在用设备在寿命内的购置、安装、调试、运维、改造、报废的全过程管理，同时对所有步骤所产生的费用加以控制，以期实现在整个寿命周期内达到最小费用的管理概念。而设备的全寿命管理是以设备的整个寿命周期作为出发点，需要同时考虑设备的可靠性和经济性两个因素，将设备所涉及的人、机、料、法等方面，进行统一的计划、组织、调控，发挥出设备的最大作用，最终达到设备全寿命的最优目标。

随着企业的不断发展，不断壮大，企业对现代化设备的管理也日趋依赖，这就需要企业管理人员不仅仅要掌握技术层面的知识，还需要从资金方面、管理设备运用的资产方面全面

掌握。不仅仅是从微观的、短期的、具体的方面考虑问题，更是要从长远和宏观的角度考虑管理原则和方法，全寿命管理就是可以同时满足这些需求的管理方法，因此，从宏观来看，全寿命管理对企业内部资源的配置和可持续发展起着重要作用。

全寿命管理具有以下特点：

1. 系统性

系统性是全寿命管理中最重要的特点。只有具备了系统性，项目中所涉及的各类信息、资源、管理才会协调统一地安排，有了有序的分工合作，项目最终才能得以顺利完成。

2. 整体性

全寿命管理的方式是以整个项目整体为出发点，从项目的规划设计阶段就开始，统一进行管理的模式，而不仅仅是以某一阶段或环节为主进行。

3. 协调性

全寿命管理中最大的优势是能够将人员、机器、物料、环境等因素有机协调，合理搭配，这就使得项目的进行能够有序发生。

（二）SCR 烟气脱硝系统全寿命管理

近几年来，国家与民众的环保意识不断提高，2020 年之前，要求燃煤机组全面实行超低排放和节能改造，氮氧化物的排放浓度也要控制在标志值之下，这体现了我国对于燃煤机组污染物排放控制的决心。因此，在一段时间内，燃煤机组脱硝仍是电厂环保的重点，脱硝系统的运行需要考虑成本、环境、社会三方面的因素。在综合考虑各方面因素后，选出成本最低的脱硝项目进行建设。从脱硝效率、氮氧化物排放浓度等指标来看，目前脱硝效果最好的仍旧是 SCR 烟气脱硝技术，但缺点在于脱硝系统初期投资大、运行成本高。主要是因为 SCR 烟气脱硝过程催化剂活性和寿命表现不足等，而传统的管理模式已经无法满足脱硝系统的要求，所以需要运用全寿命管理的概念进一步完善 SCR 烟气脱硝技术。

SCR 烟气脱硝系统全寿命管理包含 3 个环节：

1. 工程设计阶段

在 SCR 烟气脱硝系统初期建设阶段就要考虑整个项目的投资成本和资金使用情况，SCR 烟气脱硝系统全寿命周期的成本包括初期建设成本、检修运维成本和最终报废成本，全寿命周期管理就是要在符合标准的条件下将成本降到最低。

2. 检修维护成本

检修维护成本是 SCR 烟气脱硝系统时间最长的阶段，在系统投入使用后到系统最终报废前。检修维护成本就是在保证电厂安全稳定运行且运营质量目标良好的前提下，制定合理的、可行的、高效的运维方案，来降低 SCR 烟气脱硝系统的运维成本，降低系统所用成本。

3. 回收报废阶段

在 SCR 烟气脱硝系统中，催化剂是脱硝系统的核心所在且使用的数量也越来越多，如果对这些废气的催化剂没有进行有效处置，不仅会占用大量的土地资源，增加成本，催化剂在使用过程中还会吸附一些有毒物质进入到环境中，对土地资源、水资源造成污染。在废弃的催化剂中还含有一些有价金属没有得到回收，也会造成大量的浪费。因此，催化剂的回收

利用也是 SCR 烟气脱硝系统全寿命管理的重要环节。

（三）SCR 烟气脱硝催化剂寿命

催化剂从开始运用到不能使用的这段时间称为催化剂的寿命。催化剂的寿命可分为两种：一种称为机械寿命，另一种称为化学寿命。脱硝催化剂的机械寿命是由催化剂的结构和强度决定的，如催化剂的壁厚、催化剂内的添加材料等都会影响其机械寿命。同时，系统反应过程中烟气条件也会对催化剂的机械寿命有所影响，如烟气中灰尘、颗粒的冲刷、腐蚀也都会对催化剂的机械寿命产生不可逆的影响。为了增强催化剂的机械寿命，可以采取顶端硬化、增加壁厚、转角加强等方式。目前，国内催化剂的机械寿命普遍为 9 年。

脱硝系统催化剂的化学寿命指的是随着催化剂运行时间的延长，受积炭、碱金属的吸附、砷的吸附等因素的影响，使催化剂活性大大降低，无法保证脱硝效率、氨逃逸率等各项指标时，催化剂达到化学寿命。目前，可以通过催化剂清洗、活化等方式对催化剂进行再生，可使催化剂活性恢复。国内催化剂的化学寿命大约为 24000h。

因此，为了保证 SCR 烟气脱硝系统的正常运行，既要保证催化剂的化学寿命，又要满足催化剂的机械寿命。催化剂运行一段时间后，催化剂的活性逐渐降低，即化学寿命渐渐下降，而催化剂的结构、强度没有达到限值，因此，通过催化剂的清洗、活化等方法可使催化剂的活性恢复，延长化学寿命，增加催化剂的可用时间。随着催化剂的进一步使用，催化剂的机械寿命达到了限值，就会产生不可逆的影响，催化剂不可再生。催化剂的使用时长是在保证一定催化活性的基础上由催化剂的机械寿命决定的。

（四）SCR 烟气脱硝催化剂寿命管理

催化剂寿命管理是一个系统工程，它需要催化剂厂家及电厂用户从不同的角度记录分析催化剂在使用过程中的状态和性能变化，并不断地对系统运行进行优化和改进，以延长催化剂的使用寿命和确保系统的正常、稳定、经济运行。

催化剂的寿命管理指的是催化剂在设计制造、性能检测、运行管理、再生与废弃催化剂处置方面的管理。SCR 烟气脱硝催化剂的化学寿命平均为 24000h，为了保证脱硝效率、SO_2/SO_3 转化率、氨逃逸率等指标，催化剂生产商必须要在催化剂出厂前进行性能检测，并结合烟气条件、催化剂的衰减曲线等判定催化剂是否可以保证协议规定的化学寿命。

1. 投运前的管理

催化剂的设计制造、选型与安装都属于催化剂的投运前管理。催化剂的设计应根据电厂的具体情况，包括机组容量、性能指标、煤质、烟气条件等选取合适的催化剂节距并确定其配方。足量的催化剂的体积也是满足 SCR 烟气脱硝催化剂使用寿命的重要原因之一。

2. 性能检测

SCR 烟气脱硝催化剂的性能检测主要包括安装前的性能检测、运行过程中的性能检测及达到使用寿命后的性能检测 3 部分。催化剂的性能检测是脱硝催化剂全寿命管理的核心。

催化剂安装前的性能检测包括对催化剂外观的检查，如检测催化剂的外表尺寸、比表面积、孔体积和开口率等；对催化剂机械强度的检查，如检测催化剂抗压强度、黏合强度、磨损强度、微观尺寸等；对性能指标的检查，如脱硝效率、SO_2/SO_3 转化率、氨逃逸率等工艺指标的检查。催化剂安装前的性能检测可以提前评估催化剂的机械强度和活性等指标，避免运行过程中出现操作风险，并且可以建立脱硝催化剂的基本资料及性能指标数据库，便于日后查看和催化剂的全寿命管理。

催化剂在运行过程中的性能检测是催化剂性能检测的重要环节，脱硝催化剂在运行过程中常会因为运行值低于设计值导致脱硝效率偏低、出口 NO_x 浓度达不到标准、后续设备出现堵塞、引风机出力不够等问题，所以催化剂在运行过程中的检测必不可少。运行过程中对催化剂的检测可以准确评估催化剂当前活性的情况，预测估计催化剂的使用时长，可以及时有效地发现问题，进一步制定新的解决方案及运行计划。

为了制定催化剂的再生、更换措施，催化剂使用寿命后的性能检测也是不可或缺的一部分。对使用寿命后的催化剂进行性能检测，可以对比催化剂出厂时的使用寿命，判断其是否达到了设计使用寿命值。同时可以对催化剂的剩余部分及脱硝系统整体进行评价，预估催化剂是否可以再生，用来确定催化剂的更换方案。

3. 运行管理

脱硝系统运行过程中的烟气量、烟气流速、烟温、烟气流场均匀性、压降等都会影响系统的正常运行，因此，正确的运行方式不仅可以延长脱硝催化剂的使用寿命，也可以使脱硝系统经济、稳定地运行。在 SCR 烟气脱硝系统启动时，应密切关注烟气温度的上升情况，防止对催化剂造成损害。

（1）烟气流场。由于烟气流场不均导致催化剂局部大量积灰，甚至损坏、局部垮塌的案例时有发生。当发生烟气流场不均匀时，部分催化剂会造成局部积灰堵塞，就会造成催化剂的其他孔道内烟气流速过快。因为烟气中颗粒物对催化剂的磨损与烟气流速成正比，所以，烟气流速的加快就会加剧催化剂的磨损率。在实践中，如果烟气流场不均，反应器四周的位置，特别是靠近锅炉侧的位置往往容易形成局部积灰。一旦发现有流场不均的情况，可以在脱硝提效改造时有针对性地对局部进行增加或调整导流板以优化流场。

（2）吹灰管理。催化剂在运行过程中由于烟气中的碱金属与催化剂的烧结，催化剂的堵塞、磨损，水蒸气的凝结，灰尘的沉积等因素，造成脱硝催化剂的活性下降，而定期对催化剂进行有效吹扫是延长催化剂寿命和活性的有效手段。吹灰分为蒸汽吹灰和声波吹灰两类，两种吹灰方式各有特点，而无论哪种方式，都是以吹掉催化剂表面上的积灰为目的。使用蒸汽吹灰，要严格控制吹灰的温度和压力。在压力控制方面，既要保证足够的压力使积灰除掉，又要防止压力过高造成催化剂的损坏；温度控制方面，既不能过高（防止催化剂烧结），也不能过低（防止催化剂活性的降低）。实践中发现当催化剂层的压降增加时，往往需要增加吹灰器的吹灰频次。

（3）喷氨管理。脱硝系统反应过程中 NH_3 与烟气的混合程度会直接影响脱硝效率的高低、氨逃逸率的大小，也会影响到催化剂的使用寿命。因此，脱硝系统在设计阶段通常都会进行烟气流场的模拟或者根据模型对烟道内的流场进行优化。但在实际运行过程中，由于各种原因仍会出现出口截面 NO_x 分布偏差大，部分区域氨逃逸率超过设计值的现象。这些现象会对空气预热器造成堵塞和腐蚀，引起脱硝效率下降，影响脱硝系统稳定运行。因此，有必要对烟道内烟气与 NH_3 混合的均匀性进行分析判断，通过调整系统入口不同位置的喷氨量，改善烟气和 NH_3 混合的均匀性，使所有催化剂处于同等负荷状态，避免不同部位的催化剂因“负荷”不同而导致使用寿命不一样，从而影响整体使用寿命。

(4) 烟气温度控制。催化剂有其特定的适用运行温度。烟气温度的高低不仅对反应速率产生影响，还会影响催化剂的使用寿命和活性。脱硝系统催化剂的运行温度一般在 300～420℃之间，若温度高于催化剂反应温度区间，会影响催化剂的活性；温度低于催化剂反应温度区间，会产生副反应，生成 $(NH_4)_2SO_4$ 或 NH_4HSO_4，造成后续设备的堵塞，降低催化活性，并且因 NH_3 与 NO_x 反应的减少而影响脱硝效率。因此，控制合理的温度区间，是催化剂使用寿命的重要因素。

二、SCR 烟气脱硝催化剂失活

(一) SCR 烟气脱硝催化剂失活机理

导致 SCR 烟气脱硝催化剂失活的原因众多，但是只要阻碍了 SCR 烟气脱硝催化反应机理中的某一步或者某几步，就会导致催化剂失活。

催化剂失活可分为可逆和不可逆两大类。催化剂的中毒失活、堵塞失活等属于可逆原因；催化剂的烧结、热失活等属于不可逆原因。

1. 中毒失活

催化剂的碱金属中毒是煤中的碱金属经过燃烧，产生 Na^+、K^+，这类具有腐蚀性的混合物跟随烟气进入 SCR 烟气脱硝系统中。钒钛催化剂碱金属中毒机理如图 1-9 所示。

含有碱金属的燃煤经过燃烧产生气溶胶颗粒（含有 K^+），由于气溶胶颗粒具有较大的表面积和扩散系数，其可直接渗入催化剂内部，与 V-OH 生成 $V\text{-}OK^+$，造成 NH_3 吸附的减少，从而 NO 与 NH_3 的反应减少并且催化剂的活性降低。由于 SCR 烟气脱硝催化反应基本是在催化剂表面发生，催化剂表面若有水蒸气的凝结，会加速催化剂碱金属的中毒现象，所以要尽量避免水蒸气在催化剂表面的凝结现象。

煤在高温和强氧化的作用下燃烧会释放出 As，造成催化剂的 As 中毒现象。As 中毒机理如图 1-10 所示。

图 1-9 钒钛基催化剂碱金属中毒机理

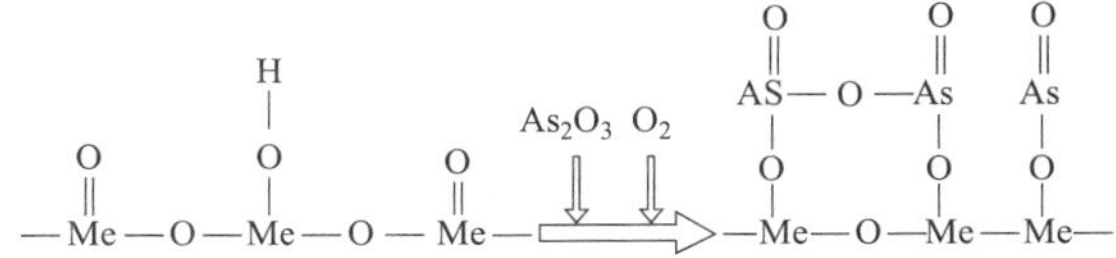

图 1-10 As 中毒机理

催化剂 As 中毒的反应机理是 As_2O_3 气体在催化剂表面首先被氧化成 As_2O_5。As_2O_3 同时扩散进入催化剂内部，固化在催化剂内的活性和非活性区域，进一步阻碍反应气体在催化剂内部的扩散，并形成砷的饱和层。砷的饱和层越厚，阻碍反应气体进入催化剂内部的能力越强。

缓解催化剂砷中毒的办法之一是增加烟气中的 CaO 含量，烟气中的 CaO 可以固化气态的 As_2O_3，从而降低 As_2O_3 的进入。但是随着 CaO 含量的增大，产生的 $CaSO_4$ 会加剧催化剂的堵塞。因此，在含有一定 As 浓度的情况下，随着 CaO 浓度的增加，催化剂寿命先增加后减小，原因是在低含量 CaO 时，催化剂寿命是受 As 浓度的影响；高含量 CaO 时，催化剂的寿命是受 $CaSO_4$ 的影响。

2. 堵塞失活

堵塞失活就是煤燃烧后产生的飞灰、烟气中未燃尽的煤粉以及锅炉启动后未燃尽的油滴，逐渐积聚到 SCR 脱硝反应器的上游，最后掉落在催化剂表面形成堵塞的现象。

煤质中的硫分经过燃烧后生成 SO_2，SO_2 与喷入脱硝系统中过剩的 NH_3 生成 NH_4HSO_4 和 $(NH_4)_2SO_4$。当系统温度低于 235℃时，$(NH_4)_2SO_4$ 会不稳定，因此，催化剂表面以 NH_4HSO_4 为主。NH_4HSO_4 是一种黏性很强的物质，且易溶于水，会对催化剂造成堵塞和腐蚀。但当反应温度提高到露点以上时，NH_4HSO_4 将蒸发，催化剂活性得到恢复。

3. 烧结与热失活

烧结是导致催化剂失效的原因之一，且该过程不可逆，造成催化剂活性的降低。在用于 SCR 烟气脱硝的催化剂中，V_2O_5-WO_3-TiO_2 是最常用的一种，其中 V_2O_5 是其活性部分，TiO_2 是其载体部分。当催化剂被烧结后，载体部分 TiO_2 会被转化成金红型，微孔结构变大，孔隙率变小，比表面积变小，使催化剂活性降低。

热失活是催化剂在高温下，各组分之间发生化学反应或发生相变，引起催化剂活性降低或者选择性变差的现象。提高催化剂中 WO_3 的含量，可以提高催化剂的热稳定性，从而可以提高其抗烧结能力。图 1-11 所示为烧结的催化剂模块。

图 1-11　烧结的催化剂模块

（二）SCR 烟气脱硝催化剂失活模型

根据催化剂的整体失活特性，其失活方程一般具有指数型特征，方程描述为

$$K = K_0 \exp(Qt) \tag{1-19}$$

式中　K——微化剂活性；

K_0——初始活性，m/h；

Q——催化剂的失活速率，m/h；

t——催化剂的服役时间，h。

SCR 反应器中通常装有 3 层催化剂，烟气依次通过各层催化剂时，其中的组分浓度等参数随之改变，致使 3 层催化剂的失活速率不同。

此时，各层催化剂失活模型为

$$K_i = K_0 \exp(-Q_i t) \tag{1-20}$$

式中　Q_i——第 i 层催化剂的失活速率，且 $Q_1 > Q_2 > Q_3$。

（三）SCR 烟气脱硝催化剂活性的测量

催化剂活性是判断催化剂寿命的依据，在特定的烟气温度和烟气流量下，催化剂的活性

可以衡量其对 NO_x 的转化能力。测试催化剂活性的装置主要有小试装置和中试装置，一般运用中试装置并以火力发电厂实际烟气参数作为测试条件对催化剂进行测量。

因此，为了充分利用SCR烟气脱硝催化剂，最大限度地延长其服役时间，同时又要确保燃煤电厂脱硝系统安全、稳定地运行，必须对催化剂的寿命进行科学合理的分析、评价。

第二章 SCR烟气脱硝催化剂设计及制备

第一节 SCR烟气脱硝催化剂主要成分分析

催化剂是SCR烟气脱硝技术最核心的组成部分，对于SCR烟气脱硝系统的脱硝效率和经济性起到了决定性作用，其建设成本和运行成本分别占到了烟气脱硝成本以及脱硝运行成本的20%以上和30%以上。近些年来，越来越多的国家开始投入大量的人力、物力和财力，更深层次地研究和开发高效率、低成本的烟气脱硝催化剂。烟气脱硝催化剂的发展经历了一个相对漫长的发展过程。最初的SCR烟气脱硝催化剂采用的活性成分是几种贵金属，如Pt、Pd、Rh等，而还原剂则主要采用H_2、CO以及碳氢化合物，贵金属脱硝催化剂的活性温度一般不超过300℃。由于采用的原材料成本相对比较昂贵，贵金属脱硝催化剂在火力发电厂烟气脱硝系统中已经不再使用，现在主要用于脱除柴油以及天然气燃烧后产生的烟气中的NO_x。在贵金属脱硝催化剂之后，出现了活性温度区间最高达到600℃的金属离子交换沸石类新型烟气脱硝催化剂，现在作为SCR烟气脱硝催化剂常常用于燃气电厂或内燃机等具有较高尾气温度的烟气脱硝系统中。沸石分子脱硝催化剂是现在脱硝催化剂研究方向的另外一个重点，目前国外研究者相对较多。沸石分子脱硝催化剂有较宽的温度区间，在高温条件下有良好的热稳定性和低氧化率。而金属氧化物脱硝催化剂则是近些年来在国内外逐渐兴起的一种新型脱硝催化剂。活性温度通常在300～400℃范围内，活性剂一般采用V_2O_5、WO_3、Fe_2O_3、CuO、MnO_x、MgO、MoO_3和NiO等金属氧化物或几种金属氧化物共同作用的混合物，而TiO_2、Al_2O_3、ZrO_2、SiO_2及活性炭等常常因为可以为活性剂提供较大比表面积，因而其会充当载体成分。当安装使用金属氧化物类脱硝催化剂时，还原剂则一般会采用氨气或尿素。各类SCR烟气脱硝催化剂的主要性能比较见表2-1。

表2-1　各类SCR烟气脱硝催化剂的主要性能比较

脱硝催化剂类型	贵金属	沸石分子筛	金属氧化物
催化活性	高	中～高	中～高
选择性	低	高	高
活性温度	低	高	较高
温度窗口	较窄	中	中
H_2O对活性的抑制	弱	很强	中
SO_2对活性的抑制	弱	中	中

在贵金属脱硝催化剂方面，由于脱硝催化剂成本相对较高，并且容易产生氧抑制和硫中毒现象，已经在火力发电厂烟气脱硝方面停用。在沸石分子脱硝催化剂方面，这种类型的脱

硝催化剂的活性温度相对较高，集中在中、高温区域，并且在工业应用中出现的硫中毒和水抑制问题依然急需解决，因此，应用也受到了限制。金属氧化物是目前应用最为广泛的SCR烟气脱硝催化剂。

平板式、蜂窝式和波纹式是金属氧化物类SCR烟气脱硝催化剂的3种最常见结构，但无论是哪种结构，通常都由表2-2的组分组成。

表2-2　典型金属脱硝催化剂的成分

组分	作用
活性组分	能单独对化学反应起催化作用的物质，有时可以单独使用
助脱硝催化剂	这类物质并没有催化活性，然而它的少量加入，却能明显改善活性组分的催化性能，同时可以提高活性组分的选择性和稳定性
载体	它的作用是提供大的比表面积，提高活性组分和助脱硝催化剂的分散度；改善脱硝催化剂的传热、抗热冲击和抗机械冲击性能
其他组分	在工业脱硝催化剂中有时还要加入一些其他的组分，如黏合剂、增强剂、造孔剂等

研究表明，以TiO_2作为载体时，活性剂V_2O_5在脱硝催化剂表面具有最优的分散度，并且当载体TiO_2为锐钛型时，获得的SCR烟气脱硝催化剂拥有较强的选择性以及活性。此外，在SCR烟气脱硝催化剂的使用过程中，脱硝催化剂可以同时将烟气中的SO_2氧化生成SO_3，并与脱硝催化剂中的金属氧化物发生化学反应，生成非常容易附着于脱硝催化剂表面的硫酸盐，从而阻碍脱硝催化剂表面催化反应的继续进行，会严重影响脱硝催化剂的反应活性。但是当载体为TiO_2时，SO_3与金属氧化物的反应相对较弱且反应过程变得可逆，生成的少量硫酸盐在烟气工况下变得非常不稳定，这个时候生成的硫酸盐反而对于提高脱硝催化剂的反应活性非常有利。目前，SCR商用脱硝催化剂大多都是以TiO_2为载体，以V_2O_5为主要活性的成分，V_2O_5在金属氧化物众多活性剂中活性最强，也常常作为脱硝催化剂活性成分用于硫酸生产，可以催化氧化SO_2生成SO_3，以WO_3和MoO_3作为抗氧化、抗毒化辅助成分。SCR烟气脱硝催化剂成分及比例，根据烟气中成分含量以及脱硝性能保证值的不同而不同。表2-3列出了典型金属脱硝催化剂的成分及比例。

表2-3　典型金属脱硝催化剂的成分及比例

脱硝催化剂	成分	比例（%）
主要原材料	TiO_2	78
	WO_3	9
	MoO_3	0.5～1
活性剂	V_2O_5	0～3
纤维（机械稳定性）	SO_2	7.5
	Al_2O_3	1.5
	CaO	1
	Na_2O+K_2O	0.1

活性剂是多元脱硝催化剂的主体部分，是必不可少的成分，没有它就会缺乏所需的催化作用。助脱硝催化剂本身没有活性或活性很小，但却能显著地改善脱硝催化剂性能。研究表明WO_3和MoO_3均能够显著地提高脱硝催化剂的热稳定性，并且能提高V_2O_5与TiO_2之间

的电子作用，提高脱硝催化剂的活性、选择性及机械强度。除此以外，MoO_3 还可以提高脱硝催化剂的抗 As_2O_3 中毒能力。载体最重要的作用是支撑、分散、稳定脱硝催化剂的活性物质，同时 TiO_2 本身也有微弱的催化功能。选用锐钛矿型的 TiO_2 作为 SCR 烟气脱硝催化剂的载体，与其他氧化物（如 Al_2O_3、ZrO_2）载体相比，TiO_2 抑制 SO_2 氧化为 SO_3 的能力强，能很好地分散表面的钒物种和 TiO_2 的半导体本质。3 种形式脱硝催化剂的性能对比分析见表 2-4。

表 2-4　　3 种形式脱硝催化剂的性能对比分析

项目	蜂窝式脱硝催化剂	板式催化剂	波纹式脱硝催化剂
加工工艺	均匀挤压成型后煅烧	双侧挤压成型	涂覆式
比表面积	大	强	小
抗中毒能力	强	发生过烧毁	中等
安全性	发生过烧毁	较好	助燃
持久性	好	较好	较差
抗磨损性	较好	较好	较差
防堵灰能力	一般	较好	较差
可靠性	较好	较好	一般
综合成本	低	较低	一般

第二节　SCR 烟气脱硝催化剂设计及选型

SCR 烟气脱硝技术是当前世界上最主要的烟气脱硝工艺，自 20 世纪 70 年代在日本燃煤电厂正式开始商业应用以来，目前已经在全世界范围内得到广泛的应用，也是中国烟气脱硝采用最多的技术，特别是近几年 SCR 烟气脱硝得到大面积的应用。作为一种成熟的深度烟气 NO_x 处理技术，无论是新建机组中还是在机组改造过程中，绝大部分燃煤锅炉都可以安装 SCR 烟气脱硝装置。SCR 烟气脱硝技术具有脱硝效率高、成熟可靠、应用广泛、经济合理、适应性强等特点，特别适合在煤质多变、机组负荷变动频繁以及对空气质量要求较敏感的区域的燃煤机组上使用。而且该工艺系统简单，虽然投资费用偏高，但是运行十分稳定。因此，从达标排放稳定性与技术性、经济性角度来综合考虑，采用最先进的 SCR 烟气脱硝工艺进行烟气脱硝是非常划算和正确的。作为 SCR 烟气脱硝技术的核心，SCR 烟气脱硝催化剂在长期运行过程中，出现了越来越多的问题，这与 SCR 烟气脱硝催化剂的选择有着非常大的关系。因此，SCR 烟气脱硝催化剂的设计以及选型就显得尤为重要。

一、高飞灰工况下脱硝催化剂选型

目前，市场主流的烟气脱硝催化剂有平板式、蜂窝式以及波纹板式 3 种形式，由于波纹板式脱硝催化剂市场占有率相对较低，而且我国使用波纹板脱硝催化剂实际运行的烟气脱硝工程项目并不是很多，所以重点讨论蜂窝式和平板式烟气脱硝催化剂。一般来说，当烟气中飞灰浓度为 50～60g/m^3（标准状态），甚至更高时，此时平板式烟气脱硝催化剂由于其烟气通道截面较蜂窝式大，高飞灰工况下烟气和飞灰的通过性好等特点，选用平板式烟气脱硝催化剂不易积灰、堵塞，运行安全性较高。但是，当飞灰浓度小于 50g/m^3（标准状态）时，

由于板式脱硝催化剂几何比表面积比蜂窝式小，同样的工程条件下，板式脱硝催化剂用量要比蜂窝式催化剂用量多20%～40%。

高飞灰工况下的SCR烟气脱硝装置位置图如图2-1所示。

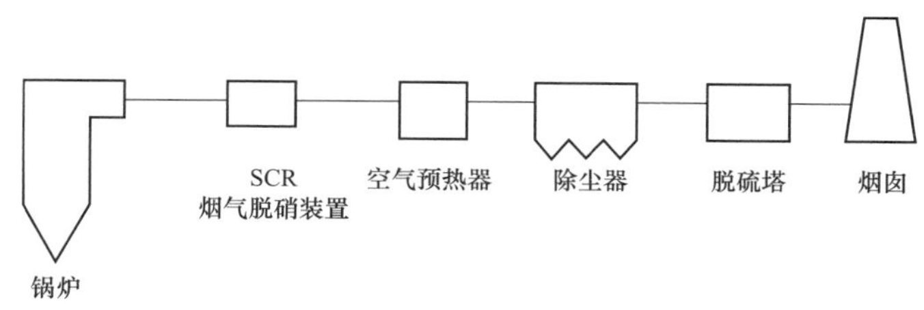

图2-1　高飞灰工况下的SCR烟气脱硝装置位置图

（一）孔数和截距的选择

蜂窝式脱硝催化剂的设计特点决定，孔数较多的脱硝催化剂，其截距较小、壁厚较薄，具有较大的几何比表面积，因此，所需的脱硝催化剂工程用量也较少。通常，蜂窝式脱硝催化剂的孔数每增加一级，如从18孔×18孔向上增加为19孔×19孔时，对于同一工程项目，脱硝催化剂的设计用量可以减少5%以上，由此可以节约脱硝催化剂采购成本5%以上。但是，孔径变小后，烟气通过性变差，在高飞灰条件下，极易发生飞灰的架桥堵灰，脱硝催化剂一旦发生飞灰架桥，就会发生“累积”效应，即当烟气脱硝催化剂部分孔道发生飞灰堵塞时，相对地使其他未堵塞的孔道通过的飞灰量急剧增大，再运行一段时间，整个脱硝催化剂都会发生堵塞。脱硝催化剂堵塞是一种不可逆的严重运行事故，在较为严重的情况时需要将脱硝催化剂退出反应器然后进行清理。由于我国的脱硝系统一般都不设烟气旁路，退出脱硝催化剂就必须停炉，这样势必会给发电厂带来较大的安全隐患和经济风险。此外，目前堵塞脱硝催化剂的清理和再生只有少数公司掌握相关技术，而且再生清洗时还会不可避免地给脱硝催化剂带来一定的物理损坏，一般为30%左右，而且再生费用较高。因此，在高飞灰工况下，需特别注意的是脱硝催化剂的孔径选择。脱硝催化剂常见型号及适用飞灰浓度见表2-5。

表2-5　　脱硝催化剂常见型号及适用飞灰浓度

脱硝催化剂型号（孔）	适用的飞灰浓度范围（标准状态，g/m^3）
15×15	≥40
18×18	20～40
20×20	15～25
21×21	13～23
22×22	10～20
25×25	≤10

（二）壁厚的选择

脱硝催化剂壁厚的选择与飞灰的浓度及飞灰的硬度相关。研究表明，当飞灰中SiO_2与Al_2O_3的含量比在2∶1左右时，飞灰硬度较大，飞灰对脱硝催化剂的冲击磨损比较严重。研究表明，脱硝催化剂内壁的磨损变薄是造成脱硝催化剂磨损强度下降的主要原因，内壁磨失量占脱硝催化剂总磨失量的60%左右，但是常规的端部硬化措施，只能保证脱硝催化剂端部不被磨损，因此，脱硝催化剂内壁的磨损也应当受到高度的重视。此外，在高飞灰的运行条件下，脱硝催化剂采用端部硬化，但是脱硝催化剂内部通道还存在由于磨损而引起的断裂风险，当硬化部位之后的内壁发生断裂以后，就会引起脱硝催化剂顶部的塌陷，进而造成严重堵塞。图2-2所示为脱硝催化剂内壁随运行时间磨损变化情况。根据雷诺数计算，脱硝催化剂内部烟气从湍流层向层流层转变，而飞灰颗粒并不遵循层流气体流动模式，飞灰颗粒在整个脱硝催化剂通道内更加倾向于弹性碰撞脱硝催化剂内壁，造成脱硝催化剂内壁的均匀磨损。采用端部硬化后，烟气和飞灰颗粒保持同样流动模式，随着颗粒碰撞，在顶端硬化部位之下的脱硝催化剂厚度减薄，在此部位薄壁型脱硝催化剂开始断裂，导致脱硝催化剂机械性能丧失，而机械破损将导致堵塞率增加，压降上升。一般来说，内壁厚越小，机械破损的风险越高，此类风险并不会因为端部硬化而降低。

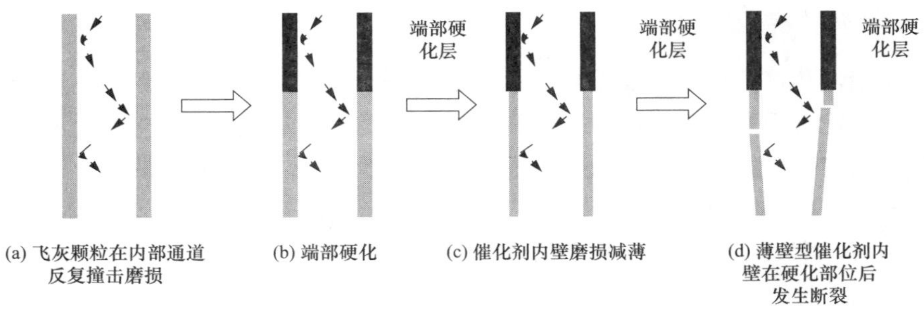

图2-2　脱硝催化剂内壁随运行时间磨损变化情况

（三）不同生产工艺脱硝催化剂的选择

在高飞灰的工况下，脱硝催化剂的端部和内壁磨损一般都会比较严重，对于采用浸渍或表面涂覆工艺生产的脱硝催化剂，活性组分仅分布在表面一层，当表面发生磨损后，活性组分会丧失较多，催化活性会下降非常快。因此，应尽可能选取活性组分内外完全均匀的脱硝催化剂，这种脱硝催化剂一般都会采用世界领先的“Impregnation”工艺（浸渍工艺）来加入活性组分。

在慎重进行高飞灰工况下的脱硝催化剂选型的同时，还应该通过优化SCR烟气脱硝流场设计，合理调节烟气速度的分布均匀性，选用适当的吹灰方式来确保安全运行。

二、高温工况条件下脱硝催化剂选型

SCR烟气脱硝催化剂适用的温度通常为320～420℃，但是即使是在此温度区间内的较高温区间，依然需要较多的脱硝催化剂用量才能达到基本的脱硝性能。如图2-3曲线a所示，烟气温度在350℃以下时，脱硝催化剂的设计用量基本不会因为温度的变化发生变化，脱硝催化剂用量主要是由SCR系统入口NO_x浓度、烟气流量、要求的脱硝效率等参数来决定的。当烟气温度超过350℃时，脱硝催化剂设计用量会随温度的增加呈线性递增地变化，特别是温度超过400℃时，脱硝催化剂体积比350℃时增加了将近15%。这是由于高温是导致脱硝催化剂烧结的最主要原因，同时烧结必然会导致脱硝催化剂的比表面积减少，从而使脱硝催

化剂活性降低。而且，高温条件下会促使活性组分和金属氧化物形成多聚态晶体，多聚晶体的比表面积较小，从而与烟气的接触面积就小，催化活性相对较低。如图 2-3 中曲线 *b* 所示，随着温度的增加，脱硝催化剂的失活速度显著加快。因此，对于高温运行的项目，需要进行配方优化。在脱硝催化剂主要成分中，V_2O_5 的活性是最强的，但是其抗高温烧结的能力是最低的。WO_3 或 MoO_3 活性虽然较低，但是因为其具有较强的抗中毒和抗烧结能力，所以优化配方时要适当减少 V_2O_5 的比，增加 WO_3 或 MoO_3 的含量，能够在一定程度上提高脱硝催化剂对高温的耐受性。但是，配方的改变，降低了脱硝催化剂的活性，要达到相同的性能要求，就需要采用较多的体积。另外，在高温中脱硝催化剂失活加快，还必须留有较为充足的脱硝催化剂储备体积。这两个因素共同作用，最后导致高温项目的脱硝催化剂用量一般都较多。需要注意的是，通过配方优化，虽然可以在一定程度上增强 SCR 烟气脱硝催化剂在高温段的抗烧结能力，但是因为 SCR 烟气脱硝催化剂本身的物理和化学性能的局限性，脱硝催化剂在高温烟气中的失活仍不可避免。

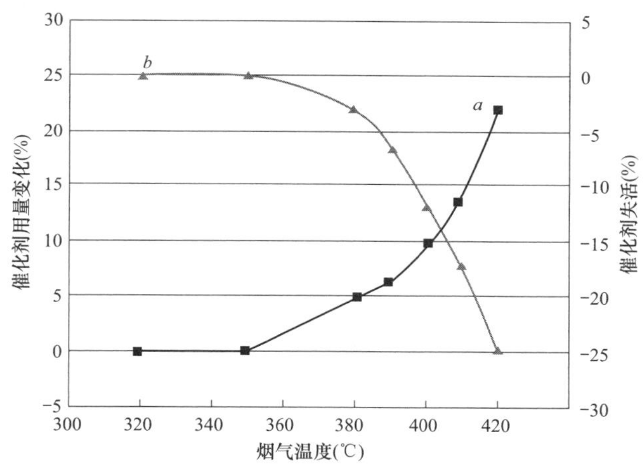

图 2-3　高温对脱硝催化剂设计影响

a—脱硝催化剂体积变化；*b*—脱硝催化剂失活

对于高温工况条件，应该考虑通过设备改造来调整烟气温度，设法使温度降低。如果受客观条件的制约，无法开展设备改造，在进行脱硝催化剂选型时，应该考虑适当降低对脱硝催化剂的化学寿命要求。由于在高温工况条件下，预留了一定量的脱硝催化剂储备体积，这部分脱硝催化剂在开始的 16000h 并没有发挥出全部的活性，但是却较早置于烟气中，已经遭受到高温烟气对其的损害，造成一定程度的失活和化学寿命的损耗。所以，可以考虑初期化学寿命为 16000h，等到 16000h 结束时，只需要添加少量的附加层用量，就可以满足剩余 8000h 的运行。在这种方式下，对于一个高温项目而言，SCR 烟气脱硝系统总的化学寿命依然是 24000h，但是总的脱硝催化剂用量比一次性满足 24000h 要求所必需的脱硝催化剂用量要减少很多。因此，只要通过缩短和调整脱硝催化剂的更新周期，就可以提高高温项目运行的安全性和经济性。

另外，应该选择活性组分均匀分布的均质脱硝催化剂，因为这类脱硝催化剂在生产时，其活性组分溶液都经过老化处理。研究表明，老化处理可在一定程度上拓宽脱硝催化剂反应温度窗口。

三、高含硫工况下脱硝催化剂选型

使用高硫分煤种的燃烧过程中，会导致烟气中的 SO_2 浓度增加。即便依然能保持 1% 的 SO_2 氧化率，但是氧化生成的 SO_3 总量依然会很高。SO_3 会与还原剂 NH_3 反应生成 $(NH_4)HSO_4$(ABS) 和 $(NH_4)_2SO_4$(AS)。$(NH_4)HSO_4$ 是一种非常黏稠的化学物质，黏附在设备表面非常难清除。一旦黏附在脱硝催化剂表面，还会继续黏附飞灰颗粒，导致 SCR 烟气脱硝催化剂积灰堵塞。$(NH_4)_2SO_4$ 是一种干态的粉状化学物质，当反应生成量较大时，会增加烟气中的飞灰含量，加剧脱硝催化剂的磨损，并且使脱硝催化剂积灰堵塞的风险大大增加。为了消除或减少 $(NH_4)HSO_4$ 对设备的黏附和腐蚀，只能够在 $(NH_4)HSO_4$ 的露点温度以上喷入 NH_3，从而使反应生成的 $(NH_4)HSO_4$ 呈气态，进而随烟气流出 SCR 系统。根据拉乌尔定律，烟气中 $(NH_4)HSO_4$ 的露点温度与气相中 SO_3、NH_3 的平衡分压相关，烟气中 SO_3 浓度越高，平衡分压就会越大，则 $(NH_4)HSO_4$ 的露点温度就会越高。而 SCR 系统的最低喷氨温度一般也都要高于 $(NH_4)HSO_4$ 的露点温度，最终导致了 SCR 烟气脱硝系统运行温度增高。如果实际烟气温度不是很高或稍微高于要求的最低喷氨温度，就会导致操作的弹性降低。

此种条件下进行脱硝催化剂设计时，一般不会引起脱硝催化剂用量的加大，但由于最低喷氨温度较高，导致 SCR 反应器的布置难度增加，或者需要增加省煤器旁路，以提高 SCR 反应器进口温度。在进行脱硝催化剂选型时，应选取具有低 SO_2 氧化率配方设计的脱硝催化剂。SO_2 对脱硝过程的影响如图 2-4 所示。

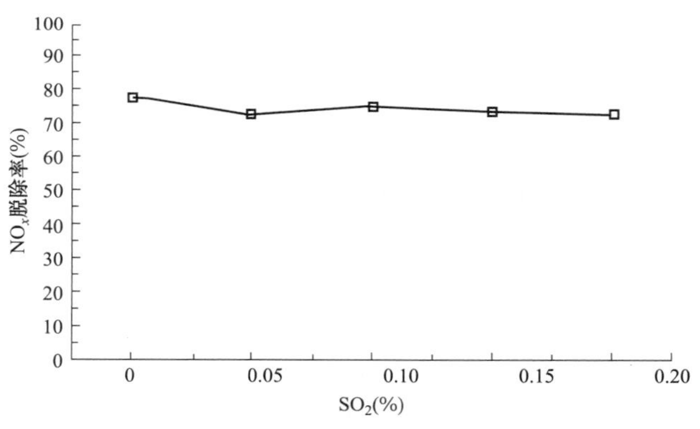

图 2-4　SO_2 对脱硝过程的影响

四、高钙情况下脱硝催化剂选型

一般来说，燃煤中或飞灰中的 CaO 含量较高时，脱硝催化剂中毒的风险会显著增大，致使脱硝催化剂失活速度显著加快。在这种情况下进行脱硝催化剂设计时，为保证脱硝催化剂在整个化学寿命期内都具有较高的活性和较高的脱硝效率，必须预留充足的设计裕量和较多的储备体积。当飞灰中 CaO 浓度较高或烟气中 SO_3 的含量较大时，会生产大量 $CaSO_4$，这些 $CaSO_4$ 附着在脱硝催化剂颗粒表面，彼此连接，进而在脱硝催化剂颗粒之间形成架桥，引起脱硝催化剂表面的屏蔽。电站锅炉排放出的烟气温度一般都超过 300℃，已经发生架桥粘连的脱硝催化剂颗粒在此高温环境中运行不长的时间，就会发生大面积烧结，导致脱硝催化

剂比表面积急剧减少，脱硝催化剂活性下降。当煤质或飞灰中的CaO含量小于5%时，其对脱硝催化剂的设计影响不大，脱硝催化剂的设计用量主要取决于SCR烟气脱硝系统入口NO_x浓度、烟气流量、要求的脱硝效率等参数。但是当CaO含量超过5%以后，其对脱硝催化剂的设计影响开始变得明显，在同样的工况条件下，脱硝催化剂用量受CaO含量影响很大。随着CaO含量的不断增加，脱硝催化剂用量呈线性递增，特别是当CaO含量在30%左右时，脱硝催化剂用量比低钙工况条件下的用量增加25%左右。CaO对脱硝催化剂设计的影响如图2-5所示。

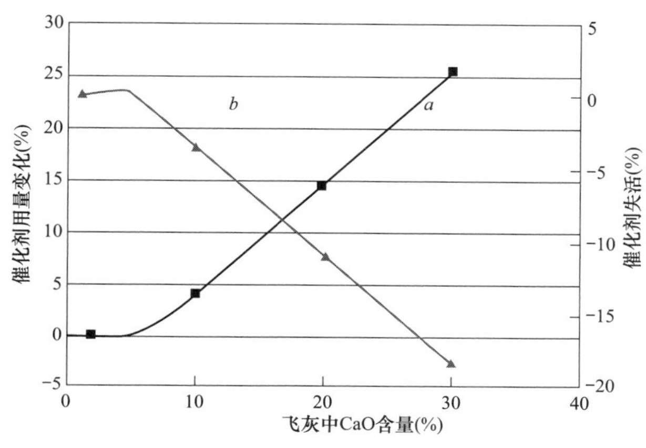

图2-5　CaO对脱硝催化剂设计的影响

a—催化剂体积变化；*b*—催化剂失活

第三节　SCR烟气脱硝催化剂制备工艺

SCR工艺自1978年在日本成功实现工业生产以后，工艺技术与脱硝催化剂的生产技术一直在不断进步和完善，形成了由触媒化成与界化学为代表的蜂窝式脱硝催化剂和以Babcock-Hitachi为代表的板式脱硝催化剂2种主流脱硝催化剂结构与技术。

据2013年统计数据显示，国外主要SCR烟气脱硝催化剂生产商生产的脱硝催化剂生产类型和能力统计见表2-6。

表2-6　国外主要SCR烟气脱硝催化剂生产商

厂商名称	国家	脱硝催化剂类型	生产能力	应用业绩
日立	日本	板式	3条生产线，总计1.5万m^3/年	600套
触媒化成	日本	蜂窝式	1条生产线，2500m^3/年	超过500套
康宁	美国	蜂窝式	>2万m^3/年	876套
亚吉隆	德国	板式	>1.2万m^3/年（板式）	超过540套
		蜂窝式	>5000m^3/年（蜂窝式）	
Envirotherm GmbH（KWH）	德国	蜂窝式	被东方锅炉收购，组建东方凯瑞特	—
托普索	丹麦	波纹板式	3条生产线	—
Seshin Electronics	韩国	蜂窝式	≤3000m^3/年	—

我国脱硝催化剂生产起步相对较晚，但2006年以后发展迅速，在2013年已经有以四川东方锅炉工业锅炉集团有限公司、重庆远达脱硝催化剂制造有限公司、中天环保脱硝催化剂有限公司等为代表的一大批脱硝催化剂生产企业逐步成熟。

目前，世界范围内约有95%的燃煤发电厂使用蜂窝式和板式脱硝催化剂，其中，蜂窝式脱硝催化剂由于其高耐腐性、高可靠性、强耐久性、高反复利用率、低压降等特性，得到广泛应用。从目前已投入运行的SCR烟气脱硝系统看，75%采用蜂窝式脱硝催化剂，新建机组采用蜂窝式脱硝催化剂的比例也基本相当。两种脱硝催化剂的结构如图2-6所示。

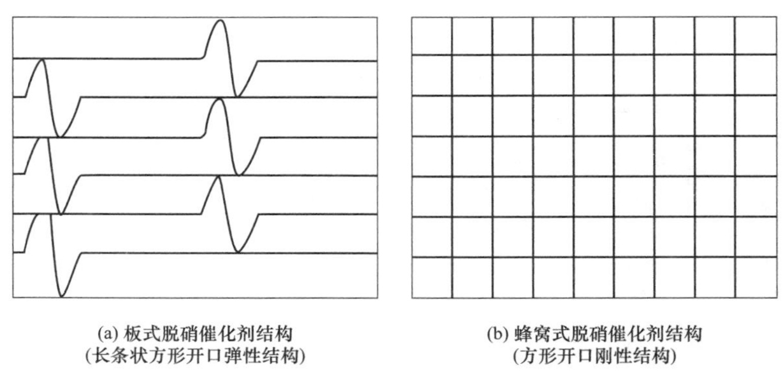

图2-6　两种脱硝催化剂的结构

一、板式脱硝催化剂的制备工艺

板式脱硝催化剂在制备工艺上的不同使其具有与蜂窝式脱硝催化剂不同的性能。板式脱硝催化剂在防止飞灰堵塞、抗磨损和抗中毒等方面具有很大的优势，特别适合于我国燃煤电厂煤种不稳定、燃煤烟气含尘量高等国情，因此，在我国烟气脱硝系统工程中占有较大的市场份额。板式脱硝催化剂的制备工艺流程如图2-7所示。

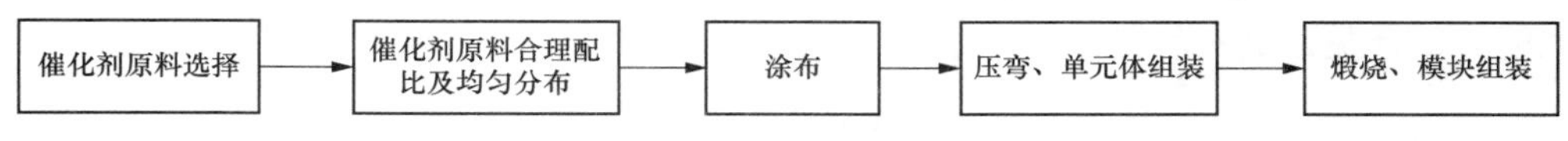

图2-7　板式脱硝催化剂的制备工艺流程

（一）脱硝催化剂的原料选择

板式脱硝催化剂一般由基板、载体和活性成分组成。基板是脱硝催化剂形状的骨架，主要是由钢或陶瓷构成；载体用于承载活性金属；活性成分一般有V_2O_5、WO_3、MoO_3等。

1. 基板的选择

板式脱硝催化剂的基板经常使用的有钢板网和加固玻璃纤维板，钢板网常用于一些烟气腐蚀性较强、飞灰含量较高的工况，其耐磨腐蚀性能较好，但质量较重，不经济；在一些飞灰浓度不高的烟气中可以使用加固玻璃纤维板，加固玻璃纤维板质量较轻，其运输与吊装非

常方便，并且对于 SCR 反应器钢结构和地基的荷载相对比较小。

2. 载体的选择

目前，工业中应用最多的 SCR 烟气脱硝催化剂大多以 TiO_2 为载体，而 TiO_2 载体有 3 种主要的晶型结构：板钛型、锐钛型与金红石型。板钛型是不稳定结构，锐钛型在常温状态下稳定，但是在高温条件下转变为金红石型，金红石型是最稳定的晶型结构。用锐钛型 TiO_2 作为载体负载钒类的脱硝催化剂是活性最高的脱硝催化剂，因此，一般都会选择具有锐钛型结构的 TiO_2 作为载体。

目前，应用于烟气脱硝催化剂的 TiO_2 载体主要包括锐钛型纳米级 TiO_2 和锐钛型工业级 TiO_2 两大类。纳米级 TiO_2 粉末除了具有优异的光学和导热性能外，还具有较大的比表面积和表面活性，具有较好的吸附性、脱硝催化剂及载体，但纳米级 TiO_2 价格相对比较昂贵，在一部分脱硝效率要求不是特别高的工况下可以添加一部分工业级 TiO_2 混合使用，从而降低脱硝催化剂的成本，以满足我国不同地区、不同时段、不同行业对于 NO_x 的控制要求。

3. 活性成分

钒是 SCR 商用脱硝催化剂中最重要的活性成分。V_2O_5 脱硝催化剂的优越性在于表面呈酸性，比较容易与碱性的 HN_3 和 NO_x 反应生成 N_2 与 H_2O；使用温度相对较低，为 350～450℃；适用于富氧环境。钒的负载量可能不完全一致，但一般不会超过 2%（质量分数），这主要是由于 V_2O_5 能将 SO_2 氧化成为 SO_3，这对 SCR 反应器是有不利影响的。并且当钒的负载量升高时，会降低脱硝催化剂的比表面积，这主要是因为钒占据了 TiO_2 的孔道。

为了提升脱硝催化剂的稳定性、选择性和机械性能，往往会添加 WO_3 以及 MoO_3 作为辅助催化剂，WO_3 能够提升脱硝催化剂的热稳定性，MoO_3 能够有效防止脱硝催化剂的 As 中毒。添加这 2 种辅助脱硝催化剂，获得的脱硝效率差不多，而且反应过程中生成的 N_2O 量较少，同时也能够有效减缓脱硝催化剂比表面积的降低。

4. 成型助剂

为了提高脱硝催化剂的机械强度，在成型过程中还需要添加成型助剂。聚环氧乙烷、硅溶胶为经常使用的黏合剂，黏合剂和水会形成胶状物，脱硝催化剂在黏合剂与水的作用下会形成胶状物质，将物料黏合在一起。聚环氧乙烷添加量为 1%～3%，硅溶胶添加量为 3%～10%。如果黏性太强，不容易获得塑性坯体，为了得到塑性坯体，必须添加分散剂。分散剂能够增加捏合中粉体间的润滑度，减少内摩擦，有利于形成塑性物料，有利于脱硝催化剂的成型。常用的分散剂是一乙醇胺。

因为黏合剂等的作用会掩蔽脱硝催化剂的一部分孔径，所以造孔剂内扩散系数将下降。为了提高气体在成型脱硝催化剂中的扩散效果，需添加适当的造孔剂，造孔剂在煅烧过程中会在脱硝催化剂中产生孔洞，改善脱硝催化剂的孔结构。造孔剂过多或过少都会对脱硝催化剂产生影响，太多会使脱硝催化剂的机械强度降低，孔结构改善不够显著。脱硝催化剂制备过程中还会添加一定量的草酸，有助于物质溶解，并会使脱硝催化剂保持一定的还原效果。各添加剂的作用见表 2-7。

表 2-7　　各添加剂的作用

添加剂	作用
硅溶胶	黏合剂
玻璃纤维丝	成型时保证脱硝催化剂的强度
甲基纤维素	造孔剂
聚环氧乙烷	黏合剂
一乙醇胺	分散剂
草酸	助溶剂

（二）脱硝催化剂原料的合理配比及均匀分布

板式脱硝催化剂中不同成分的配比对脱硝催化剂的催化性能有非常大的影响。

作为脱硝催化剂的载体，TiO_2 具有多孔结构、高比表面积，能够使活性组分均匀地吸附在其表面上，从而在烟气通过脱硝催化剂比表面时能够提供足够的接触空间，进行充分的反应，以达到脱除 NO_x 的成效，因此混合得是否均匀会直接影响 NO_x 的脱除效果。TiO_2 与活性物质均匀混合后，再添加一定量的黏结剂、润滑剂、中和剂、纤维组织，能够使催化剂达到良好的剥离强度和磨损强度。以上几种原料通过捏合机充分混合后，经过造粒就可以转入下一道工序即涂布工序。

（三）涂布

脱硝催化剂料粒通过涂布机的碾压可以均匀地涂布在不锈钢网上，经过烘干、裁切、压弯即可制成脱硝催化剂单板。脱硝催化剂料粒首先投入料斗，通过振动下料，料粒会经过拨料系统均匀地分布在网面上。料粒通过机头对辊的碾压事先涂布，经过两次碾压整平，形成厚度均匀且表面光滑的网带。经过涂布的网带通过电动机驱动输送至烘干箱内进行干燥，去掉水分，以达到表面初干的状态。输送至尾部机器进行裁切，裁切后的料板经过压型机进行压弯，得到不同波高的脱硝催化剂单板的半成品。

（四）压弯、单元体组装

根据 GB/T 31584—2015《平板式烟气脱硝催化剂》的要求，脱硝催化剂单元的截面标准边长为（464±2）mm，标准高度为［（462～672）±2］mm。脱硝催化剂产品的规格按节距进行划分，所谓的节距为脱硝催化剂单元内相邻两单板中心之间的距离。我国热电厂多为燃煤锅炉，灰分较大。按照烟气灰分大小的不同，选择不同节距大小的脱硝催化剂产品。灰分相对越大，选择脱硝催化剂产品的节距也就应该越大，这样才可以有非常好的防堵灰效果，从而提高脱硝效率，脱硝催化剂的节距除了通过确定单板压型波高以外，还与脱硝催化剂涂层的厚度密切相关。每一个脱硝催化剂生产厂家产品设计不同，涂层厚度也会有所差异。但是最后必须要按照涂层的厚度确定压型模具波高来确定节距。经过裁切的单板放入不同波高的模具，通过施加一定的压力来完成压弯。压弯后的单板经过组装完成单元体小箱。组装要遵循方向标准、整齐一致，不允许有方向错误、多片叠加等的情况出现。

（五）煅烧、模块组装

组装好的单元体小箱需要经过煅烧炉进行煅烧。煅烧最高温度可达 560℃，煅烧炉有多

个温度分区，各分区设置的温度有所不同，煅烧过程会持续不断地鼓入新风，以充分与箱体内版面接触，及时带走煅烧过程产生的废气。经过最高温区后小箱体会进入降温区，降到安全温度后转入下道工序进行模块组装。模块尺寸要求长度为（1882±3)mm，宽度为（954±3)mm，高度为［(712～2036)±3]mm。模块共装入 2 层，每层分为 8 个单元，2 层单元板之间方向相互交叉，能够使烟气流场更加均匀。

二、蜂窝式脱硝催化剂的制备工艺

目前，蜂窝式脱硝催化剂制造一般都需要经过 6 道工序：混炼—预挤出—挤出成型——一段干燥—二段干燥—焙烧。而要完成这 6 道工序，一般需要经过 20 多天。从理论上来说，每道工序都非常有可能对脱硝催化剂的产品质量产生重大的影响。蜂窝式脱硝催化剂的制备工艺流程如图 2-8 所示。

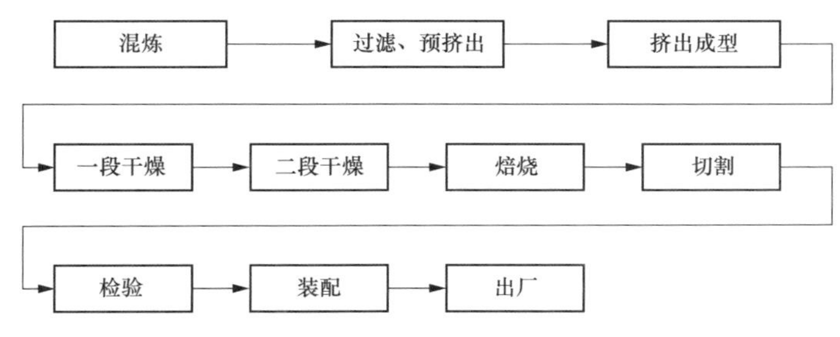

图 2-8　蜂窝式脱硝催化剂的制备工艺流程

（一）混炼

混炼是蜂窝式脱硝催化剂制造的第一道关键工序，它的作用是尽可能地把物料混合均匀一致。在整个过程中要对各种物料的分批添加、搅拌的速度和方向、搅拌过程中的温度与湿度以及泥料的硬度进行严格的控制，在进行搅拌和搓捏的过程中，还需要将搅拌桨叶做工的能量分层切片输入物料中，让所有原料分子能够全面地接触。

脱硝反应的本质是脱硝催化剂的活性位即 Lewis 酸位或 Bronsted 酸位将 NH_3 吸附而活化，然后活化后的 NH_3 与 NO_x 发生化学反应生成 N_2 和 H_2O，因此，脱硝催化剂的活性位应尽可能完全而均匀地暴露出来，同时避免因吸附时产生的“位阻效应”，因此，在混炼工序中应尽可能地使各种原料均匀混合，以达到原料各组分的“分子间”接触，以便在最后的焙烧过程中得到较高比表面积、空隙率和比孔面积。因此，在混炼工序中要掌握好加料的顺序以及每次添加的量，同时要根据要求控制好搅拌的速度和搅拌的方向以及每种搅拌方向的搅拌时间，只有这样才能够加工出符合要求的混炼泥料。

（二）过滤、预挤出

将混炼物料过滤，从而除去杂质，同时要使混炼物料更加均匀。过滤好的精料自动进入预挤出机挤出坯料。将符合要求的坯料密封包进行陈化。

（三）挤出成型

将陈化好的坯料送入真空挤出机，挤出蜂窝状坯料，包装上架。由于挤出也是脱硝催化剂制造过程中的重要工序之一，控制好坏，将直接影响产品的成品率，根据经验，应特别注意模具，以防产品变形。

（四）一段干燥

一段干燥是蜂窝式脱硝催化剂制造的第二道关键工序，他所采用的热源是低压水蒸气。在一段干燥时要将脱硝催化剂蜂窝坯体中的绝大部分水分蒸发掉，同时要保证坯体不变形、不开裂，因此，过程的控制要求非常严格，而且控制因素较多，包括干燥间的温度、湿度及其升降速度。由于干燥方式是热力干燥，同时蜂窝式结构较为复杂，所以需要经过较长的干燥过程，一般为 10 天左右，才能保证产品具有较好的质量。

一段干燥是脱硝催化剂制造的第二道关键工序，也是整个脱硝催化剂制造工艺中影响因素最多、控制要求最严格而且经历时间最长的一道工序。由于一段干燥所采用的是传统的以水蒸气为热源的热力干燥方式，这种干燥方式的特点是从物料的外部开始加热，因此，物料的温度分布和热传递方向与湿度梯度方向正好相反，这就阻碍了水分子由内部向表面的移动，故“热阻大”。又加上蜂窝体孔隙多，且体内孔壁特别薄，加热不均匀，再加上这些多孔材料与导热系数差，因此，干燥过程要求特别严格，一旦过程控制不好，极易使蜂窝体变形、开裂，影响产品质量。

在一段干燥过程中，蜂窝体的整个干燥过程大致需要经过 4 个阶段：

1. 恒湿升温阶段

在这个阶段，主要是要使蜂窝体均匀地加热到一定温度，并且要保证整体内外温度一致。因此，在升温全过程保持干燥间的湿度维持在一个稳定的状态，以免蜂窝体表面首先出现应力而引起产品变形、开裂。

2. 恒湿恒温阶段

恒温恒湿阶段又称作等速干燥阶段。当恒湿升温阶段完成后，将温度在缓慢升高至一定程度，然后在这种状态下维持一段时间。这个阶段主要是将蜂窝体内部向蜂窝体表面扩散的水量与蜂窝体表面蒸发的水量达到平衡，在这种状态下保持恒定的蒸发速度。

3. 恒温降湿阶段

恒温降湿阶段又称作降速干燥阶段，经过等速干燥阶段之后，缓慢将温度升高至一定程度并保持稳定，然后将湿度缓慢下降，这是降速干燥阶段的开始，然后在经过升温-恒温-降湿，大约经历三四个这样的过程，就能够使蜂窝体达到规定的含水量。在此之后便能够进入二段干燥工序。

4. 平缓降温阶段

当以上工序完成之后，停止加热，但是不可立刻打开干燥间，要在完全封闭的状态下使蜂窝体自然缓慢地冷却到室温以后，才能够将蜂窝体取出，然后进入焙烧工序。

（五）二段干燥

二段干燥的干燥介质是热空气。将经过一段干燥的蜂窝坯体放入二段干燥箱，稳定升温，与此同时要严格控制干燥箱内的温度，若温度过高，则会使有些成分过早地损失。

（六）焙烧

焙烧是蜂窝式脱硝催化剂制造的第三道关键工序，在这个过程中将完成蜂窝式脱硝催化剂的所有化学反应，能够使一些有机添加剂挥发或分解，从而产生大量的微孔，使产品具有较大的比表面积和孔隙率，同时完成活性物质前驱物的分解而生成活性物质；除此之外，通过该过程还要使产品具有符合要求的机械强度，从而完成产品的定型。在这个过程中温度变化复杂，由此必须严格控制焙烧中各区间段温度的升降速度及各段中空气的含氧量，同时还要控制辊道进行的速度，从而保证焙烧质量。

焙烧是脱硝催化剂制造过程的第三道关键工序，它是在辊道窑内进行的。在这道工序中，要完成脱硝催化剂制造过程中所有的化学反应同时还会完成脱硝催化剂的制造过程，使脱硝催化剂具有较大比表面积、空隙率、比孔体积以及合理的孔径分布，同时使脱硝催化剂达到需要的机械强度。焙烧工序主要的控制项目是窑内各段的温度场和热风流场的变化及辊道窑中脱硝催化剂的进行速度。

窑炉加热温度是分段设置的，它的设计依据主要考虑了以下因素。

1. 完成化学反应所需要的温度

在焙烧阶段完成的最重要的化学反应是偏钒酸铵向 V_2O_5 的转化，即

$$2NH_4VO_3 \longrightarrow V_2O_5 + 2NH_3 + H_2O \tag{2-1}$$

当温度超过 200℃时，此反应开始进行。

如果配料采用的不是钛钨粉，而是直接加入仲钨酸铵，则还有一个仲钨酸铵向 WO_3 的转化过程，即

$$(NH4)_2WO_4 \cdot 6H_2O \longrightarrow WO_3 + 2NH_3 + 7H_2O \tag{2-2}$$

此反应在 220～280℃失去部分铵和结晶水，转化为偏钨酸铵，在加热至 600℃以上失去全部铵和结晶水，彻底转化为 WO_3。

2. 其余助剂的挥发和分解温度

其余的助剂在不同的温度下逐步分解挥发，这就需要关注他们的沸点、挥发（或升华）及炭化温度，如下列几种助剂的沸点：

（1）乙酸乙酯为 77℃。

（2）乳酸为 122℃。

（3）单乙醇胺为 170℃。

（4）聚环氧乙烷为 165～210℃。

（5）硬脂酸为 232℃。

（6）草酸为 150～160℃升华。

（7）羧甲基纤维素的炭化温度为 252℃。

由于这些助剂的沸点、挥发性不同，所以在设计窑炉的加热温度时必须认真考虑。

3. 载体（TiO_2）的烧结温度

脱硝催化剂通常使用的载体为锐钛型 TiO_2，它的比表面积大，可以确保脱硝催化剂产品的催化活性。但是若加热温度过高，TiO_2 将由锐钛型向金红石型转化，从而使 TiO_2 的比表面积锐减。这个转变发生温度为 600～620℃，因此，炉窑设计的温度上限不能大于

620℃。同时620℃也是催化剂陶瓷化所需要的温度，因此，脱硝催化剂蜂窝体必须要经过一定温度下的烧结才能达到所需要的机械强度。把焙烧温度的上限定位620℃，不仅保证了脱硝催化剂的活性，而且赋予了脱硝催化剂能够达到的强度。

为了控制好辊道窑中的温度，特别设计安装了一套窑内流场控制装置，该装置在自动控制条件下利用空气的流动，使低温气体向高温带流动，从而实现温度的有效控制，保证了脱硝催化剂产品的焙烧质量。

第四节　SCR烟气脱硝催化剂主要技术参数

脱硝催化剂作为SCR烟气脱硝反应的核心，其质量和性能直接影响脱硝效率的大小，因此，在火力发电厂脱硝工程中，除去烟道及反应器的设计不可以忽视之外，脱硝催化剂的设计参数同样非常关键。

一般来说，脱硝催化剂都是为项目量身定制的，即依据项目烟气成分、特性、效率及客户要求来确定的。脱硝催化剂的性能（包括活性、选择性、稳定性和再生性）不能够直接量化，而是综合的表现在一些参数上，主要包括活性温度、几何特性参数、机械强度参数、化学成分含量、工艺性能指标等。

一、活性温度

脱硝催化剂的活性温度范围是最重要的指标。反应温度不仅决定反应物的反应速度，而且决定脱硝催化剂的反应活性。如V_2O_5-WO_3/TiO_2脱硝催化剂，反应温度大多设在280～420℃之间。如果温度太低，反应速度会变慢，甚至还会反应生成非常不利于NO_x降解的副反应；如温度太高，则会发生脱硝催化剂活性微晶高温烧结的情况。典型SCR烟气脱硝催化剂对NO_x还原率随温度的变化如图2-9所示。

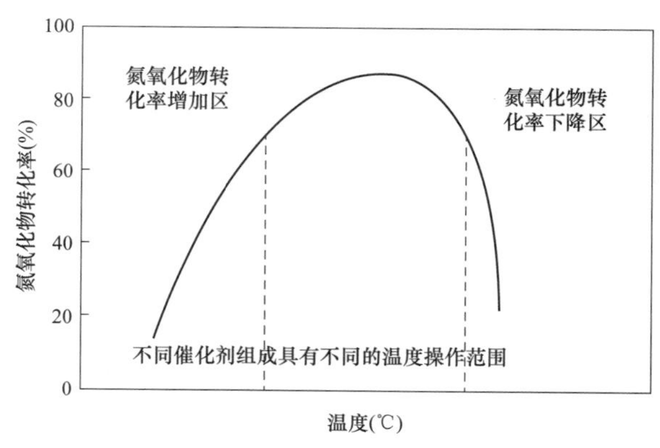

图2-9　典型SCR烟气脱硝催化剂对NO_x还原率随温度的变化

二、几何特性参数

（一）节距/间距

节距/间距是脱硝催化剂的一个重要指标，通常用P表示。它的大小能够直接影响催化

反应的压降和反应的停留时间，与此同时还会影响脱硝催化剂孔道是否会发生堵塞。对蜂窝式脱硝催化剂，如蜂窝孔宽度为 d，脱硝催化剂内壁壁厚为 t，则

$$P = d + t \tag{2-3}$$

对平板和波纹式脱硝催化剂，如板与板之间宽为 d，板的厚度为 t，则

$$P = d + t \tag{2-4}$$

由于 SCR 装置通常情况下都会安装在空气预热器之前，飞灰浓度大于 15g/m^3（干基，标准状态），如果脱硝催化剂间隙太小，就会发生飞灰堵塞，从而阻碍烟气与脱硝催化剂接触，效率下降，磨损加重。一般情况下，蜂窝式脱硝催化剂堵灰要比平板式严重，需要适当地加大孔径。燃煤发电厂 SCR 烟气脱硝工程中的蜂窝式脱硝催化剂间距一般在 6.3～9.2mm 之间，同样的条件下，板式脱硝催化剂间距可以比蜂窝式稍微小一点。

（二）比表面积

比表面积是指单位质量脱硝催化剂所暴露的总表面积，或单位体积脱硝催化剂所拥有的表面积。因为脱硝反应为一个多相催化反应，而且反应发生在固体脱硝催化剂的表面，所以脱硝催化剂表面积的大小直接关系到催化活性的大小，将脱硝催化剂制作成高度分散的多孔颗粒从而为反应提供了更多的表面积。蜂窝式脱硝催化剂的比表面积比平板式脱硝催化剂的要大得多，蜂窝式脱硝催化剂的比表面积一般为 427～860m^2/m^3，平板式脱硝催化剂约为其 1/2。

（三）孔隙率和比孔体积

孔隙率是脱硝催化剂中孔隙体积同整个颗粒体积的比值。孔隙率是脱硝催化剂结构中最直接的一个量化指标，决定了孔径和比表面积的大小。一般情况下脱硝催化剂的活性随孔隙率的增大而增强，但机械强度会随孔隙率的增大而降低。比孔体积则是指单位质量的脱硝催化剂的孔隙体积。

（四）平均孔径和孔径分布

一般情况下所说的孔径是由试验室测得的比孔体积与比表面积相比得到的平均孔径。脱硝催化剂中的孔径分布非常重要，反应物在微孔中扩散时，如果各处孔径分布不一样，则会表现出明显不同的活性，只有当大部分孔径接近平均孔径时，效果才会达到最佳。

三、机械强度参数

机械强度参数主要表现了脱硝催化剂在抵抗气流产生的冲击力、摩擦力、耐受上层脱硝催化剂的负荷作用、温度变化作用及相变应力作用方面的能力。机械强度参数共有 3 个指标，即轴向机械强度、横向机械强度和磨耗率。前 2 个分别是指单位面积脱硝催化剂在轴向和横向能够承受的重量。磨耗率则是用标准的试验仪器和方法测定获得的单位质量脱硝催化剂在特定条件下的损耗值，用于比较各种脱硝催化剂的抗磨损能力。

四、化学成分含量

化学成分含量是指活性组分及载体，如 V_2O_5-WO_3/TiO_2 脱硝催化剂中各组分的质量百分数。这当中最为关键的是起催化作用的量及活性组分的量，助脱硝催化剂与载体的配比也非常重要。根据不同用户的情况，含量会有所差异。一般情况下，V_2O_5 占 1%～5%，WO_3 占 5%～10%，TiO_2 占其余绝大部分比例。

五、工艺性能指标

工艺性能指标包括体现脱硝催化剂活性的脱硝效率、SO_2/SO_3 转化率、NH_3 逃逸率以及压降等综合性能指标。这些指标一般情况下在脱硝催化剂成品完成后需要在试验室实际烟气工况下进行测试，以确认各指标达到要求。

（一）脱硝效率

脱硝效率指进入反应器前、后烟气中 NO_x 的质量浓度差除以反应器进口前的 NO_x 浓度（浓度均换算到同一氧量下），直接反映了脱硝催化剂对 NO_x 的脱除效率。一般情况下，脱硝工程会设计初期脱硝率和远期脱硝率，通过初置预留若干脱硝催化剂层，今后逐层添加来满足未来可能日益严格的排放要求。

脱硝效率计算公式为

$$\eta_{NO_x-SCR} = \frac{C_{NO_x-in} - C_{NO_x-out}}{C_{NO_x-in}} \times 100 \tag{2-5}$$

式中 η_{NO_x-SCR}——SCR 脱硝效率（标准状态，干基）；

C_{NO_x-in}——SCR 入口 NO_x 浓度均值（标准状态，干基，5%NO_2，6%O_2）；

C_{NO_x-out}——SCR 出口 NO_x 浓度均值（标准状态，干基，5%NO_2，6%O_2）。

（二）SO_2/SO_3 转化率

SO_2/SO_3 转化率指烟气中 SO_2 转化成 SO_3 的比例。SO_2/SO_3 转化率越高，脱硝催化剂活性越好，所需要脱硝催化剂量越少，但转化率过高会导致空气预热器堵灰及后续设备腐蚀，而且会造成脱硝催化剂中毒。因此，一般要求 SO_2/SO_3 转化率小于 1%。在钒钛脱硝催化剂中加入钨、钼等成分，可有效地抑制 SO_2 转化成 SO_3。

$$\alpha = [SO_{3,out} - SO_{3,in}] / SO_{2,in} \times 100\% \tag{2-6}$$

式中 α——SO_2/SO_3 转化率；

$SO_{3,out}$——出口 SO_3 浓度（6%O_2），$\mu L/L$；

$SO_{3,in}$——进口 SO_3 浓度（6%O_2），$\mu L/L$；

$SO_{2,in}$——进口 SO_2 浓度（6%O_2），$\mu L/L$。

SO_3 取样系统如图 2-10 所示。

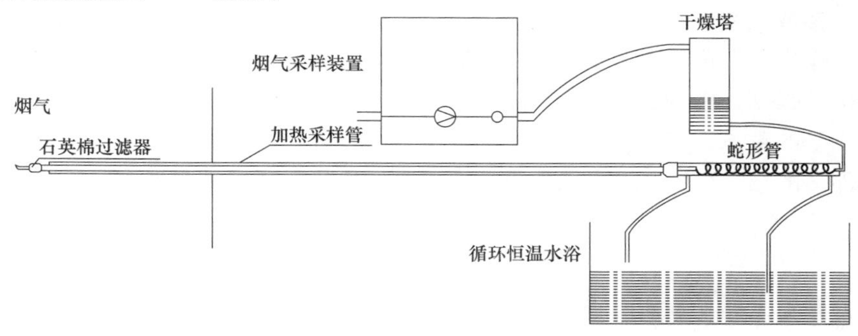

图 2-10　SO_3 取样系统

（三）NH_3 逃逸率

NH_3 逃逸率是指脱硝催化剂反应器出口烟气中 NH_3 的体积分数，它反映了未参加反应的 NH_3。如果该值高，一是会增加生产成本，造成 NH_3 的二次污染；二是 NH_3 与烟气中的 SO_3 反应生成 NH_4HSO_4 和 $(NH_4)_2SO_4$ 等物质，会腐蚀下游设备，并且增大系统阻力。

（四）压降

压降是指烟气经过脱硝催化剂各层之后的压力损失。整个脱硝系统的压降是由脱硝催化剂压降以及反应器及烟道等压降组成，这个压降应该越小越好，否则会直接影响锅炉主机和引风机的安全运行。在脱硝催化剂设计中合理选择脱硝催化剂孔径和结构形式，是降低脱硝催化剂本身压降的重要手段。脱硝催化剂压降测点位置图如图 2-11 所示。

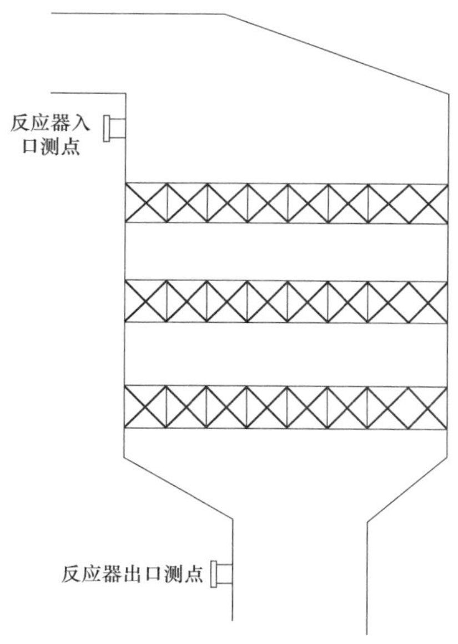

图 2-11　脱硝催化剂压降测点位置图

（五）其他

除了以上物理、化学和工艺性能指标外，各种特定的 SCR 烟气脱硝工程所采用的脱硝催化剂还有体积、尺寸等合同指标，在脱硝催化剂评标、验收中也作为很重要的参数需要予以审核。

第三章 SCR烟气脱硝催化剂运行中的评价分析

第一节 SCR烟气脱硝催化剂评价方法

脱硝催化剂性能的定期检测与评价是烟气脱硝系统运行管理中的一项重要工作。脱硝催化剂性能不仅直接影响 NO_x 的脱除率是否满足达标排放，而且影响 NH_3 的逃逸率是否超标、是否会在下游空气预热器等设备上产生积盐等。

脱硝催化剂都是为项目量身定制的，即依据项目烟气成分、特性、效率及客户要求而定。催化剂的活性、选择性、稳定性和再生性等性能则是综合体现在一系列性能参数上，关于烟气脱硝催化剂产品性能指标的选择，DL/T 1286《火电厂烟气脱硝催化剂检测技术规范》目前涵盖的性能指标主要包括几何特性指标、理化特性指标和工艺特性指标 3 个方面。其中几何特性指标主要包括脱硝催化剂的外观尺寸、几何比表面积和开孔率 3 项指标；理化特性指标主要包括脱硝催化剂的抗压强度（蜂窝式催化剂）、黏附强度（平板式催化剂）、磨损强度、比表面积、孔容、孔径及孔径分布、主要化学成分和微量元素 8 项指标；工艺特性指标主要包括脱硝催化剂的活性、选择性、寿命及氨逃逸和 SO_2/SO_3 转换率 5 项指标。

对于上述每一项特性指标，DL/T 1286《火电厂烟气脱硝催化剂检测技术规范》给出了具体的测试方法，包括试样制备、测试设备、测试步骤和计算公式等。

一、外观

1. 单元

单元外观质量采用目视法测定。裂缝宽度采用塞尺测量，精确至 0.1mm；裂缝长度和缺口深度采用刻度尺测量，精确至 1mm。

2. 模块

模块外观质量采用目视法测定。模块几何尺寸用刻度尺测量，精确至 1mm。

二、单元变形的测定

1. 设备和材料

（1）水平平台：平台度精度大于或等于 0 级。

（2）钢直尺或钢条：长度不低于 200mm。

（3）塞规或塞尺：量程不低于 10mm、精度不低于 0.1mm。

（4）催化剂单元体试样：原始状态、单元表面整洁。

2. 宽度方向变形的测定

将催化剂单元放在平台上，观察宽度方向变形最大的表面。将钢直尺或钢条放在单元宽度方向变形最大的部位。用塞尺或塞规测量单元表面与钢直尺或钢条之间的距离。测试宽度方向各面变形值，其中最大值即为该单元宽度方向变形值。

宽度方向变形测量示意图见图 3-1。

3. 长度方向变形的测定

将催化剂单元的 1、2 点（3、4 点）按在平台上并固定，用塞规读取第 3、4 点（1、2 点）和工作平台的间隙（h）。长度方向变形测量示意见图 3-2。

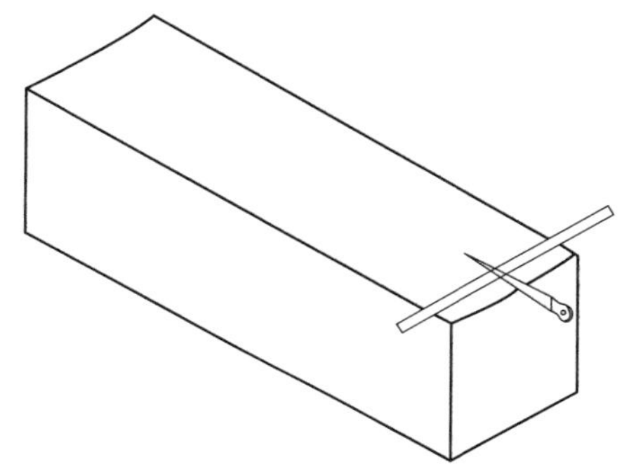

图 3-1 宽度方向变形测量示意图

图 3-2 长度方向变形测量示意图

测量 4 个点与工作平台的最大间隙 h。

4. 结果计算

催化剂单元变形 X，数值以毫米（mm）表示，按下式计算，即

$$X=\frac{h}{2} \tag{3-1}$$

式中 h——测定的最大间隙的数值，mm。

三、几何性能的测定

1. 单元尺寸的测定

用卷尺测量单元体的长度（l），精确至 1.0mm；用游标卡尺测量单元体的截面尺寸（a、b）、内壁厚（b_w）、外壁厚（b_{ow}）和孔径（d_a，d_b），精确至 0.01mm。孔径 d 为 a、b 方向的孔径 d_a、d_b 的算术平均值。

测量点的位置应分散且分布均匀，孔径测量点的数量应不少于 10 个，取其算术平均值作为测定结果。

催化剂单元体示意图见图 3-3。

2. 模块尺寸的测定

模块尺寸采用卷尺测量，测量结果精确至 1mm。

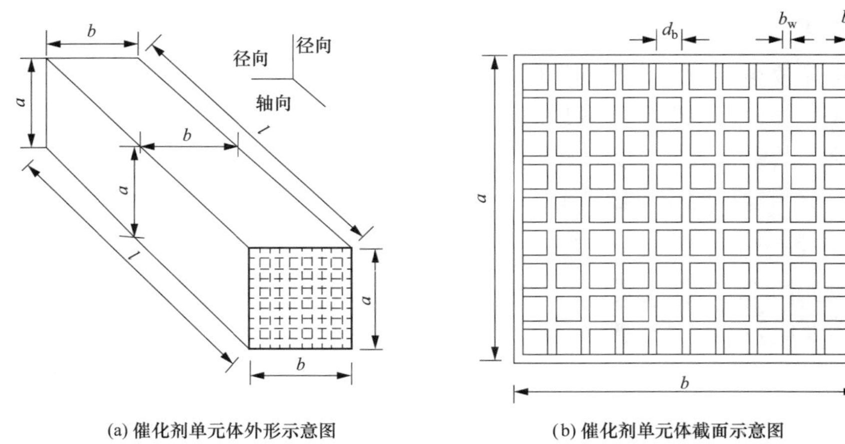

(a) 催化剂单元体外形示意图　(b) 催化剂单元体截面示意图

图 3-3　催化剂单元体示意图

3. 单元几何比表面积、开孔率的计算

催化剂单元几何比表面积 A_p 以平方米每立方米（m^2/m^3）表示，按下式计算，即

$$A_p = \frac{4dn^2 \times 1000}{ab} \tag{3-2}$$

式中　d——催化剂孔径，mm；

n——催化剂单元体端面上一排孔的数量；

a、b——单元横截面长和宽，一般取 150mm。

催化剂单元的开孔率按下式计算，即

$$\varepsilon = \frac{d^2 n_2}{ab} \times 100\% \tag{3-3}$$

四、理化性能的测定

理化性能主要体现在催化剂抵抗气流产生的冲击力、摩擦力，耐受上层催化剂的负荷作用、温度变化作用及相变应力作用的能力。机械强度参数共有 3 个指标，即轴向机械强度、横向机械强度和磨耗率。前 2 个分别是指单位面积催化剂在轴向和横向可承受的重量。磨耗率则是用一定的试验仪器和方法测定得到的单位质量催化剂在特定条件下的损耗值，用于比较不同催化剂的抗磨损能力。

1. 抗压强度的测定

设备和材料包括压力试验机（量程不大于 1125kN，示值误差不大于±2%）、游标卡尺（量程为 0～200mm，精确至 0.01mm）、衬垫片（厚度为 3.1mm 的高岭棉和陶瓷纤维纸）。

2. 试样的制备

在催化剂单元体的未经硬化部位，截取 6 个长度为（150±2）mm 的式样。试样应保持结构完整且无裂纹，切切割面应平整、光滑并与催化剂孔壁垂直。测量试样受压面 4 个不同位置的高度以检验受压面的平行度，任何测量点的高度之差应不大于平均高度的 2%。将试样装入塑料袋中折叠封好，待用。

3. 测定步骤

将两片高岭棉和陶瓷纤维纸分别放在试样受力面的顶部和底部，再将试样置于压力试验机两块压板的中心位置（试样应被试验机压板全部覆盖）。开启压力试验机并以 1125N/s 的加压速率连续均匀地施加压力，直至试样完全破碎或压力试验机完全停止。轴向和径向各测试 3 个试样，取 3 次测定结果的平均值作为测定结果。

4. 结果计算

催化剂的轴向和径向抗压强度 p(MPa) 按下式计算，即

$$p=\frac{F}{LW} \tag{3-4}$$

式中 F——最大压力示值的数值，N；

L——试样底部（或顶部）长度的数值，mm；

W——试样底部（或顶部）宽度的数值，mm。

五、磨损率的测定

1. 试样制备

截取长度和宽度均为 3.10～70mm、高度为 100mm±2mm 的试样两块（应保持孔型完整，22 孔采用 10 孔×10 孔规格）。将试样置于烘箱中，105℃±2℃干燥 2h 后取出，自然冷却至室温，称重，精确至 0.01g，待用。

2. 测试装置

催化剂的磨损率的测试装置由风机、风量调节机构、自动给料机、样品仓和磨损剂收集系统、除尘系统等组成。测试样品和对比样品可采用串联或并联方式，其中样品仓串联布置方法为仲裁方法，测试装置流程示意图见图 3-4、图 3-5。

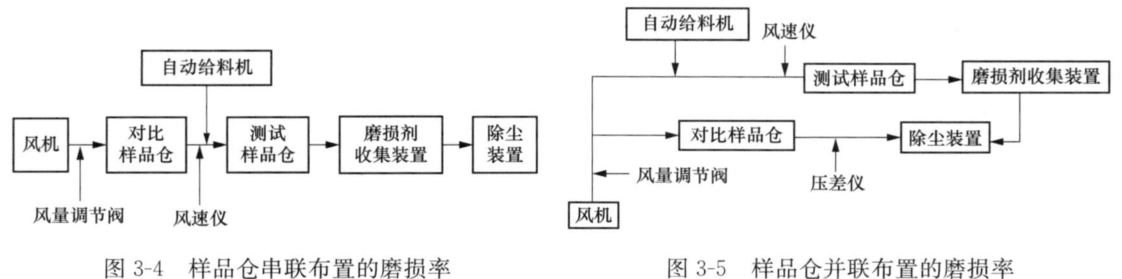

图 3-4 样品仓串联布置的磨损率测试装置流程示意图

图 3-5 样品仓并联布置的磨损率测试装置流程示意图

3. 测定步骤

将试样用海绵或高领棉包裹后，置于样品仓中（若样品经过硬化处理，应将硬化端作为迎风面）。保持样品外壁与仓壁之间完全密封，使空气和磨损剂完全从试样的通道中流过。控制并调节催化剂通道内风速为 14.5m/s±0.5m/s（标准状态），进入样品仓前的风管直径为 ϕ3.15，磨损剂（干燥的粒径为 0.300～0.425mm 的高硬度石英砂）浓度为 50g/m^3±5g/m^3，2h 后停止。取出试样，置于烘箱中，105℃±2℃干燥 2h，取出并自然冷却至室温后，称重，精确至 0.01g。

4. 结果计算

催化剂的磨损率 ξ，以百分数每千克（%/kg）表示，按下式计算，即

$$\xi = \frac{\left(1 - \frac{m_2}{m_1} \times \frac{m_3}{m_4}\right) \times 100}{m} \tag{3-5}$$

式中 m_1——测试前试样质量，g；

m_2——测试后试样质量，g；

m_3——测试前对比样质量，g；

m_4——测试后对比样质量，g；

m——磨损剂质量，kg。

六、比表面积的测定

按 GB/T 19587《气体吸附 BET 法测定固态物质比表面积》中的多点 BET 法进行测试，其中从催化剂表面上截取的试样不低于 0.3000g。

按 GB/T 31590《烟气脱硝催化剂化学成分分析方法》的规定测定单位质量催化剂的内孔的总容积。

七、脱硝催化剂的物理特性表征方法

（一）扫描电子显微镜（SEM）

扫描电子显微镜（SEM）技术使人类观察微小物质的能力发生质的飞跃，依靠扫描电子显微镜的高分辨率、良好的景深和简易的操作方法，扫描电子显微镜（SEM）迅速成为一种不可缺少的工具，并且广泛应用于科学研究和工程实践中。近年来，随着现代科学技术的不断发展，相继开发了环境扫描电子显微镜（ESEM）、扫描隧道显微镜（SEM）、原子力显微镜（AFM）等其他一些新的电子显微技术。这些技术的出现，显示了电子显微技术近年来自身得到了巨大的发展，尤其是大大扩展了电子显微技术的使用范围和应用领域在材料科学中的应用。使材料科学研究得到了快速发展，取得了许多新的研究成果。扫描电子显微镜见图 3-6。

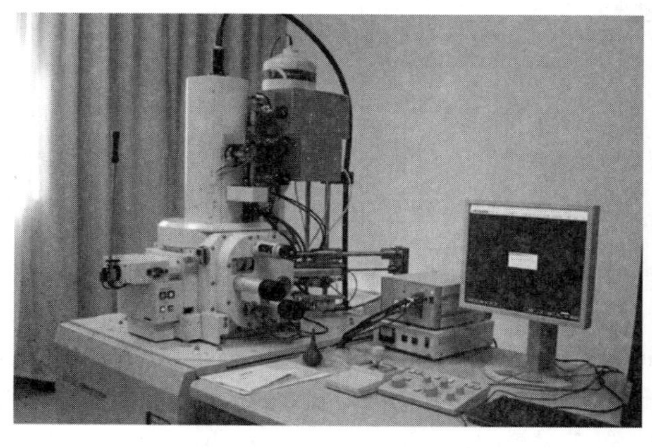

图 3-6 扫描电子显微镜

扫描电子显微镜结构由四大部分组成：电子光学系统、信号检测与转换系统、显示与记录系统、真空系统。

电子光学系统包括电子枪、电磁透镜和扫描线圈。

1. 电子枪

为了获得较高的信号强度和扫描强度，由电子枪发射的扫描电子束应该具有较高的亮度和尽可能小的束斑直径。常用的电子枪主要有两大类。

（1）利用热发射效应产生电子，有钨枪和六硼化镧枪两种。

1）钨枪寿命在30～100h之间，价格便宜，但成像不如其他两种明亮，常作为廉价或标准扫描电子显微镜配置。

2）六硼化镧枪寿命介于场致发射电子枪与钨枪之间，为200～1000h，价格约为钨枪的10倍，图像比钨枪明亮5～10倍，需要略高于钨枪的真空，一般在1×10^{-7}Pa以上；但比钨枪容易产生过度饱和和热激发问题。

（2）利用场致发射效应产生电子，称为场发射电子枪。场发射电子枪的亮度最高、电子源直径最小，是高分辨SEM的理想电子枪。当然这种电子枪极其昂贵，且需要小于1×10^{-8}Pa的极高真空。但它具有至少1000h以上的寿命，且不需要电磁透镜系统。

2. 电磁透镜

电磁透镜的功能是把电子枪的束斑逐渐聚焦缩小，原因是照射到样品上的电子束斑越小，其分辨率就越高。SEM通常有3个聚光镜，前两个是强透镜，缩小束斑，第三个是弱透镜，焦距长，便于在样品室和聚光镜之间装入各种信号探测器。为了降低电子束的发散程度，每级聚光镜都装有光阑。为了消除像散，装有消像散器。

扫描线圈的作用是使电子束偏转，并在样品表面作有规则的扫动，电子书在样品上的扫描动作和在显像管上的扫描动作保持严格同步，因为它们是由同一扫描发生器控制的。SEM中有3个扫描线圈：物镜极靴内的扫描线圈是用于电子探针在样品表面扫描；观察和照相用显像管中的扫描线圈是用于控制阴极摄像管（CRT）中的电子束以便在荧光平上作同步扫描。SEM进行形貌分析时都采用光栅扫描方式。SEM的倍率放大是通过改变镜筒中扫描线圈电流大小来控制的，这样就可以改变样品扫描区域大小，进而改变倍数。

样品室中的样品台除了能夹持一定尺寸的样品，还能使样品平移、倾斜和转动等，同时还能在样品台上进行加热、冷却和进行力学性能试验。

（二）信号检测与转换系统

信号检测与转换系统主要部件是二次电子探测器。

二次电子探测器由4个部分组成：收集极是用来吸收二次电子，加速其趋向探头；闪烁技术器是常用的检测系统；光导管将可见光信号输出到光电倍增管中，为图像扫描信号转换；电子放大器中的视频放大器可将电信号进一步扩大。

信号显示系统的两个显像管：一个是观察用的CRT，分辨率较低；另一个是照相用的CRT，分辨率较高。而记录系统为数字照相系统，用于最终的试验记录。

真空系统能够保障SEM电子系统的正常工作，并防止样品受污染等。它包括真空泵和真空柱两部分：真空泵用来在真空柱内产生真空；而成像系统和电子束系统均内置在真空柱中，真空柱底端为密封室，用于放置样品。

SEM的工作原理是由电子枪发射出来直径为50μm的电子束，在加速电压的作用下经过磁透镜系统会聚，形成直径为5nm的电子束，聚焦在样品表面上，在第二聚光镜和物镜之间偏转线圈的作用下，电子束在样品上做光栅状扫描，同时同步探测入射电子和研究对象相互作用后从样品表面散射出来的电子和光子，获得相应材料的表面形貌和成分分析。从材料表面散射出来的二次电子的能量一般低于50eV，其大多数的能量为2～3eV。因为二次电子的能量较低，只有样品表面产生的二次电子才能跑出表面，逃逸深度只有几个纳米，这些信号电子经探测器收集并转换为光子，再通过电信号放大器加以放大处理，最终成像在显示系统上。SEM工作原理的特殊之处在于把来自二次电子的图像信号作为时像信号，将一点一点的画面“动态”地形成三维的图像。扫描电子显微镜工作原理图见图3-7。

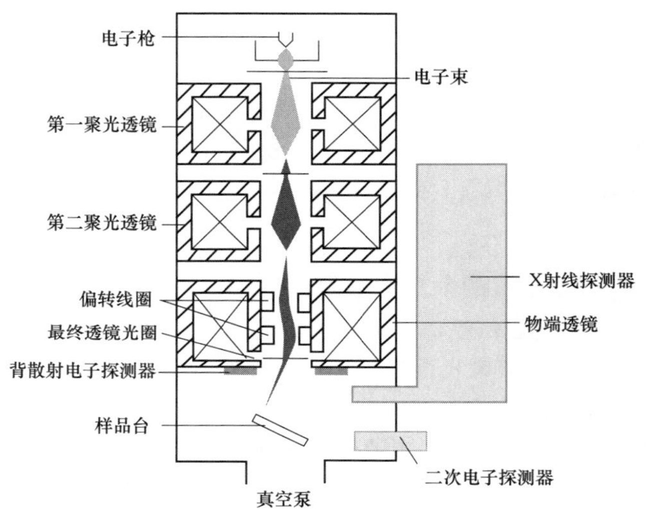

图3-7　扫描电子显微镜工作原理图

(三)比表面积及孔结构(BET)表征

固体催化剂的比表面积和孔结构是表征催化剂性能的重要参数，两者皆可通过物理吸附测定。

目前绝大多数非均相固体催化剂均为多孔物质，其孔结构、尺寸及孔容在很大程度上取决于催化剂的制备方法。根据IUPAC对孔结构的分类，孔一般分为以下三种：微孔(micropore)，$d_p<2.0$nm；介孔(mesopore)，$2.0\text{nm}<d_p<50$nm；大孔macropore)，$d_p>50$nm。其中d_p为孔径。认知孔结构对了解催化剂失活原因以及后续的再生处理提供十分有用的信息，因此，催化剂孔结构的表征对催化剂的实际应用粉末具有举足轻重的作用。

孔结构的表征主要包括比表面积、比孔容以及孔径分布等几个方面。在众多表征方法中BET法最为常用，因此，以下将对BET法均相详细的介绍。

BET表征主要包括比表面积、孔容及孔径分布等，对于了解催化剂的性质及后续的催化剂失活判断等方面十分重要。BET表征所用仪器为静态氮物理化学吸附仪，它采用稳态容积方法，在低于常温的恒定温度下，通过测量在某个平衡压力的情况下，进入多孔物质表面和

内部孔隙的或者从多孔物质表面和内部孔隙中，排出的液氮量的大小来得到多孔物质的孔径分布等结构参数。当液氮分子进入多孔物质或者从多孔物质中排出的时候，样品的压力会发生改变直到达到新的平衡。比表面积和孔结构分析仪（BET）见图 3-8。

图 3-8　比表面积和孔结构分析仪（BET）

（四）X 射线衍射技术（XRD）表征

X 射线衍射技术（XRD）是揭示晶体内部原子排列状况最有力的工具，应用 X 射线衍射方法研究催化剂，可以获得许多有用的结构信息，使催化剂的许多宏观物理化学性质从微观结构特点找到答案，丰富人们对于催化剂的认识，推动催化剂的研究工作。每一种晶体都有它的特有的衍射图谱，从衍射线的位置可得知待定化合物的存在。高速运动的电子轰击金属靶子，产生 X 射线。X 射线是一种波长很短的电磁波，衍射所用的 X 射线波长为 0.05～0.25nm。

X 射线由连续谱和特征谱两部分构成。高速运动的电子，在靶子原子核附近的强电场作用下降低能量，这个能量差以光子的形式释放出来，这样产生的 X 光，其波长分布是连续的，称为连续谱。高速运动的电子激发靶原子的内层电子，外层电子跃迁到低能级，并以电磁波的形式放出能量。由于电子能级是不连续的，因而电子跃迁时放出的能量也是不连续的，这样辐射的 X 光就具有特定的波长，称为特征 X 射线谱。L 层电子向 K 层跃迁产生 $K\alpha$ 射线；M 层向 K 层跃迁产生 $K\beta$ 射线，统称 K 系射线。$K\alpha$ 射线又由 $K\alpha1$ 和 $K\alpha2$ 组成，$K\alpha1$ 射线强度是 $K\alpha2$ 的两倍。外层电子向 L 层跃迁产生 L 系射线。不同元素的特征 X 射线谱都是由 K、L 等线系构成，但波长不同。靶材原于序数越大，波长越短。在 X 射线衍射试验中，应用 K 吸收现象，选择一定元素制成的滤波片，使它的吸收边刚好位子光源 X 光的 $K\alpha$ 和 $K\beta$ 波长之间，把滤波片插到 X 光光路中，大量吸收 $K\beta$ 射线，保留 a 射线。滤波片的原子序数应当小于靶子原子序数 1～2 个单位。

晶体是由原子（离子或分子）在三维空间中周期性排列而构成的，单色 X 射线照射晶体中的原子，发生相干散射，由于原子的周期性排列，弹性散射波相互干涉，产生衍射现象。X 射线被这些原子在某一方向的弹性散射，形象地表示为一套晶面的反射。一束平行的波长为 λ 的单色 X 光，照射到两个间距为 d 的相邻晶面上，发生反射，设入射角和反射角为 θ，两个晶面反射的 X 射线为 1 和 2，则这两条射线干涉加强的条件是两者的光程差等于波长的整数倍，即

$$2d\sin\theta = n\lambda \tag{3-6}$$

式中　n——衍射的级数。

这就是著名的布拉格方程。只有当入射 X 光与晶体的几何关系满足布拉格方程时，才能产生衍射线条。

X 射线衍射仪由 X 射线发生器、测角仪和记录系统 3 大部分构成，近代衍射仪配备了计算机控制和数据处理系统。满足布拉格方程的衍射示意图见图 3-9。

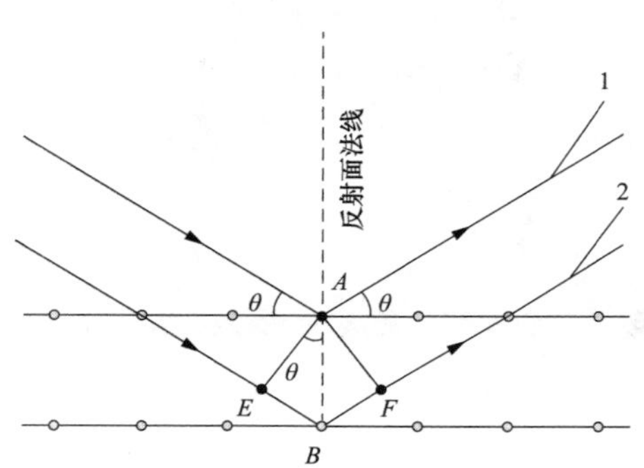

图 3-9　满足布拉格方程的衍射示意图

图 3-9 中的 A 是反射法线与晶面的交叉点，E 是 A 到入射 X 光的垂点，F 是 A 到反射 X 光的垂点。

X 射线发生器由高压发生器及 X 射线管组成。高压发生器产生的直流高压加在 X 射线管上，加速灯丝产生的电子，高速电子轰击金属靶面产生 X 射线。

粉末 X 射线衍射测角仪是按几何聚焦原理设计的。样品 S 的被照射面位于测角仪的轴线上，以 θ/min（θ/min 是旋转的角速度）的速度旋转，探头 CP 以 2θ/min 速度旋转。为了限制 X 射线束，提高分辨率，安装了 So1ler 狭缝 S1 和 S2，发散狭缝 DS，接收狭缝 RS。为了限制空气散射进入探头，安装了防散射狭 SS。为了滤掉射线，保留 Ka 射线。在样品后（或前）插上适当的滤波片。

样品架一般用铝板或玻璃板制成，中间开一方孔，粉末样品压入方孔内，样品架插到测角仪的轴线位置。

粉末样品由无数小晶体组成，这些小晶体沿空间各个方向随机分布，当测角仪旋转到一定角度时，总有一些小晶体的晶面基本平行于样品面，而且满足布拉格方程，产生衍射。测角仪转到另一角度，又会有另一些小晶体，其晶面基本平行样品面，产生另一条衍射。这样，在测角仪旋转过程中，在不同的角度上就会产生不同的衍射，这些衍射峰所对应的角度 2θ 与面间距的关系为 $2(d/n)\sin\theta=\lambda$。根据这个公式可以计算出各个衍射对应的 d/n 值，习惯上称 d/n 为面间距，n 为衍射级数。

在测角仪的扫描过程中，记录仪同时记录衍射强度及探头位置角标，以便查找衍射峰对应的 2θ 角。

根据各衍射峰角度所确定的晶面间的相对强度和间距是物质本身所具有的属性。每种物质的晶胞尺寸和晶体结构都是特定的。与衍射强度和衍射角度有一定的对应关系，因此，可以根据衍射角和衍射强度来表征样品的晶体结构。所有的包括衍射位置和强度的晶体衍射花样是物质的基本物理性质，XRD 不仅可用作物质的快速鉴定，也可用来对物质

的结构做完全的解释。

八、脱硝催化剂化学特性表征方法

傅里叶红外光谱（FT-IR）表征，傅里叶变换红外吸收光谱是一种分子吸收光谱，分子吸收光谱是由分子内电子和原子的运动产生的。当分子内原子在其平衡位置产生振动或分子围绕其重心转动或产生分子振动能级和转动能级的跃迁，此类跃迁所需能量较小，在 0.78～100μm 波长范围内产生红外吸收光谱。傅里叶变换红外光谱是材料表面结构研究的一种非常有效的方法，通过红外分析研究可以直接了解催化剂表面官能团化学结构的一些信息。

利用红外光谱表征催化剂的表面酸性是红外光谱在催化研究领域中最常用、最成熟的用途之一。根据 Eley-Rideal 机理，SCR 烟气脱硝反应中 NH_3 首先吸附在催化剂的活性酸位点，然后与气态或弱吸附态的 NO 反应。对于钒系催化剂，研究倾向于 Bronsted 酸性位是 SCR 烟气脱硝反应 NH_3 的活性吸附位，而也有研究认为 Lewis 酸位也能产生良好的 SCR 烟气脱硝催化活性，SCR 烟气脱硝催化剂应遵循 Lewis 酸反应机理，也有研究认为两种反应机制同时存在。红外光谱不仅能够表征催化剂表面的酸性强弱以及量，而且还能有效区分 L 性酸（L 性酸指的是能够接受电子对物质）和 B 性酸（B 性酸指的是能够给出质子物质），是目前区分催化剂表面酸性类型最有效的方法之一。

第二节　SCR 烟气脱硝催化剂取样分析

一、实验装置

催化剂反应性能试验装置示意图见图 3-10。

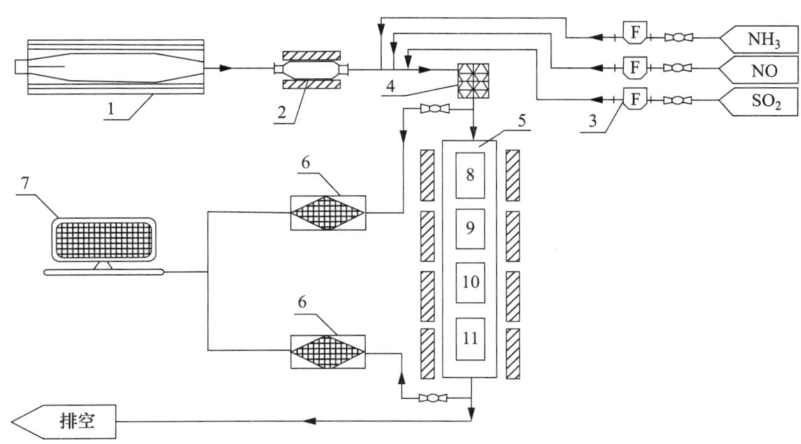

图 3-10　催化剂反应性能试验装置示意图

1—烟气发生器；2—气体发生器；3—质量流量计；4—气体混合器；5—反应器；6—烟气分析仪；7—计算机；8～11—催化剂单元

二、测试步骤

（1）测试烟气条件见表 3-1。

表 3-1 测试烟气条件

名称	指标	偏差范围
烟气流量（m^3/h，标准状态，湿基）	150	±5
烟气温度（℃）	380	±3
SO_2 浓度（$\mu L/L$，标准状态，干基）	500	±10
NO 浓度（$\mu L/L$，标准状态，干基）	300	±6
O_2 浓度（$\mu L/L$，标准状态，干基）	4	±0.2%
氨氮摩尔比	1.0～1.1	—
H_2O 含量（%）	10	±10%（相对值）

（2）试样的制备及装填。截取长度为 500mm（截面尺寸为 150mm×150mm）无明显物理损伤的单元作为待测试样，将催化剂样品两端缠绕耐高温陶瓷纤维棉后，装入反应器，并将催化剂两端空隙处用陶瓷纤维棉密封严实，待用。

（3）系统试漏。向系统内缓慢通入空气，在压力不低于 0.1MPa 条件下，保持 10min 后，用涂刷中性发泡剂等方法检查所有密封点，如有泄漏应进行处理。试漏合格后，打开排气，使系统降至常压。然后在不通入 NH_3 和 NO 的情况下，调节其烟气条件满足表 3-1 要求，并保持 30h。然而每隔 1h，测定反应器进出口烟气中 SO_2 和 SO_3 的体积分数。当连续 4 次测试数据不存在同一趋势且相对偏差小于 10%时，老化结束。

（4）测试。活性测定在老化完成后，按表 3-1 中的试验要求通入全部气体，稳定并保持 1h。然后每隔 1h 测定一次进出口 NO_x 的体积分数和出口氨逃逸体积分数。当连续 4 次测定结果不存在同一趋势且测定结果相对偏差不大于 3%时，活性测试完毕。

测试期间，烟气成分分析方法及参考标准见表 3-2。

表 3-2 烟气成分分析方法及参考标准

序号	烟气成分	推荐的检测方法	参考标准
1	$NO/NO_2/N_2O$	化学发光法	ISO 7996《环境空气　氮氧化物质量浓度的测定　化学发光法》
		盐酸萘乙二胺分光光度法	HJ 43《固定污染源排气中氮氧化物的测定　盐酸萘乙二胺分光光度法》
		非分散红外吸收法	HJ 692《固定污染源废气　氮氧化物的测定　非分散红外吸收法》
2	O_2	磁力机械式氧分析仪法	JJG 662《顺磁式氧分析器检定规程》
		气体中微量氧的测量-电化学法	GB/T 6285《气体中微量氧的测定　电化学法》
3	SO_2	碘量法离子色谱法	HJ/T 56《固定污染源排气中二氧化硫的测定　碘量法》 GB/T 14642《工业循环冷却水及锅炉水中氟、氯、磷酸根、亚硝酸根、硝酸根和硫酸根的测定　离子色谱法》
		紫外荧光法	ISO 10498《环境空气　二氧化硫的测定　紫外线荧光法》
4	SO_3	离子色谱法	GB/T 14642《工业循环冷却水及锅炉水中氟、氯、磷酸根、亚硝酸根、硝酸根和硫酸根的测定 离子色谱法》
		高氯酸钡-钍试剂法	GB/T 21508《燃煤烟气脱硫设备性能测试方法》

续表

序号	烟气成分	推荐的检测方法	参考标准
5	NH_3	氨气敏电极法	GB/T 14669《空气质量　氨的测定　离子选择电极法》
		次氯酸钠-水杨酸分光光度法	HJ 534《环境空气氨的测定　次氯酸钠-水杨酸分光光度法》
		离子色谱法	GB/T 15454《工业循环冷却水中钠、铵、钾、镁和钙离子的测定　离子色谱法》
6	H_2O	冷凝法重量法	GB/T 16157《固定污染源排气中颗粒物测定与气态污染物采样方法》

（5）SO_2/SO_3 转化率测定。活性测定完成后，切断 NH_3 供应，其他烟气条件保持不变，稳定并保持 1h。然后每隔 1.0～1.5h 测定一次进、出口 SO_3 体积分数和入口 SO_2 体积分数。当连续 4 次测定结果不存在同一种趋势且两次测定结果相对偏差不大于 10%时，SO_2/SO_3 转化率测试完毕。取连续 4 次测定结果的算术平均值作为测定结果。

三、结果计算

（1）脱硝效率催化剂的脱硝效率 η 按下式计算，即

$$\eta=\frac{C_1-C_2}{C_1}\times 100\% \tag{3-7}$$

式中　C_1——反应器入口 NO_x 体积分数（标准状态，干基），$\mu L/L$；

C_2——反应器出口 NO_x 体积分数（标准状态，干基），$\mu L/L$。

（2）氨氮摩尔比 MR 按下式计算，即

$$MR=\eta+\frac{C'_{NH_3}}{C'_{NO}} \tag{3-8}$$

式中　η——催化剂单元体的脱硝效率，%；

C'_{NH_3}——实测的氨逃逸的体积分数，$\mu L/L$；

C'_{NO}——实测入口 NO_x 体积分数，$\mu L/L$。

（3）面积速度。面积速度 AV 按下式计算，即

$$AV=\frac{Q}{VA_p} \tag{3-9}$$

式中　Q——标准状态下烟气流量，m^3/h；

V——催化剂体积，m^3；

A_p——催化剂几何比表面积，m^2/m^3。

（4）活性。活性 K 按下式计算，即

$$K=-AV\cdot\ln(1-\eta) \tag{3-10}$$

式中　AV——面积速度，m/h；

η——催化剂的脱硝效率。

（5）SO_2/SO_3 转换率。催化剂单元体的 SO_2/SO_3 转换率 E 按下式计算，即

$$E=\frac{\varphi_1-\varphi_2}{\varphi_3}\times 100\% \tag{3-11}$$

式中　φ_1——反应器出口 SO_3 体积分数（标准状态，干基），$\mu L/L$；

φ_2——反应器入口 SO_3 体积分数（标准状态，干基），μL/L；

φ_3——反应器出口 SO_2 体积分数（标准状态，干基），μL/L。

测试出的反应性能要求见表 3-3。

表 3-3　　反应性能要求

规格	活性（m/h）				SO_2/SO_3 转化率（%）
	$0.1\%<\omega(V_2O_5)\leq0.3\%$	$0.3\%<\omega(V_2O_5)\leq0.6\%$	$0.6\%<\omega(V_2O_5)\leq1.0\%$	$\omega(V_2O_5)>1.0\%$	
15 孔	≥24	≥26	≥28	≥30	≤1.0
16 孔	≥25	≥28	≥30	≥32	
18 孔	≥26	≥34	≥37	≥39	
20 孔	≥27	≥36	≥38	≥40	
21 孔	≥27	≥37	≥38	≥40	
22 孔	≥27	≥37	≥38	≥40	

注　反应性能指标适用于 22 孔及以内的产品。

某电厂催化剂检测技术数据见表 3-4。

表 3-4　　某电厂催化剂检测技术数据

序号	技术参数	单位	数据
1	几何比表面积	m^2/m^3	407.6
2	轴向抗压强度	MPa	2.22
3	径向抗压强度	MPa	1.48
4	磨损强度	%/kg	0.14
5	微观比表面积	m^2/g	49.7
6	平均孔径	nm	25.02
7	孔容	cm^2/g	0.311
8	TiO_2 质量分数	%	86.754
9	V_2O_5 质量分数	%	0.782
10	脱硝效率	%	91.56
11	面积速度	m/h	7.15
12	催化剂活性	m/h	17.7
13	SO_2/SO_3 转化率	%	0.92
14	催化剂压降	Pa	161

第三节　SCR 烟气脱硝催化剂活性在线分析

目前的催化剂检测，主要方式是从催化剂反应器中取走 2～4 块长、宽为 150mm，高为 1200mm，体积仅为 $0.027m^3$ 的催化剂试块进行分析。但锅炉烟道内部烟气成分、粉尘浓度、流速、温度分布并不均匀，对催化剂的影响也各不相同，因此，单靠试验室对取得的几块催化剂试块的分析无法完全涵盖烟道内所有催化剂的运行情况。

为了改变这种情况，宜采用检测内容更全面、检测涵盖面更广泛的检测方法，也就是现场的催化剂检测来替代试验室的检测，同时增加现场对停炉期间烟道内催化剂的观察和记录，针对催化剂各区域的不同情况，有针对性地安排现场与试验室结合的检测内容。采用这

种方法可以有效地减少因与现实情况不符造成的测试结果的偏差，同时也可以准确而全面地了解催化剂整体的运行情况。

SCR 烟气脱硝催化剂现场检测工作主要分为 2～3 个周期，每个周期分为两个阶段，第一阶段主要以停炉检查和取样分析为主，目的是检查催化剂在锅炉烟道内的运行状况。第二阶段主要是以锅炉运行期间的现场检测为主，依据停炉时内部检查的结果对发生问题的区域和正常区域分别进行有针对性的专项检测，并依据实际检测数据和发现的问题，分析出导致问题发生的诱因并提出整改的建议和方案。

SCR 烟气脱硝催化剂的检测周期可以按照实际使用情况而定，一般控制在 6～9 个月。这样的一个系统检测不但能了解催化剂整体长期的运行情况，提高催化剂的使用寿命，而且可以形成有效的寿命管理机制，保证催化剂再生或更换的时机选择上更加准确。

现场检测的主要内容包括两部分：第一部分为停炉期间检测，内容包括现场直接观测、催化剂检查和样品取样分析。第二部分为运行检测，内容包括催化剂所处烟道内的烟气流量、氮氧化物浓度、催化剂脱硝效率、氨逃逸、压降等。

停炉检测主要是直观地观察 SCR 烟气脱硝催化剂的运行情况，同时了解催化剂在烟道各区域工作状态的不同情况，进行比较和汇总。催化剂区域的划定可以根据烟道截面的大小以及现场的需求而定，依据烟道内每层催化剂的整体截面尺寸进行划分，基本保证每个区域面积为 $3\sim4m^2$。

停炉检测主要观测目的如下：

（1）了解 SCR 脱硝催化剂运行后的原始状态，检查催化剂本体是否存在塌陷、积灰和堵塞的情况。并对存在问题的位置进行拍照并记录其在烟道内的具体位置。

（2）根据现场催化剂的实际使用情况判定是否进行取样分析，针对现场发现的问题选定需要进行试验室分析的样品和项目如下：

1）磨损强测试。主要检查发生坍塌和磨损严重的催化剂周边部分，检查是否存在催化剂耐磨强度不够的问题。

2）微量元素（K、Na、Ca、Fe、P、As 等）分析，可以检测催化剂是否存在中毒现象。

3）成分（TiO_2、WO_3、MoO_3、V_2O_5、BaO 等）分析，可以检测催化剂活性成分是否存在流失的情况。

检测方法均采用 DL/T 1286—2013《火电厂烟气脱硝催化剂检测技术规范》作为检测依据，与催化剂检测方法基本一致。

SCR 烟气脱硝催化剂运行检测，主要是检查烟道各区域内每层的催化剂的脱硝效率和烟气粉尘浓度、流速及压降和氨逃逸等。其主要的检测目的是了解催化剂在实际的运行工作当中的情况，对催化剂的运行环境有深入的了解。同时可以根据停炉检查的结果针对存在问题的区域进行详细而全面的检测，找到导致催化剂发生问题的诱因。

运行检测方法是在锅炉运行期间对锅炉烟道内的已投运的单层或多层催化剂进行检测和分析。对每个区域的催化剂均可以进行检测，运行检测的主要项目有催化剂出、入口烟气温度测试，催化剂入口烟气流速测试，催化剂入口烟气水含量测试，催化剂出口氨逃逸测试，催化剂脱硝效率测试，催化剂 SO_2/SO_3 转化率测试，催化剂阻力测试。

催化剂现场检测主要需要在 SCR 烟气脱硝系统每层催化剂的入口和出口安装检测测点，测点开孔应不小于 80mm 直径，以便于现场检测烟气取样枪的进出。测点主要安装在催化剂所处的锅炉烟道前后或两侧便于测量的位置，测点间距根据需要一般设定为 2m 左右。通过安装的检测测点可以将催化剂分割成为多个区域，并对每个区域进行编号。

通过现场的停炉和运行两方面的检测，可以有效地分析催化剂所处的工作环境和其的运行状况，通过现场的观测和检测综合分析催化剂的工作情况，并针对发现的问题找出原因并提出改进意见。一般需要 2 次的停炉检测和 1 次的运行检测，即可发现检测区域催化剂存在问题的区域和故障原因。

现场检测技术特别适用于投运超过 1 年以上的 SCR 烟气脱硝催化剂，可以对整体催化剂进行全面的分析和检查，判断催化剂的使用情况，而且可以进行长期的跟踪检测，描绘出催化剂的衰老周期，也可以对提前失效的催化剂进行问题分析，找出失效原因并提出改进建议。

SCR 烟气脱硝催化剂现场检测的优点在于可以分区域进行，检测结果更加的全面和详细，可以针对每个区域催化剂运行环境的不同，提出详细的运行和维护测量，从而延长催化剂整体的使用寿命，提高 SCR 烟气脱硝经济效率。

不同负荷下催化剂活性在线检测实例见表 3-5。

表 3-5　　不同负荷下催化剂活性在线检测实例

负荷（MW）	位置	空间速率（h^{-1}）	催化剂活性（m/h）
600	A 侧	7112	49.98
	B 侧	6738	47.71
450	A 侧	5585	41.43
	B 侧	5830	45.01
300	A 侧	3706	29.81
	B 侧	3741	30.40

某电厂机组负荷为 600MW 时，SCR 反应器入口烟气量远高于设计烟气量，高烟气流速会对催化剂迎风面造成严重的磨损，需对磨损程度进行持续跟踪及观察。此工况下 SCR 反应器实际空速、面积速度相应高于设计值，因此，计算出的催化剂活性高于设计催化剂活性。同时，当空速达到一定程度时，烟气在催化剂中停留时间缩短，与催化剂活性位接触的概率下降，脱硝效率反而会下降，催化剂活性相应降低。此外，催化剂长期在高烟气流速环境下运行，催化剂迎风面的冲刷会显著加剧，对催化剂的使用寿命造成严重影响。因此，维持合理的烟气量及烟气流速是保证催化剂稳定、长期运行的前提。

机组负荷为 450MW 时，SCR 反应器入口烟气量仍高于设计烟气量，SCR 反应器实际空速、面积速度相应高于设计值，因此，计算出的催化剂活性仍高于设计催化剂活性。

机组负荷为 300MW 时，SCR 反应器入口烟气量低于设计烟气量，SCR 反应器实际空速、面积速度低于设计值，同时烟气在催化剂孔内流速小于设计值，烟气在催化剂孔表面形成层流边界层，烟气不易到达催化剂表面，脱硝效率降低，因此，计算出的催化剂活性低于设计催化剂活性。

通过上述分析可以看出，催化剂的设计活性是基于烟气量、NO_x 质量浓度、氨氮摩尔比、反应器空速等运行条件而得出的，当运行条件改变时，催化剂的活性也相应发生偏离。因此，抛开运行条件谈催化剂活性是不可取的，这也证实了催化剂活性取样测试的重要性，而且测试中的烟气条件必须与设计值相符。

第四节 SCR 烟气脱硝催化剂添加、更换、再生计划

脱硝催化剂的使用寿命取决于其机械寿命和化学寿命。机械寿命是指催化剂的结构和强度能够保证催化剂活性的运行时间，与催化剂的结构和脱硝装置的运行条件密切相关；催化剂的化学寿命是指在保证脱硝装置的脱硝效率、氨的逃逸和 SO_2/SO_3 转化率的性能指标的前提下，催化剂的连续使用时间，与烟气成分和脱硝性能指标要求有关。目前使用中的催化剂的机械寿命均在 9 年以上，而其化学寿命只有 24000h，相当于 3 年之内失活。因此，在催化剂的寿命管理环节中，再生工艺是延长催化剂使用寿命、降低脱硝系统运行费用有效途径之一。一般情况下，脱硝催化剂的再生费用是更换费用的 40%～50%，可使烟气脱硝系统的运行费用降低 30%以上。脱硝催化剂的化学寿命为 24000h，大约可以运行 3 年。

催化剂失效指催化剂的工作状态，即在设计允许的工况下，脱硝系统技术指标已不达标。70%～80%的旧催化剂可再生，20%～30%破损催化剂无法再生。脱硝催化剂一般可再生 2～4 次。主要限制是机械性能的稳定，特别是陶瓷结构的完整性。

在更换前，首先要对催化剂进行检测，分析失效原因，针对不同失效原因，可采用不同的再生过程。

一、再生方法

（一）工厂化再生

1. 工厂化再生优势

（1）再生设备齐全，再生工艺严格执行。

（2）再生设备无须长途运输。工厂配有完整的检测试验室，可以对再生前、后催化剂物理和化学指标进行实时检测，调整配方确保再生质量。

（3）再生过程中会产生含有重金属的废液、废渣，工厂化再生可建设污水处理设施，不会对环境造成二次污染。

（4）不受天气和场地条件影响，可以连续作业，提高生产效率。具有一定的仓储能力，有效管理再生催化剂。

2. 工厂化再生劣势

（1）需将催化剂运至再生工厂，运输过程中可能对催化剂造成局部损坏；

（2）需要建设厂房、仓库和污水处理设施，再生成本较高。

（二）移动式再生

1. 移动式再生优势

（1）催化剂不需要长途运输，减少运输过程中对催化剂造成的损坏。

（2）无须建设厂房、仓库，再生成本低。

2. 移动式再生劣势

（1）需要对设备进行运输、安装、调试和拆除，耗费时间，设备利用率低，易发安全事故。

（2）不能及时对再生前、后催化剂进行检测，再生质量得不到有效保障。

（3）再生过程中产生含有重金属的废液、废渣，由于移动式再生通常不设污水处理功能，会对环境造成污染。

（4）移动再生受天气和场地的影响，不能持续作业，再生设备无法实现合理化摆放，工作效率低。

二、再生技术

再生技术的关键主要包括离子去除、预干燥、活性成分添加。

（1）离子去除。针对催化剂化学失活原因的不同，用少量化学物质去除有害阳离子，降低 SO_2/SO_3 转化率。

（2）预干燥。采用程序控制，干燥至特定的残留水浓度。该处理工序对催化剂活性成分的有效添加至关重要。

（3）活性成分添加。依据催化剂类型、原有化学成分、再生催化剂供货技术要求，采用不同技术添加 V_2O_5、WO_3 或者 V_2O_5、MoO_3。

第四章　SCR 烟气脱硝催化剂运行中的管理

氮氧化物（NO_x）对人类健康和生态环境有着严重的危害，而火力发电厂是氮氧化物排放的重要来源之一。SCR 烟气脱硝技术是国内外应用最多，最为成熟的火力发电厂烟气脱硝技术；其核心为 SCR 烟气脱硝催化剂，约占脱硝工程整体投资的。

第一节　SCR 烟气脱硝催化剂运行前后活性预估

SCR 烟气脱硝催化剂具有一定的寿命，在使用过程中会发生一系列物理和化学的失活，导致催化剂活性不断下降直至不能使用。SCR 烟气脱硝催化剂的活性衰减受多种物理变化与化学反应的影响，探究 SCR 烟气脱硝催化剂的失活反应动力学对于了解其活性变化规律及寿命预估有着重要的意义。由于我国采用 SCR 烟气脱硝技术起步相对较晚，目前对 SCR 烟气脱硝催化剂的失活动力学方程和寿命预估的研究较少。为此，建立了 SCR 烟气脱硝催化剂性能测试试验平台。通过该试验平台可以对催化剂活性进行测试和预估，也能对催化剂活性的影响因素进行深入研究，从而提出烟气脱硝系统优化运行的合理化建议，实现脱硝系统的稳定、可靠、经济运行。

一、SCR 烟气脱硝催化剂活性预估测试方法

（一）SCR 烟气脱硝催化剂活性测试试验所用仪器

试验所用仪器列表见表 4-1。

表 4-1　试验所用仪器列表

序号	仪器编号	仪器名称及型号
1	061008	Calcmet 傅里叶红外烟气分析仪
2		SCR 烟气脱硝催化剂活性测试平台
3		3H-2000PS2 型物理吸附仪
4		D8Advance X 射线衍射仪
5		FT-670 傅里叶变换红外光谱仪
6		JEM-2010 型高分辨透射电镜

（二）SCR 烟气脱硝催化剂活性测试方法

SCR 烟气脱硝催化剂活性测试装置流程如图 4-1 所示。

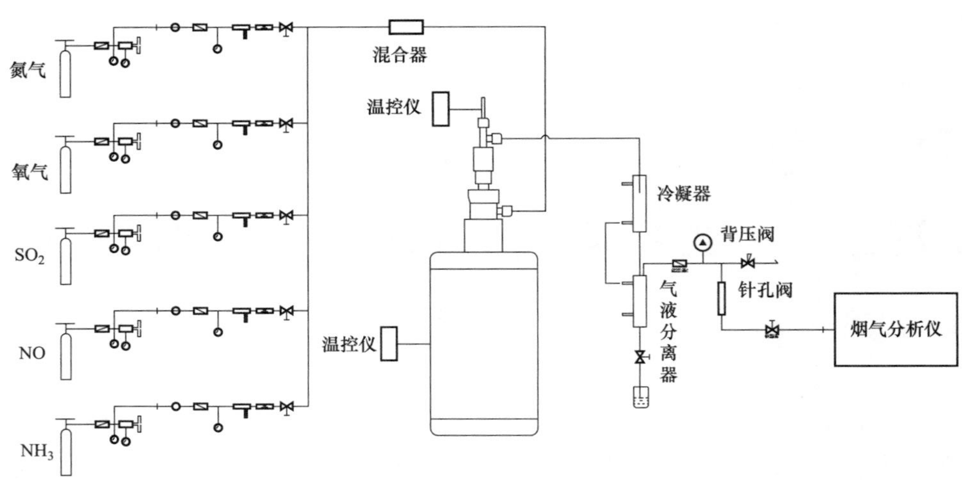

图 4-1　SCR 烟气脱硝催化剂活性测试装置流程图

1. SCR 烟气脱硝催化剂组成

SCR 烟气脱硝催化剂活性测试装置包括以下 4 部分：

（1）装置配气系统。试验采用标准钢瓶气模拟电厂烟气。烟气组成包括 N_2、O_2、NO、SO_2、NH_3。由于典型烟气 NO_x 中 NO 占 95%以上，NO_2 的影响很小，可以忽略，所以试验中的 NO_x 采用 NO 代替。气体经质量流量计控制计量后进入混合器混合，然后进入气体混合器。

（2）装置气体混合器。来自各钢瓶气的气体在进入脱硝反应器之前，在气体混合器中充分混合均匀，确保良好的脱硝反应效果。

（3）装置反应器。反应器为 40mm×40mm×200mm 的不锈钢立方体，为防止烟气短路，催化剂在放入反应器之前外壁以石棉带缠绕，将催化剂与反应器内壁间的缝隙密封。反应器采用电加热方式，在催化剂上部设置热电偶，以测试反应器的温度，采用温控仪（精度为±1℃）控制反应温度。

（4）装置烟气分析部分用于测试烟气中各成分的浓度，反应器出口 O_2、NO、NH_3、SO_2 采用芬兰 Calcmet 傅里叶红外烟气分析仪在线测量，反应器进口 NO、NH_3、SO_2 的量采用流量计控制。

2. SCR 烟气脱硝催化剂试验装置特点

（1）可实现不同烟气参数（气体组成浓度、温度、空速比、NH_3/NO 摩尔比）连续运行条件下的催化剂脱硝性能测试。

（2）试验装置为整体式结构，反应器、混合器、流量控制系统、温度控制系统及气体管路布置合理，操作方便。

（3）试验所用的各种气体均采用标准钢瓶气，并为各种气体配备专用阀门和质量流量计，确保试验结果准确可信。

（4）加热系统设计合理，升温速率快，温度控制系统精度高。

（5）O_2、NO、SO_2 NH_3 等多种烟气成分在线测试结果准确、可靠。

SCR 烟气脱硝催化剂活性测试平台实物图如图 4-2 所示。

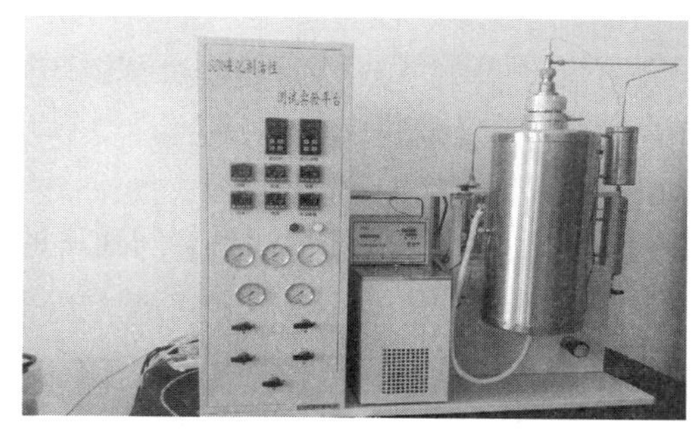

图 4-2　SCR 烟气脱硝催化剂活性测试平台实物图

（三）SCR 脱硝催化剂物理化学性能表征方法

采用 3H-2000PS2 型物理吸附仪测定催化剂样品的 BET 比表面积。以高纯 N_2 为吸附气体，Ar 为载气，测定前，对催化剂进行真空处理后，在液氮温度下进行 N_2(99.999%) 吸附。

采用 X 射线衍射仪对催化剂样品进行结构分析，扫描步长为 0.02°，扫描速率为 4°/min，扫描范围为 5°～80°。

采用 FT-670 傅里叶变换红外光谱仪分析催化剂活性组分。

采用 JEM-2010 型高分辨透射电镜研究催化剂微观粒子形貌特征的变化。

（四）SCR 脱硝催化剂性能相关参数测试计算

1. SCR 催化剂体积

催化剂体积是催化剂所占空间的体积，用符号 V_{cat} 表示，以 m^3 为单位。在 SCR 脱硝系统中，催化剂的体积由 NO_x 浓度、设计脱硝效率、氨逃逸率、催化剂的活性、烟气量、压力损失等因素决定。催化剂试验样品体积直接测量所得。

2. SCR 催化剂面积

催化剂面积是指催化剂的几何表面积，用符号 A_{cat} 表示，以 m^2 为单位，孔越多的催化剂，其几何表面积越大，性能也越好。

3. SCR 催化剂几何比表面积

催化剂几何比表面积是指单位体积催化剂的几何比表面积，用符号 F_S 表示，量纲为 m^2/m^3，即

$$F_S = \frac{A_{cat}}{V_{cat}} \tag{4-1}$$

式中　F_S——催化剂几何比表面积，m^2/m^3；

A_{cat}——催化剂孔内面积，m^2；

V_{cat}——催化剂体积，m^3。

4. 空间速率

空间速率是一个表示烟气在催化剂容积内滞留时间的尺度。它在数值等于烟气流量（标准温度和压力下，湿烟气）与催化剂体积的商，即

$$SV = \frac{v_{fg}}{V_{cat}} \tag{4-2}$$

式中　SV——空间速率，h^{-1}；

v_{fg}——烟气流量，m^3/h。

通常，催化剂生产厂家会对自己生产的催化剂标出空间速率的推荐值，设计单位可以以该推荐值作为设计依据。

5. 面积速度

面积速度等于烟气流量（标准温度和压力下，湿烟气）与催化剂几何表面积的商，即

$$AV = \frac{v_{fg}}{A_{cat}} \tag{4-3}$$

式中　AV——面积速度，m/h。

面积速度 AV 又可以表示为空间速率与催化剂几何比表面积的商，即

$$AV = \frac{SV}{F_S} \tag{4-4}$$

6. 脱硝效率

脱硝效率 η 用下式计算，即

$$\eta = \frac{C_{NO_x,in} - C_{NO_x,out}}{C_{NO_x,in}} \tag{4-5}$$

式中　$C_{NO_x,in}$——反应器入口 NO_x 浓度，mg/m^3；

$C_{NO_x,out}$——反应器出口 NO_x 浓度，mg/m^3。

7. 催化剂活性

在 SCR 工艺中，经常将催化剂活性描述成 AV 的函数，用 K 表示，即

$$K = 0.5AV\ln\frac{MR}{(MR-\eta)(1-\eta)} \tag{4-6}$$

式中　MR——氨氮摩尔比。

当 $MR=1$ 时，式（4-6）可简化为

$$K = -AV\ln(1-\eta) \tag{4-7}$$

催化剂活性是催化剂的重要性能指标，活性的高度主要受到催化剂活性组成、运行时间、运行温度、污染物组成和催化剂自身结构影响。催化剂的活性随着催化剂运行时间的增加而减弱，当催化剂活性低于某一特定数值时，脱硝效率急剧下降，而氨逃逸率和 SO_2/SO_3 转化率则显著升高，此时，必须通过添加备用层催化剂、更换活性下降的催化剂、再生活性下降的催化剂等方式，提升催化剂整体活性，保证其脱硝性能。

为了准确掌握催化剂在整个寿命周期内的活性下降情况，以便制定合理可行的催化剂管理计划，需要在催化剂的寿命周期内定期进行活性测试，通常测试周期为 1 年。

8. 催化剂表观活性

反应器表观活性为使用后的催化剂活性与新鲜催化剂的活性的商，用 C 表示，即

$$C = \frac{K}{K_0} \tag{4-8}$$

式中　K_0——新鲜催化剂活性。

当催化剂达到化学寿命时，其表观活性称为催化剂设计阈值，即

$$B = \frac{K_E}{K_0} \tag{4-9}$$

式中　B——催化剂设计阈值；

K_E——催化剂达到化学寿命时的催化剂活性。

9. 反应器潜能

反应器潜能 P 是 SCR 反应器装置整体总体性能的综合表征值，反应器总 P 是各层催化剂 P 之和，潜能越大，反应器脱硝性能越强或催化剂使用寿命越长，反应器潜能 P 为催化剂活性与面积速度的商，即

$$P = \frac{K}{AV} \tag{4-10}$$

10. 氨氮摩尔比

氨氮摩尔比的计算式为

$$MR = (m_{NO_2}/m_{NH_3}) \times (c_{slip,NH_3}/c_{NO_x}) + (\eta_{NO_x}/100) \tag{4-11}$$

式中　MR——氨氮摩尔比；

m_{NO_2}——NO_2 的摩尔质量，g/mol；

m_{NH_3}——NH_3 的摩尔质量，g/mol；

c_{slip,NH_3}——折算到标准状态、干基、6%O_2 下的氨逃逸浓度，mg/m^3；

c_{NO_x}——NO_x 浓度，mg/m^3；

η_{NO_x}——脱硝效率，%。

二、SCR 脱硝催化剂活性预估测试

（一）某电厂脱硝催化剂使用前后性能测试内容

某电厂 2×300MW 机组 SCR 烟气脱硝系统使用蜂窝式催化剂，按“2+1”方式设置，设计脱硝效率为 80%，设计参数如表 4-2 所示。

表 4-2　　某电厂 2×300MW 机组 SCR 烟气脱硝系统设计参数

序号	项目	单位	设计值
1	烟气流量		
2	空间速率	h^{-1}	4200
3	烟气流速（催化剂孔内）	m/s	6.41
4	SCR 入口 NO_x 浓度	mg/m^3	400
5	SCR 入口 SO_2 浓度	mg/m^3	3246
6	SCR 入口烟气温度	℃	380
7	催化剂形式		蜂窝式
8	催化剂原件尺寸	mm×mm×mm	150×150×800
9	催化剂孔数	个	18×18
10	催化剂节距	mm	8.2

续表

序号	项目	单位	设计值
11	催化剂壁厚	mm	1.05
12	催化剂比表面积	m^2/m^3	418
13	催化剂模块尺寸	mm×mm×mm	1910×970×1005
14	催化剂初始活性 K_0	m/h	40
15	催化剂远期活性 K_E(24000h)	m/h	33
16	单台炉催化剂用量	m^3	249
17	氨氮摩尔比		0.815
18	脱硝效率	%	≥80
19	氨逃逸率	μL/L	<3
20	SO_2/SO_3 转化率	%	<1
21	催化剂设计使用温度	℃	362～420
22	催化剂化学寿命	h	24000
23	催化剂设计阈值		0.69(24000h)

某电厂 SCR 烟气脱硝系统现场安装布置情况如图 4-3 所示。

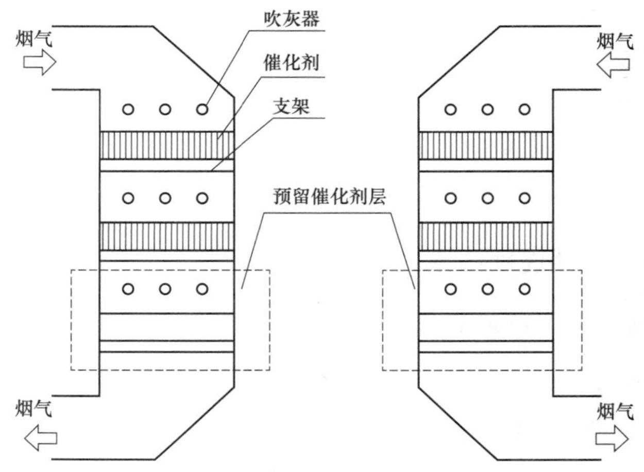

图 4-3 某电厂 SCR 烟气脱硝系统现场安装布置情况图

催化剂布置于锅炉省煤器后、空气预热器前的 A、B 两侧烟道，SCR 烟气脱硝装置布置 2 个反应器，每个反应器布置 2 层。催化剂单体尺寸为 150mm×150mm×800mm，每个反应器每层设有 10 个催化剂取样点。

原装催化剂在使用 24000h 后，催化剂活性出现大幅降低，脱硝效率难以达到原设计值，即 80%。为了准确掌握催化剂现有实际活性，并对催化剂失活的情况进行分析，分别对上层催化剂和下层催化剂进行了取样分析，并与新鲜催化剂的各性能参数进行了对比分析。

为了确保试验结果的客观性，试验条件尽量与催化剂实际使用中烟气条件相一致，具体试验条件如下：

（1）反应温度：380℃。

（2）供气压力为 0.3MPa，反应器压力为 0.01MPa。

（3）催化剂样品尺寸：40mm×40mm×200mm。

（4）空间：4184h^{-1}。

（5）标准状态总进料量为1339L/h。

（6）标准状态N_2进料量：1219L/h。

（7）标准状态O_2进料量：80L/h（占总体积5.97%）。

（8）标准状态5%SO_2/N_2进料量为30.4L/h，SO_2在总混合中浓度为1135μL/L（3246mg/m^3）。

（9）标准状态5%NO/N_2进料量为5.3L/h，NO在总混合中浓度为187μL/L(250mg/m^3，折合NO_2为383mg/m^3)。

（10）标准状态5%NH_3/N_2进料量为4.3L/h，NH_3/NO为0.815。

1. 新鲜催化剂活性测试结果

（1）催化剂外观。某电厂SCR烟气脱硝系统新鲜催化剂如图4-4所示。

图4-4　某电厂SCR烟气脱硝系统新鲜催化剂

从图4-4可以看出，新鲜脱硝催化剂外形完整，外壁无磨损现象、孔道清晰、无灰尘堵塞现象，断面颜色均匀一致。

（2）催化剂空间速率为

$$SV=\frac{v_{fg}}{V_{cat}}=\frac{1339\times10^{-3}}{40\times40\times200\times10^{-9}}=4184(h^{-1}) \tag{4-12}$$

（3）催化剂面积速度为

$$AV=\frac{SV}{F_S}=\frac{4184}{418}=10.01(m/h) \tag{4-13}$$

（4）反应活性测试。在测试设定条件下，分别对催化剂脱硝效率、氨逃逸率、SO_2/SO_3转化率、催化剂活性等参数进行了测试、计算，结果见表4-3所示。

表4-3　某电厂2×300MW机组SCR脱硝新鲜催化剂活性测试、计算结果

项目		数值	平均值
新鲜催化剂	出口NO_x浓度（mg/m^3）	47.5/46.4/47.3/48.0/46.3	47.1
	脱硝率（%）	81.2	
	出口SO_2浓度（mg/m^3）	3135/3128/3140/3128/3144	3135
	SO_2/SO_3转化率（%）	0.34	
	氨逃逸率（μL/L）	0.95/1.02/0.97/1.00/0.96	0.98
	氨氮摩尔比	0.815	

据式（4-6）可求得催化剂活性为

$$K = 0.5AV\ln\frac{MR}{(MR-\eta)(1-\eta)}$$
$$= 0.5\times 10.01\times \ln\frac{0.815}{(0.815-0.812)(1-0.812)}$$
$$= 36.42(\text{m/h}) \tag{4-14}$$

该催化剂设计值活性为 40m/h，测试值与设计值相比低了 8.95%。催化剂设计阈值为 0.69，即初始活性为 40m/h 的催化剂，在使用 24000h 后，催化剂的活性应为 27.6m/h，其催化剂活性下降曲线如图 4-5 所示。

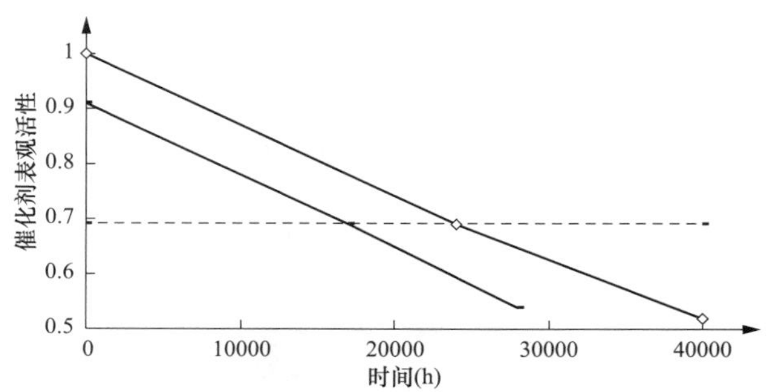

图 4-5　某电厂 SCR 烟气脱硝系统新鲜催化剂活性下降曲线

从图 4-5 可以看出，在催化剂失活速率相同的条件下，初始活性为 36.42m/h 的催化剂，其活性降至 27.6m/h 时，使用时间只有 17060h，催化剂的化学寿命减少了 6940h，换言之，该脱硝项目催化剂的实际化学寿命只有 17060h。

（5）反应器潜能。在使用新鲜催化剂的情况下，该脱硝反应器潜能为

$$P = \frac{K}{AV} = \frac{36.42}{10.01} = 3.64 \tag{4-15}$$

2. 上层催化剂测试结果

（1）催化剂外观。某电厂 SCR 烟气脱硝系统上层催化剂运行 24000h 后外观如图 4-6 所示。

图 4-6　某电厂 SCR 烟气脱硝系统上层催化剂运行 24000h 后外观

从图 4-6 可以看出，上层催化剂进过 24000h 运行后，磨碎较严重，且不均匀，孔道大部分

弯曲、变形，硬度下降；催化剂模块迎风面整体下移，说明在脱硝装置的运行过程中受到的摩擦和阻力较大。催化剂孔道内部断裂严重，孔道被灰尘堵塞。催化剂局部断面颜色加重、发黑。

（2）反应活性测试。在测试设定条件下，分别对催化剂脱硝效率、氨逃逸率、SO_2/SO_3转化率、催化剂活性等参数进行了测试、计算，结果见表 4-4。

表 4-4　某电厂 2×300MW 机组 SCR 烟气脱硝系统上层催化剂活性测试、计算结果

项目	项目	数值	平均值
上层催化剂	出口 NO_x 浓度（mg/m^3）	62.5/63.1/62.1/62.0/61.3	62.2
	脱硝率（%）	75.2	
	出口 SO_2 浓度（mg/m^3）	3100/3111/3097/3103/3099	3102
	SO_2/SO_3 转化率（%）	0.44	
	氨逃逸率（$\mu L/L$）	1.26/1.21/1.23/1.24/1.21	1.23
	氨氮摩尔比	0.815	

据式（4-6）可求得催化剂活性为

$$K = 0.5AV\ln\frac{MR}{(MR-\eta)(1-\eta)}$$

$$= 0.5\times 10.01\times\ln\frac{0.815}{(0.815-0.752)(1-0.752)}$$

$$= 19.83(\mathrm{m/h}) \tag{4-16}$$

上层催化剂表观活性为

$$C = \frac{K}{K_0} = \frac{19.83}{36.42} = 0.54 \tag{4-17}$$

某电厂 SCR 烟气脱硝系统上层催化剂设计活性下降曲线与实际活性下降曲线对比如图 4-7 所示。

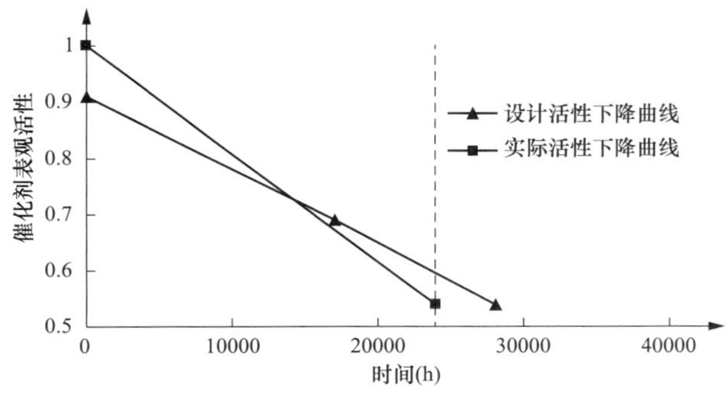

图 4-7　某电厂 SCR 烟气脱硝系统上层催化剂设计活性下降曲线与实际活性下降曲线对比

从图 4-7 可以看出，在催化剂运行 24000h 后，催化剂表观活性远低于设计阈值，说明催化剂脱硝性能低于设计值，且催化剂活性下降较快，这是催化剂在运行到 24000h 时，SCR 反应器脱硝效率低于设计值的主要原因。

（3）反应器潜能。在使用新鲜催化剂的情况下，该脱硝反应器潜能为

$$P = \frac{K}{AV} = \frac{19.83}{10.01} = 1.98 \tag{4-18}$$

3. 下层催化剂测试结果

（1）催化剂外观。某电厂 SCR 烟气脱硝系统所用下层催化剂运行 24000h 后外观如图 4-8 所示。

图 4-8　某电厂 SCR 烟气脱硝系统下层催化剂运行 24000h 后外观

从图 4-8 可以看出，下层催化剂进过 24000h 运行后，同样磨碎较严重，且不均匀，孔道存在弯曲、变形，硬度下降；催化剂模块迎风面整体下移，说明在脱硝装置的运行过程中受到的摩擦和阻力较大。催化剂孔道内部断裂严重，孔道被灰尘堵塞。催化剂局部断面颜色加重、发黑。与上层催化剂相比，下层催化剂磨损、堵塞情况有所减轻。

（2）反应活性测试。在测试设定条件下，分别对催化剂脱硝效率、氨逃逸率、SO_2/SO_3 转化率、催化剂活性等参数进行了测试、计算，结果见表 4-5。

表 4-5　某电厂 2×300MW 机组 SCR 烟气脱硝系统下层催化剂活性测试、计算结果

项目	项目	数值	平均值
下层催化剂	出口 NO_x 浓度（mg/m^3）	56.3/57.2/55.9/55.4/55.2	56.0
	脱硝率（%）	77.6	
	出口 SO_2 浓度（mg/m^3）	3113/3108/3107/3111/3116	3111
	SO_2/SO_3 转化率（%）	0.42	
	氨逃逸率（μL/L）	1.14/1.17/1.15/1.14/1.20	1.16
	氨氮摩尔比	0.815	

据式（4-6）可求得催化剂活性为

$$\begin{aligned}K &= 0.5AV\ln\frac{MR}{(MR-\eta)(1-\eta)}\\ &= 0.5\times 10.01\times\ln\frac{0.815}{(0.815-0.776)(1-0.776)}\\ &= 22.67(\text{m/h})\end{aligned}\tag{4-19}$$

上层催化剂表观活性为

$$C=\frac{K}{K_0}=\frac{22.67}{36.42}=0.62\tag{4-20}$$

SCR 烟气脱硝系统下层催化剂设计活性下降曲线与实际活性下降曲线对比如图 4-9 所示。

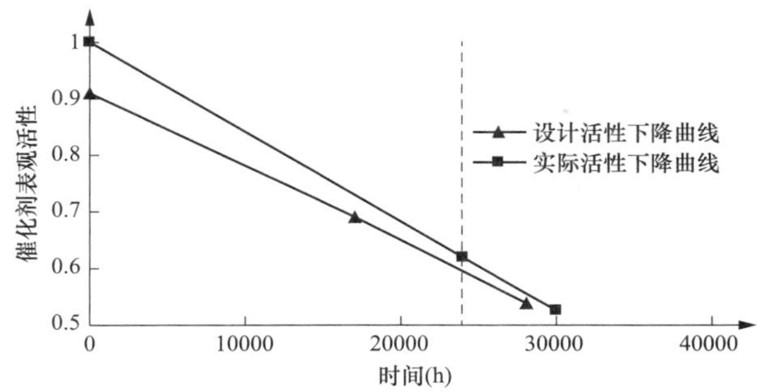

图 4-9 某电厂 SCR 烟气脱硝系统下层催化剂设计活性下降曲线与实际活性下降曲线对比

从图 4-9 可以看出，在催化剂运行 24000h 后，下层催化剂表观活性同样低于设计阈值，说明催化剂脱硝性能低于设计值，且催化剂活性下降快于设计值，但优于上层催化剂，因此该 SCR 反应器在整体运行到 24000h 时，SCR 反应器的整体脱硝效率低于设计值。

（3）反应器潜能。在使用新鲜催化剂的情况下，该脱硝反应器潜能为

$$P=\frac{K}{AV}=\frac{22.67}{10.01}=2.27 \tag{4-21}$$

4. 新鲜、上层、下层催化剂物理化学性能表征结果

（1）催化剂比表面积测试。某电厂 2×300MW 机组 SCR 烟气脱硝系统新鲜、上层、下层催化剂比表面积测试结果见表 4-6 所示。

表 4-6 某电厂 2×300MW 机组 SCR 烟气脱硝系统新鲜、上层、下层催化剂比表面积测试结果

项目	样品质量（g）	比表面积（m^3/g）
新鲜催化剂	0.223	42.28
上层催化剂	0.245	35.64
下层催化剂	0.243	37.64

从表 4-6 可以看出，新鲜催化剂比表面积为 $42.28m^2/g$，上层催化剂比表面积为 $35.64m^2/g$，下降了 15.70%；下层催化剂比表面积为 $37.64m^2/g$，下降了 10.97%，显然，催化剂运行过程中灰尘沉降堵塞，是催化剂比表面积下降的主要原因。孔体积测试显示，新鲜催化剂孔体积为 0.2577mL/g，上层催化剂为 0.2466mL/g，下层催化剂为 0.2485mL/g，进一步证实了磨损、堵塞对催化剂性能的影响。

新鲜、上层、下层催化剂样品的孔径分布如图 4-10 所示。

从图 4-10 中可以看出，新鲜催化剂在 3.5nm 和 15nm 处均存在一个峰值，而上层和下层催化剂中基本不存在 3.5nm 峰。分析认为，原因主要有两方面：一是催化剂孔结构受到烟气中细粒子及部分化学沉积物的堵塞；二是可能与催化剂运行过程受到高温的烧结作用有关。例如，锅炉尾部局部位置出现煤粉再燃烧的故障，或者锅炉启动初期油垢在尾部或催化剂表面黏附到一定程度后着火，产生的高温使催化剂孔结构受破坏。但由于燃料积聚量少，隐蔽性强，所以不易觉察。另外，由于上层催化剂处于烟气同流前段，所以中小孔径的丰度明显要低于下层催化剂。

（2）X 射线衍射。新鲜、上层、下层催化剂样品 X 射线衍射谱图如图 4-11 所示。

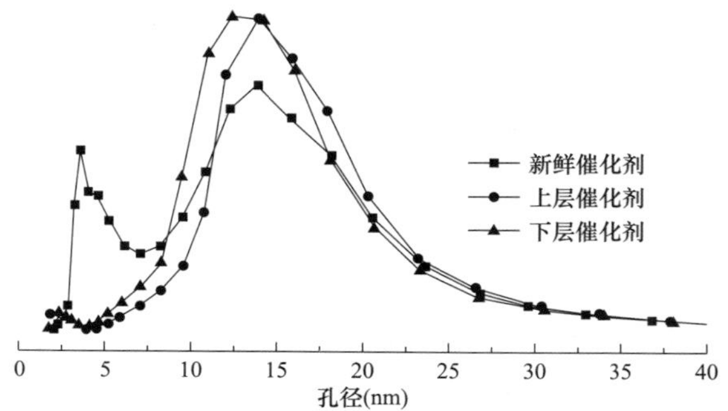

图 4-10　新鲜、上层、下层催化剂样品的孔径分布图

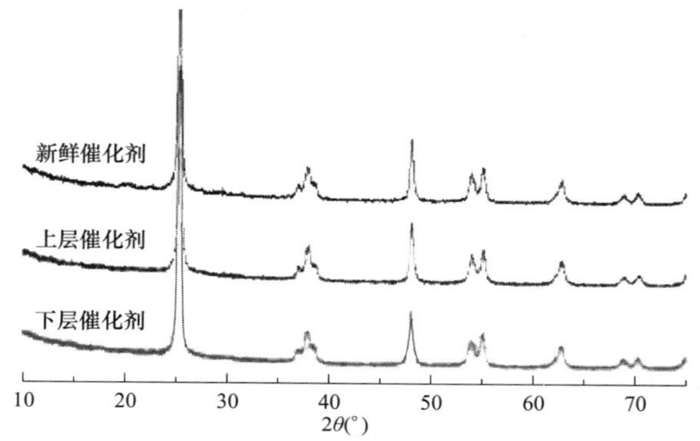

图 4-11　新鲜、上层、下层催化剂样品 X 射线衍射谱图

从图 4-11 可以看出使用过的催化剂与新鲜催化剂 TiO_2 晶体结构的衍射峰（2θ=25.55°、37.15°、48.35°、54.15°和 55.35°）几乎完全重合，与美国试验与材料协会（ASTM）材料卡片中的锐钛矿型 TiO_2 晶体结构标准衍射峰几乎完全一致，说明催化剂在运行过程中主相态仍保持为具有催化作用的锐钛矿型 TiO_2，没有向不具有催化活性的金红石型或板钛矿型 TiO_2 两种相态转化。

新鲜、上层、下层催化剂样品 X 光荧光衍射结果见表 4-7 所示。

表 4-7　　新鲜、上层、下层催化剂样品 X 荧光衍射分析结果　　质量分数，%

项目	TiO_2	WO_3	V_2O_5	SiO_2	SO_3	Al_2O_3	MnO_3	CaO	P_2O_5	K_2O	Na_2O
新鲜催化剂	40.23	5.46	0.93	4.11	30.65	14.35	3.57	—	—	—	—
上层催化剂	40.07	3.45	0.44	4.15	29.22	15.88	2.45	1.68	0.93	0.12	0.42
下层催化剂	40.24	3.53	0.51	4.17	29.19	15.87	2.58	1.66	0.94	0.11	0.43

从表 4-7 可以看出，运行后的催化剂中 TiO_2 含量基变化很小，催化剂活性成分 V_2O_5、WO_3 和 MoO_3 含量均有所下降，活性成分流失是催化剂活性降低的重要原因。运行后催化剂中出现了新鲜催化剂中没有的 CaO、P_2O_5、K_2O 和 Na_2O 等，显然这些中毒成分主要由烟气带入，并在催化剂表面出现不同程度的沉积，特别是 K 和 Na 的积聚量较大，会部分占据了催化剂活性中心的酸性位（即参与反应的活性部位），导致催化剂活性下降。不同的沉积物对催化剂的具体影响如下：

1）砷中毒。砷中毒是导致SCR烟气脱硝催化剂失活的主要原因之一。催化剂砷中毒分物理中毒和化学中毒两种，主要是烟气中的气态As_2O_3引起的。由于气态As_2O_3分子远小于催化剂微孔尺寸，气态As_2O_3分子可以进入催化剂微孔，并且在微孔内凝结，从而导致其堵塞，这是催化剂砷中毒的物理机理。化学机理源于气态As_2O_3分子扩散到催化剂活性位上，并且发生反应，生成不具备催化剂能力的稳定化合物，从而导致催化剂失活。As_2O_3主要沉积并堵塞催化剂的中孔，即孔径在0.1～1μm之间的孔。SCR烟气脱硝催化剂砷中毒机理如图4-12所示。

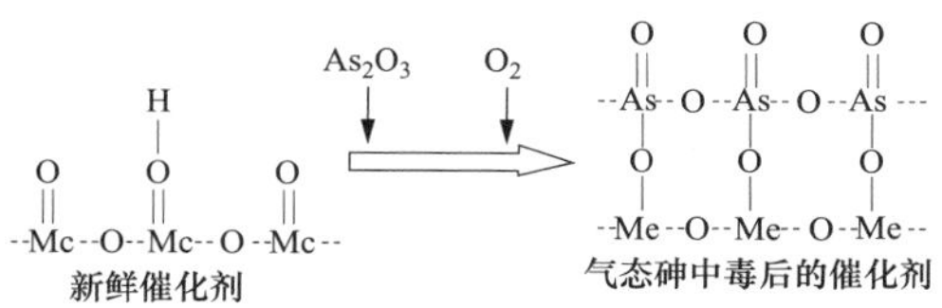

图4-12　SCR烟气脱硝催化剂砷中毒机理

燃烧过程中，通过向炉内喷钙抑制气态砷的形成等是现阶段去除砷对催化剂影响的主要方法。此外，以$V_9Mo_6O_{40}$作为前驱物制得TiO_2-V_2O_5-MoO_3催化剂具有较强的抗砷中毒能力。

2）钙中毒。碱土金属元素对于SCR催化剂的影响主要表现在氧化物在催化剂表面的沉积并进一步发生反应而造成孔结构堵塞。SCR烟气脱硝催化剂钙中毒机理可由图4-13表示。

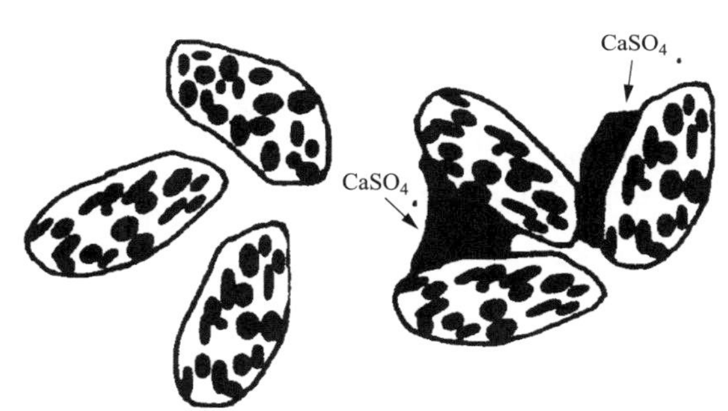

图4-13　SCR烟气脱硝催化剂钙中毒机理

SCR催化剂钙中毒机理分4步进行：

第一步，CaO颗粒附在催化剂的微孔上。

第二步，SO_3从烟气流中扩散到CaO颗粒并且将其包裹。

第三步，SO_3渗透到CaO颗粒内部。

第四步，SO_3扩散到CaO颗粒内部后，与CaO反应生成$CaSO_4$，使颗粒体积增大14%，从而把催化剂微孔堵死，使NH_3和NO无法扩散到微孔内部，导致催化剂失活。

第四步反应速率大于第二步和第三步反应速率，第二步和第三步反应速率远远大于第一步反应速率，因此，第一步是速率控制步骤。这说明催化剂微孔堵塞主要受烟气中的CaO浓度影响。

3）碱金属中毒。碱金属元素被认为是对催化剂毒性最大的一类元素，不同碱金属元素毒性由大到小的顺序为$Cs_2O>Rb_2O>K_2O>Na_2O>Li_2O$，除碱金属氧化物以外，碱金属的硫酸盐和氯化物也会导致催化剂的失活。SCR 烟气脱硝催化剂碱金属中毒机理如图 4-14 所示。

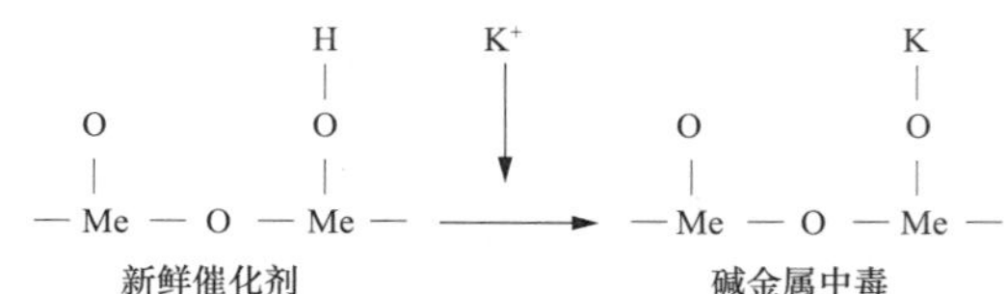

图 4-14　SCR 烟气脱硝催化剂碱金属中毒机理

SCR 烟气脱硝反应基本发生在催化剂的表层，催化剂的碱金属中毒程度取决于碱金属在催化剂表层的冷凝情况。碱金属在溶液状态下具有很强的流动性，因此，溶液状态下的碱金属对催化剂的影响更大。在燃煤锅炉的 SCR 烟气脱硝系统中，催化剂受碱金属中毒的影响比较小，因为碱金属通常不是以液态形式存在，但是若有水蒸气在催化剂上凝结，则会加快催化剂的碱金属中毒。由于生物燃料中碱金属的含量较高，所以燃烧或者掺烧生物燃料的锅炉中，SCR 脱硝催化剂受碱金属中毒的影响更大。

4）三氧化硫中毒。烟气中的 SO_2 在钒基催化剂作用下被催化氧化为 SO_3，与烟气中的水蒸气及 NH_3 反应，生成 $(NH_4)_2SO_4$ 和 NH_4HSO_4，这样不仅会造成 NH_3 的浪费，而且还会导致催化剂的活性位被覆盖，导致催化剂失活。此外，SO_2 与催化剂中的金属活性成分发生反应，生成金属硫酸盐导致催化剂失活。研究表明，对于高 CaO 煤，在其他各种致毒因素同时存在的情况下，硫酸钙是使催化剂失活的主要原因。

5）P 中毒。研究发现，磷元素的一些化合物也对 SCR 烟气脱硝催化剂有钝化作用，包括 H_3PO_4、P_2O_5 和磷酸盐，催化剂的活性随着 P_2O_5 负载量的增加而下降，但相比碱金属的影响则要小很多。催化剂的比表面积和比孔容随着表面 P_2O_5 负载量的增加而逐渐减小。

SCR 催化剂的磷中毒机理如下：P 取代 V-OH 和 W-OH 中的 V 和 W，生成 P-OH 基团，P-OH 的酸性不如 V-OH 和 W-OH，但可以提供较弱的 Bronsted 酸性位，因此，当负载量较小时，催化剂的磷中毒现象并不十分明显。P 也可以和催化剂表面的 V＝O 活性位发生反应，生成 $VOPO_4$ 一类的物质，从而减少了活性位的数量。

（3）红外光谱。新鲜、上层、下层催化剂样品红外谱图如图 4-15 所示。

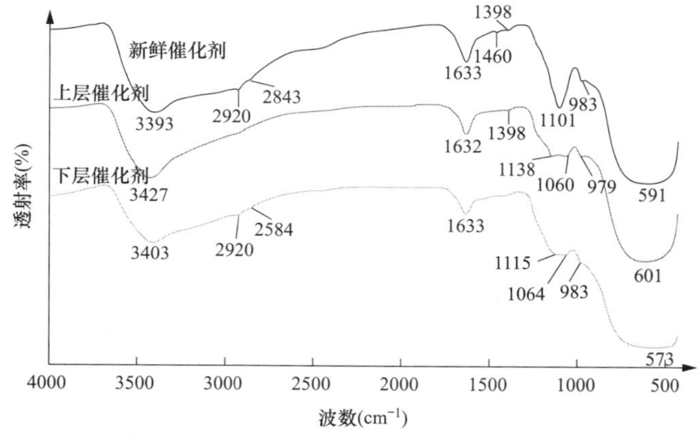

图 4-15　新鲜、上层、下层催化剂样品红外谱图

在 SCR 烟气脱硝工艺中 V_2O_5 是催化活性物质，NH_3 首先被催化剂中的 Bronsted 酸位（V-OH 和 W-OH ）吸附，然后再被 V＝O 基团所活化，在这一过程中，V＝O 基团本身被还原成 V-OH，烟气中的 NO_x 与活化后的氨基形成中间产物，最终降解为 N_2 和 H_2O。催化过程是以 V-OH 被烟气中 O_2 氧化成为 V＝O 而实现循环。

一般在红外谱图中作为催化剂活性组分的 V(5＋)＝O 基团（即 V_2O_5 晶体）出现特征峰值的波数为 $1020cm^{-1}$。从图 4-15 可以看出，新鲜催化剂 V_2O_5 的峰宽为 983～$1101cm^{-1}$，峰高较为陡峭，特征峰较为明显。而上层催化剂和下层催化剂 V_2O_5 的峰宽则分别出现在 979～$1060cm^{-1}$和 983～$1064cm^{-1}$之间，与新鲜催化剂相比，不仅峰宽变窄，而且峰高也弱化了很多。这一现象表明运行催化剂中部分 V_2O_5 晶相可能转化为不具备催化活性的 VO_x 物种或存在一定程度的流失现象，这也从微观结构的角度解释了催化剂表观活性下降的原因。

（4）电镜谱图。新鲜、上层、下层催化剂样品在 50000 倍下的扫描电镜（SEM）图谱如图 4-16 所示。

(a) 新鲜催化剂

(b) 上层催化剂

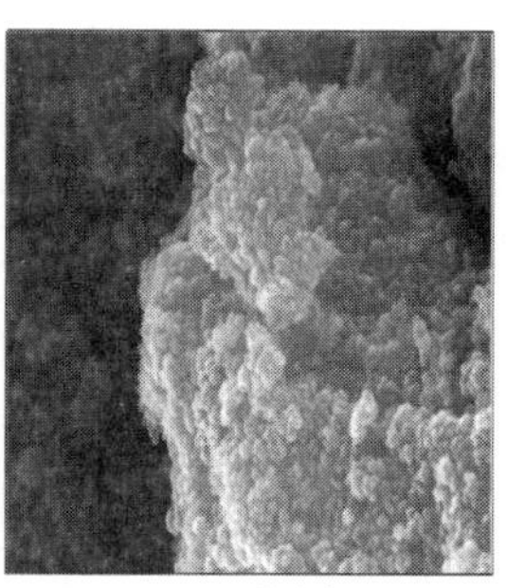
(c) 下层催化剂

图 4-16　新鲜、上层、下层催化剂样品在 50000 倍下的扫描电镜图谱

从图 4-16 中可以看出，新鲜催化剂的粒子分散较为均匀。而运行后的催化剂样品的晶体粒子均呈现不同程度板结、抱团现象。粒子分布均匀的催化剂孔隙率较高、比表面积大，为催化反应提供了必要的空间条件，从而有利于催化反应的进行，并在宏观上表现出良好的催化活性；相反，抱团和板结后的催化剂，会发生明显的孔隙率降低和比表面积减小的现象，不能为催化剂表面的催化反应提供良好的空间条件，不利于催化反应的进行，使催化剂的表观活性降低。

（二）某电厂 2×300MW 机组脱硝催化剂使用后 21000h 活性测试

某电厂 2×300MW 机组 SCR 脱硝系统使用蜂窝式催化剂，按“2＋1”方式设置，设计脱硝效率 80%，设计参数如表 4-8 所示。

表 4-8　某电厂 2×300MW 机组 SCR 烟气脱硝系统设计参数

序号	项目	单位	设计值
1	空间速率	h^{-1}	5000
2	烟气流速（催化剂孔内）	m/s	5.78
3	SCR 入口 NO_x 浓度	mg/m^3	450

续表

序号	项目	单位	设计值
4	SCR入口 SO_2 浓度	mg/m^3	3000
5	SCR入口烟气温度	℃	365
6	催化剂形式		蜂窝式
7	催化剂原件尺寸	mm×mm×mm	150×150×915
8	催化剂孔数	个	18×18
9	催化剂节距	mm	8.0
10	催化剂壁厚	mm	0.9
11	催化剂比表面积	m^2/m^3	436
12	催化剂初始活性 K_0	m/h	38
13	催化剂远期活性 K_E(24000h)	m/h	25
14	氨氮摩尔比		0.813
15	脱硝效率	%	≥80
16	氨逃逸率	μL/L	<3
17	SO_2/SO_3 转化率	%	<1
18	催化剂设计使用温度	℃	362～420
19	催化剂化学寿命	h	24000
20	催化剂设计阈值		0.66(24000h)

试验催化剂取自反应器上层，使用时间为21000h，对比样品为同批次新鲜催化剂。

试验条件与催化剂实际使用中烟气条件相一致，具体试验条件如下：

（1）反应温度：365℃。

（2）供气压力：0.3MPa；反应器压力：0.01MPa。

（3）催化剂样品尺寸：40mm×40mm×200mm。

（4）空间速率：$5000h^{-1}$。

（5）标准状态总进料量：1600L/h。

（6）标准状态 N_2 进料量：1458L/h。

（7）标准状态 O_2 进料量：96.0L/h（占总体积6.0%）。

（8）标准状态5% SO_2/N_2 进料量为33.6L/h，SO_2 在总混合中浓度为 $3000mg/m^3$。

（9）标准状态5% NO/N_2 进料量为7.0L/h，NO在总混合中浓度为 $294mg/m^3$，折合 NO_2 $450mg/m^3$。

（10）标准状态5% NH_3/N_2 进料量为5.69L/h，NH_3/NO 为0.813。

1. 新鲜催化剂测试结果

（1）催化剂外观。某电厂SCR烟气脱硝系统新鲜催化剂外观如图4-17所示。

从图4-17可以看出，新鲜脱硝催化剂外形完整，外壁无磨损现象，孔道清晰，无灰尘堵塞现象，断面颜色均匀一致。

图 4-17 某电厂 SCR 烟气脱硝系统新鲜催化剂

（2）催化剂空间速率为

$$SV = \frac{v_{fg}}{V_{cat}} = \frac{1600 \times 10^{-3}}{40 \times 40 \times 200 \times 10^{-9}} = 5000(h^{-1}) \tag{4-22}$$

（3）催化剂面积速度为

$$AV = \frac{SV}{F_s} = \frac{5000}{436} = 11.47(m/h) \tag{4-23}$$

（4）反应活性测试。在测试设定条件下，分别对催化剂脱硝效率、氨逃逸率、SO_2/SO_3 转化率、催化剂活性等参数进行了测试、计算，结果见表 4-9。

表 4-9　某电厂 2×300MW 机组 SCR 烟气脱硝系统新鲜催化剂活性测试、计算结果

项目		数值	平均值
新鲜催化剂	出口 NO_x 浓度（mg/m^3）	86.0/85.7/85.9/86.2/85.7	85.9
	脱硝率（%）	80.9	
	出口 SO_2 浓度（mg/m^3）	2991/2993/2991/2990/2985	2990
	SO_2/SO_3 转化率（%）	0.33	
	氨逃逸率（$\mu L/L$）	0.87/0.92/0.95/0.88/0.93	0.91
	氨氮摩尔比	0.813	

据式（4-6）可求得催化剂活性为

$$\begin{aligned} K &= 0.5AV\ln\frac{MR}{(MR-\eta)(1-\eta)} \\ &= 0.5 \times 11.47 \times \ln\frac{0.813}{(0.813-0.809)(1-0.809)} \\ &= 39.97(m/h) \end{aligned} \tag{4-24}$$

该催化剂设计值活性为 38m/h，测试值与设计值相比高了 5.18%。催化剂设计阈值为 0.66，即初始活性为 38m/h 的催化剂，在使用 24000h 后，催化剂的活性应为 25.1m/h，其催化剂活性下降曲线如图 4-18 所示。

从图 4-18 可以看出，在催化剂失活速率相同的条件下，初始活性为 39.97m/h 的催化剂，其活性降至 25.1m/h 时，使用时间为 27529h，催化剂的化学寿命比设计值多了 3529h，换言之，该脱硝项目催化剂的实际化学寿命为 27529h。

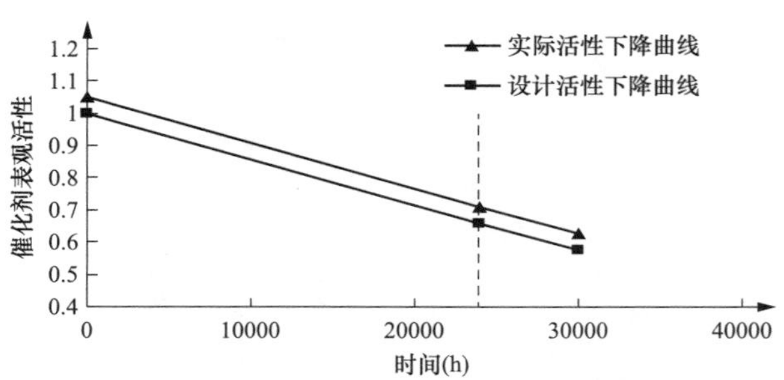

图 4-18　某电厂 SCR 烟气脱硝系统催化剂活性下降曲线

（5）反应器潜能。在使用新鲜催化剂的情况下，该脱硝反应器潜能为

$$P=\frac{K}{AV}=\frac{39.97}{11.47}=3.48 \tag{4-25}$$

2. 上层催化剂测试结果

（1）催化剂外观。某电厂烟气脱硝系统上层催化剂运行 21000h 后外观如图 4-19 所示。

图 4-19　某电厂 SCR 烟气脱硝系统上层催化剂运行 21000h 后外观

从图 4-19 可以看出，上层催化剂进过 21000h 运行后，磨碎较严重，部分孔道受损，弯曲、变形，硬度下降；催化剂模块迎风面整体下移，说明在脱硝装置的运行过程中受到的摩擦和阻力较大。催化剂孔道内部断裂严重，孔道被灰尘堵塞。催化剂局部断面颜色加重、发黑。

（2）反应活性测试。在测试设定条件下，分别对催化剂脱硝效率、氨逃逸率、SO_2/SO_3 转化率、催化剂活性等参数进行了测试、计算，结果见表 4-10。

表 4-10　　某 2×300MW 机组 SCR 脱硝上层催化剂活性测试、计算结果

项目		数值	平均值
上层催化剂	出口 NO_x 浓度（mg/m³）	95.0/94.1/94.3/94.5/94.5	94.5
	脱硝率（%）	79.0	
	出口 SO_2 浓度（mg/m³）	2982/2975/2981/2981/2981	2980
	SO_2/SO_3 转化率（%）	0.68	
	氨逃逸率（μL/L）	1.40/1.38/1.35/1.44/1.38	1.39
	氨氮摩尔比	0.813	

据式（4-6）可求得催化剂活性为

$$K = 0.5AV\ln\frac{MR}{(MR-\eta)(1-\eta)}$$
$$= 0.5\times 11.47\times\ln\frac{0.813}{(0.813-0.790)(1-0.790)}$$
$$= 29.40(\text{m/h}) \tag{4-26}$$

上层催化剂表观活性为

$$C=\frac{K}{K_0}=\frac{29.40}{39.97}=0.74 \tag{4-27}$$

上层催化剂设计活性下降曲线与实际活性下降曲线对比如图 4-20 所示。

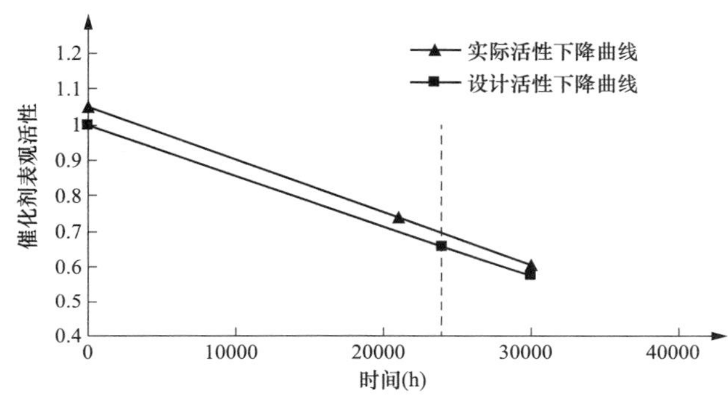

图 4-20　某电厂烟气脱硝系统上层催化剂设计活性下降曲线与实际活性下降曲线对比

从图 4-20 可以看出，在催化剂运行 21000h 后，催化剂表观活性高于设计值，催化剂的活性下降速率与设计值基本一致，但由于催化剂实际初始活性略高于设计值，因此，催化剂运行至 24000h 时，预计实际表观活性仍高于于设计阈值，即不更换催化剂的条件下，实际脱硝性能仍可满足设计值。

（3）反应器潜能。在使用新鲜催化剂的情况下，该脱硝反应器潜能为

$$P=\frac{K}{AV}=\frac{29.40}{11.47}=2.56 \tag{4-28}$$

3. 新鲜、上层催化剂物理化学性能表征结果

（1）催化剂比表面积测试。新鲜、上层催化剂比表面积测试结果见表 4-11 所示。

表 4-11　某电厂 2×300MW 机组 SCR 烟气脱硝系统上层催化剂比表面积测试结果

项目	样品质量（g）	比表面积（m^3/g）
新鲜催化剂	0.256	54.23
上层催化剂	0.257	44.54

从表 4-11 可以看出，新鲜催化剂比表面积为 $54.23m^2/g$，上层催化剂比表面积为 $44.54m^2/g$，下降了 17.87%；催化剂运行过程中灰尘沉降堵塞，局部高温烧结，是催化剂比表面积下降的主要原因。孔体积测试显示，新鲜催化剂孔体积为 0.2586mL/g，上层催化剂为 0.2476mL/g，进一步证实了催化剂磨损、堵塞情况的存在。

新鲜催化剂表面的孔径分布较窄，集中于约 20nm；运行 21000h 的催化剂孔径分布明显增大，这是因为催化剂长时间运行在高温高尘环境中，部分颗粒的聚集状态发生变化，导致孔道也随之发生改变。

（2）X 射线衍射。新鲜、上层催化剂样品 X 射线衍射谱图如图 4-21 所示。

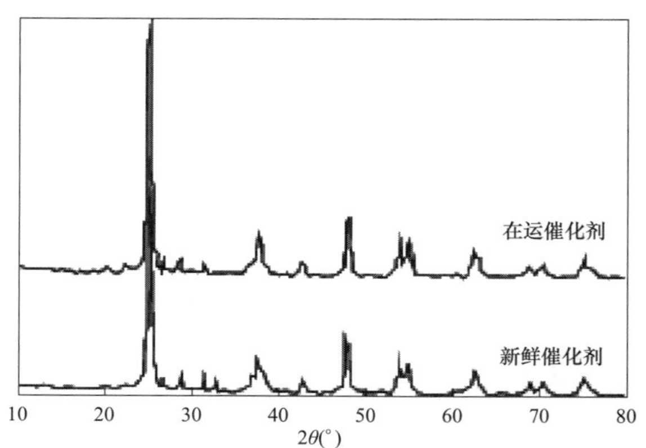

图 4-21　新鲜、上层催化剂样品 X 射线衍射谱图

从图 4-22 可以看出，新鲜催化剂与运行 21000h 后的催化剂 XRD 特征衍射峰均归属于锐钛矿相 TiO_2，说明催化剂在运行过程中主相态保持为具有催化作用的锐钛矿相 TiO_2，没有向不具有催化活性的板钛矿或金红石相 TiO_2 转化。TiO_2 相态的转化主要受温度变化影响，表明催化剂在运行过程中未遭遇突发性的高温（如>600℃）影响。

（3）红外光谱。新鲜、上层催化剂样品红外谱图如图 4-22 所示。

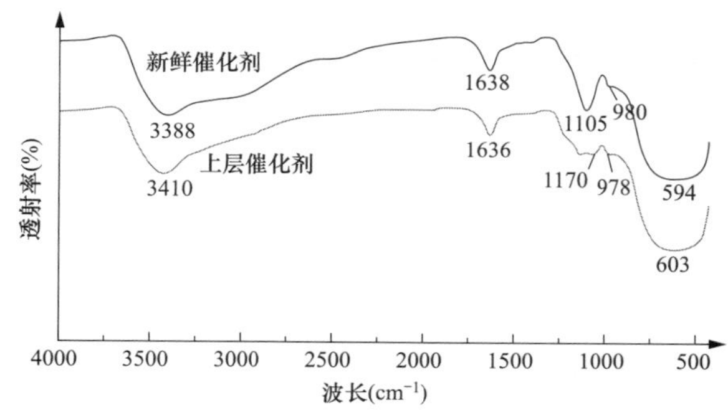

图 4-22　新鲜、上层催化剂样品红外谱图

由图 4-22 可以看出，新鲜催化剂 V_2O_5 的峰宽为 980～1105cm^{-1}，峰高较为陡峭，特征峰较为明显。而上层催化剂和下层催化剂 V_2O_5 的峰宽则分别出现在 978～1070cm^{-1}之间，与新鲜催化剂相比，峰宽变窄，峰高弱化。表明上层催化剂在运行 21000h 后，催化剂中的部分 V_2O_5 晶相可能转化为不具备催化活性的 VO_x 物种或存在一定程度的流失现象，进而造成了催化剂表观活性下降。

（4）电镜谱图。新鲜、上层催化剂样品在 50000 倍下的扫描电镜（SEM）图谱如图 4-23 所示。

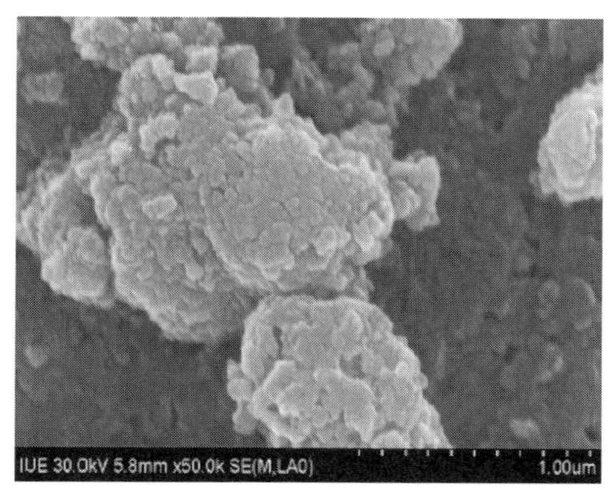

图 4-23 新鲜、上层催化剂样品在 50000 倍下的扫描电镜图谱

从图 4-23 中可以看出，新鲜催化剂的粒子分散较为均匀。而运行后的催化剂样品的晶体粒子出现了板结、抱团现象。粒子分布均匀的催化剂孔隙率较高、比表面积大，为催化反应提供了必要的空间条件，从而有利于催化反应的进行，并在宏观上表现出良好的催化活性；相反，抱团和板结后的催化剂，会发生明显的孔隙率降低和比表面积减小的现象，不能为催化剂表面的催化反应提供良好的空间条件，不利于催化反应的进行，使催化剂的表观活性降低。

（三）某电厂 2×600MW 机组（7、8 号）SCR 烟气脱硝系统运行中催化剂活性测试

催化剂样品取样活性测试虽然准确、简便，但必须在机组停运时才能进行取样测试，不便及时掌握催化剂的实时活性变化情况，为此，研究人员开发了在线催化剂活性测试方法。

催化剂活性在线测试的核心是在保持机组稳定运行的条件下（机组负荷、烟气量、SCR 反应器入口 NO_x 浓度、SCR 反应器入口温度、氧量等主要参数稳定），对 SCR 反应器出入口 NO_x 浓度、氧量、NH_3 逃逸率、SO_2/SO_3 转化率、烟气温度、喷氨量等参数进行测试，在已知催化剂比表面积的情况下，对催化剂活性进行计算分析。

该脱硝工艺采用 SCR 法，采用液氨制备脱硝还原剂，每台炉布置两只 SCR 反应器，按照满负荷 100%烟气处理设计脱硝装置，入口 NO_x 浓度为 500mg/m^3（标准状态），出口 NO_x 浓度不大于 100mg/m^3（标准状态）。SCR 烟气脱硝催化剂采用蜂窝式催化剂，按“2+1”模式布置三层催化剂。SCR 烟气脱硝系统主要设计参数见表 4-12 所示。

表 4-12　　脱硝装置主要设计参数

项目		单位	数值	备注
湿烟气参数	机组负荷	MW	600	
	湿烟气量（标准状态）	m^3/h	1988940	
	湿度	%	9.65	
	O_2	%	3.87	
	CO_2	%	13.79	
	SO_2（6%O_2，标准状态）	μL/L	1693	干基
	飞灰含量（6%O_2，标准状态）	mg/m^3	33100	
	烟气温度	℃	384	

续表

项目		单位	数值	备注
性能指标	SCR 出口 NO_x（6% O_2，标准状态）	mg/m^3	≤100	干基
	NH_3 逃逸浓度	μL/L	≤3	
	脱硝效率	%	80	化学寿命期间（新催化剂脱硝效率为 81.01%）
	SO_2/SO_3 转化率	%	<1.0%	
	整体系统阻力	Pa	790	
	扣除催化剂后的系统阻力	Pa	450	
	烟气温降	℃	≤3	
	氨氮摩尔比		0.8137	
催化剂参数	比表面积	m^2/m^3	472	
	催化剂体积	m^3	805.6	两台炉
	催化剂活性	m/h	37	24000h 时活性为 32m/h

1. 设计条件下催化剂活性计算

测试条件下空间速率为

$$SV = \frac{V_{fg}}{V_{cat}} = \frac{1988940}{402.8} = 4938(h^{-1}) \tag{4-29}$$

该催化剂面积速度为

$$AV = \frac{SV}{F_s} = \frac{4938}{472} = 10.46(m/h) \tag{4-30}$$

催化剂活性为

$$\begin{aligned} K &= 0.5AV\ln\frac{MR}{(MR-\eta)(1-\eta)} \\ &= 0.5\times 10.46\times\ln\frac{0.8137}{(0.8137-0.8101)(1-0.8101)} \\ &= 37.04(m/h) \end{aligned} \tag{4-31}$$

2. 7 号机组催化剂活性测试

（1）烟气量测试。A、B SCR 反应器入口和出口烟气流量测试结果如表 4-13 所示。

表 4-13　　A、B SCR 反应器入口和出口烟气流量测试结果

项目	单位	A 入口	B 入口	A 出口	B 出口
负荷、测试时间	600MW				
烟气平均流速	m/s	23.2	22.3	22.0	21.3
标准状态烟气量	m^3/h	1432286	1357047	1449462	1374759
负荷、测试时间	450MW				
烟气平均流速	m/s	17.8	19.2	20.0	20.6
标准状态烟气量	m^3/h	1124723	1174091	1338513	1337774
负荷、测试时间	300MW				
烟气平均流速	m/s	11.6	11.7	11.1	11.3
标准状态烟气量	m^3/h	746304	753340	760396	773428

（2）脱硝效率测定。A、B SCR 反应器入口和出口脱硝效率测试结果如表 4-14 所示。

表 4-14　　A、B SCR 反应器入口和出口脱硝效率测试结果

项目	单位	A 入口	A 出口	B 入口	B 出口
机组负荷	600MW				
NO_x(6%O_2，标准状态)	mg/m³	257.83	120.63	277.93	107.20
脱硝效率	%	53.21		61.43	
机组负荷	450MW				
NO_x(6%O_2，标准状态)	mg/m³	345.97	116.21	337.29	101.14
脱硝效率	%	66.41		70.02	
机组负荷	300MW				
NO_x(6%O_2，标准状态)	mg/m³	353.72	93.66	334.49	78.94
脱硝效率	%	73.52		76.40	

（3）氨氮摩尔比测试。氨氮摩尔比测试结果如表 4-15 所示。

表 4-15　　氨氮摩尔比测试结果

统计时间段	单位	05-07	05-09	05-11
负荷	MW	600	300	450
A 入口 NO_x(6%，标准状态)	mg/m³	257.83	353.72	345.97
B 入口 NO_x(6%，标准状态)	mg/m³	277.93	338.52	337.29
A 出口 NH_3 逃逸率（标准状态）	mg/m³	0.798	0.509	0.608
B 出口 NH_3 逃逸率（标准状态）	mg/m³	0.547	0.464	0.555
A 侧氨氮摩尔比	mol/mol	0.5336	0.7366	0.6659
B 侧氨氮摩尔比	mol/mol	0.6163	0.7654	0.7018

（4）催化剂活性计算。

1）600MW 负荷。

a. 测试条件下空间速率如下：

a）A 侧为

$$SV=\frac{v_{fg}}{V_{cat}}=\frac{1432286}{201.4}=7112(h^{-1}) \tag{4-32}$$

b）B 侧为

$$SV=\frac{V_{fg}}{V_{cat}}=\frac{1357047}{201.4}=6738(h^{-1}) \tag{4-33}$$

b. 该催化剂面积速度如下：

a）A 侧为

$$AV=\frac{SV}{F_s}=\frac{7112}{472}=15.07(m/h) \tag{4-34}$$

b）B 侧为

$$AV=\frac{SV}{F_s}=\frac{6738}{472}=14.28(m/h) \tag{4-35}$$

c. 催化剂活性如下：

a）A 侧为

$$K = 0.5AV\ln\frac{MR}{(MR-\eta)(1-\eta)}$$
$$= 0.5 \times 15.07 \times \ln\frac{0.5336}{(0.5336-0.5321)(1-0.5321)}$$
$$= 49.98(\text{m/h}) \tag{4-36}$$

b）B 侧为

$$K = 0.5AV\ln\frac{MR}{(MR-\eta)(1-\eta)}$$
$$= 0.5 \times 14.28 \times \ln\frac{0.6163}{(0.6163-0.6143)(1-0.6143)}$$
$$= 47.71(\text{m/h}) \tag{4-37}$$

2）450MW 负荷。

a. 测试条件下空间速率如下：

a）A 侧为

$$SV = \frac{v_{\text{fg}}}{V_{\text{cat}}} = \frac{1124723}{201.4} = 5585(\text{h}^{-1}) \tag{4-38}$$

b）B 侧为

$$SV = \frac{V_{\text{fg}}}{V_{\text{cat}}} = \frac{1174091}{201.4} = 5830(\text{h}^{-1}) \tag{4-39}$$

b. 该催化剂面积速度如下：

a）A 侧为

$$AV = \frac{SV}{F_{\text{s}}} = \frac{5585}{472} = 11.83(\text{m/h}) \tag{4-40}$$

b）B 侧为

$$AV = \frac{SV}{F_{\text{s}}} = \frac{5830}{472} = 12.35(\text{m/h}) \tag{4-41}$$

c. 催化剂活性如下：

a）A 侧为

$$K = 0.5AV\ln\frac{MR}{(MR-\eta)(1-\eta)}$$
$$= 0.5 \times 11.83 \times \ln\frac{0.6659}{(0.6659-0.6641)(1-0.6641)}$$
$$= 41.43(\text{m/h}) \tag{4-42}$$

b）B 侧为

$$K = 0.5AV\ln\frac{MR}{(MR-\eta)(1-\eta)}$$
$$= 0.5 \times 12.35 \times \ln\frac{0.7018}{(0.7018-0.7002)(1-0.7002)}$$
$$= 45.01(\text{m/h}) \tag{4-43}$$

3）300MW 负荷。

a. 测试条件下空间速率如下：

a）A 侧为

$$SV = \frac{V_{fg}}{V_{cat}} = \frac{746304}{201.4} = 3706(h^{-1}) \tag{4-44}$$

b）B 侧为

$$SV = \frac{V_{fg}}{V_{cat}} = \frac{753340}{201.4} = 3741(h^{-1}) \tag{4-45}$$

b. 该催化剂面积速度如下：

a）A 侧为

$$AV = \frac{SV}{F_s} = \frac{3706}{472} = 7.85(m/h) \tag{4-46}$$

b）B 侧为

$$AV = \frac{SV}{F_s} = \frac{3741}{472} = 7.93(m/h) \tag{4-47}$$

c. 催化剂活性如下：

a）A 侧为

$$\begin{aligned} K &= 0.5AV\ln\frac{MR}{(MR-\eta)(1-\eta)} \\ &= 0.5\times 7.85\times \ln\frac{0.7366}{(0.7366-0.7352)(1-0.7352)} \\ &= 29.81(m/h) \end{aligned} \tag{4-48}$$

b）B 侧为

$$\begin{aligned} K &= 0.5AV\ln\frac{MR}{(MR-\eta)(1-\eta)} \\ &= 0.5\times 7.93\times \ln\frac{0.7654}{(0.7654-0.7640)(1-0.7640)} \\ &= 30.40(m/h) \end{aligned} \tag{4-49}$$

从计算结果可以看出，各种符合条件下，测试的催化剂活性都与设计值存在较大偏差，这主要源于下述原因：

（1）SCR 反应器入口 NO_x 浓度远低于设计值，脱硝系统的实际负荷（烟气量与入口 NO_x 乘积）远小于设计负荷，因此，催化剂表现出了良好的催化活性。

（2）催化剂活性随机组负荷增长而升高。这是因为一方面机组负荷增加，烟气量增加，SCR 反应器实际空速、面积速度远高于设计值，计算出的催化剂活性相应升高；另一方面，负荷较低时，烟气在催化剂孔表面形成层流边界层，烟气不易到达催化剂表面，当空速逐渐增加时，上述情况得到改善，需要指出的是，当空速大到一定程度时，反应气体在催化剂中停留时间缩短，与催化剂活性位接触的概率下降，脱硝效率反而会下降，催化剂活性相应降低。此外，催化剂长期在高烟气流速环境下运行，催化剂迎风面的冲刷会显著加剧，会对催化剂的使用寿命造成严重影响。

通过上述分析可以看出，催化剂的设计活性是基于烟气量、NO_x 浓度、氨氮摩尔比、反应器空速等运行条件而得出的，当运行条件改变时，催化剂的活性也相应发生偏离，因此，抛开运行条件谈催化剂活性是不可取的，这也证实了催化剂活性取样测试的重要性，而且测试中的烟气条件必须与设计值相符。

以A侧催化剂为例，按反应器空速以线性方程对上述测试结果进行拟合，催化剂实际活性计算结果为

$$K_{Sj}=K_{450MW}\frac{SV_{450MW}-SV_{Sj}}{SV_{450MW}-SV_{300MW}}+K_{300MW}\frac{SV_{Sj}-SV_{300MW}}{SV_{450MW}-SV_{300MW}}=37.43(m/h) \quad (4\text{-}50)$$

式中 K_{Sj}——催化剂的实际活性；

K_{450MW}——机组负荷450MW时测得的催化剂活性；

SV_{450MW}——机组负荷为450MW时测得的空间速率，h^{-1}；

SV_{Sj}——催化剂的设计空间速率，h^{-1}；

SV_{300MW}——机组负荷为300MW时测得的空间速率，h^{-1}；

K_{300MW}——机组负荷300MW时测得的催化剂活性。

计算过程略。

可以看出，拟合得出的催化剂活性值与设计值基本一致，即在设计反应器空速条件下，催化剂实际活性符合设计值，进一步证明了反应器空速对催化剂活性的影响。

（四）催化剂活性测试在工程建设中的应用

SCR烟气脱硝系统设计及建设阶段，催化剂的选择是最为重要的一环，选择的标准是否正确直接关系到SCR烟气脱硝系统的实际运行效果。以某工程为例，设计烟气量为1313879m³/h（标准状态，湿烟气），不同厂家的催化剂主要设计参数见表4-16所示。

表4-16 某工程脱硝催化剂设计参数（单台炉）

厂家	催化剂体积（m³）	空速（h^{-1}）	面积速度（m/h）	比表面积（m²/m³）	初始活性（m/h）	反应潜能
A	227.06	5786	14.15	409	36.0	2.54
B	242.62	5415	12.89	420	34.5	2.68
C	204.2	6434	15.73	409	41.2	2.62
D	222.9	5894	14.20	415	43.0	3.03

从表4-16可以看出，由于各厂家催化剂用量、催化剂设计活性不同，反应器空速、面积速度都存在一定差异，以B、C两厂为例，B厂催化剂用量大于C厂，而催化剂活性低于C厂，表面上C厂家的方案优于B厂家。但B厂家反应器的潜能高于C厂家，是其1.02倍，也就是说B厂家催化剂的化学寿命是C厂家的1.02倍，如果C厂家催化剂的化学寿命为24000h，则B厂家催化剂的化学寿命为24480h，B厂家推荐的催化剂整体性能优于C厂家。

显然，对催化剂活性进行实际取样测试是验证上述数据准确性、真实性的唯一途径，催化剂活性测试对于SCR烟气脱硝工程建设中催化剂的最终选择具有非常重要的意义。

第二节 SCR烟气脱硝催化剂运行中的寿命延长措施管理

催化剂寿命延长措施管理主要包括催化剂设计、制造、性能检测及优化和调整、运行管理、再生与更换、废弃催化剂的处理等环节。本文重点讨论催化剂的性能检测优化及调整、运行管理以及再生与更换。一旦催化剂安装完成后，在煤种不变的情况下，这几个方面将是影响

催化剂寿命的主要因素。催化剂的化学寿命一般为 24000h，为确保催化剂在使用寿命内满足脱硝效率、SO_2/SO_3 转化率、氨逃逸率等指标的要求，催化剂生产商必须要在催化剂出厂前进行性能检测，并结合烟气条件、催化剂的衰减曲线等判定催化剂是否可以保证协议规定的化学寿命。

一、催化剂投运前的管理

催化剂投运前管理主要包括催化剂的设计选型和安装管理。催化剂的设计应根据电厂的具体情况，包括机组容量、性能指标、煤质、烟气条件等选取合适的催化剂节距并确定其配方。足量的催化剂体积也是保证及延长催化剂使用寿命的必要条件。

二、催化剂的性能检测及优化和调整

1. 催化剂的性能检测

催化剂的性能检测是催化剂寿命管理的核心内容。催化剂在安装前的性能检测指标一般包括脱硝效率、氨逃逸率、SO_2/SO_3 转化率以及压降等，用于判定是否满足设计及技术协议的要求，安装前催化剂的性能检测数据也是催化剂寿命管理的基础信息。当催化剂每运行 8000h 左右以及快到设计寿命时，遇到停机或者检修等，需要将催化剂测试单体从模块中取出，送试验室进行检测。催化剂测试单体的检测可以评估运行一段时间后的催化剂的各项性能指标，及时发现问题并预估催化剂还可以使用多长时间，为催化剂维护管理、确定是否需要加装、更换或者再生等提供科学依据。

2. 催化剂的优化和调整

针对 SCR 烟气脱硝系统普遍存在的反应器内氨分布与 NO_x 分布不一致、NO_x 和 NH_3 混合不均匀、SCR 反应器出口 NH_3 逃逸率高、SCR 反应器内流场分布不均匀、在设计氨氮摩尔比下脱硝效率达不到设计值等问题，有针对性地进行优化运行调整。

SCR 烟气脱硝系统优化要进行参数测试分析、偏差计算、喷氨阀门开度调整、喷氨量计算调整、优化后的参数测试分析等，通过合理的优化调整试验，反应器内 NO_x 与 NH_3 分布均匀性会得到提高，出口 NO_x 浓度分布偏差下降，在符合设计脱硝率的前提下，还原剂耗量降低，NH_3 逃逸率下降，最大脱硝率提升，且催化剂实际使用寿命得以保证，从而提高了系统运行的经济性和安全性。

三、催化剂的运行管理

正确的运行方式可以延长催化剂的使用寿命，并能使脱硝系统保持经济运行。在运行管理中，烟气量、流场均匀性、烟气温度、压降、积灰等都是需要密切关注的指标。在锅炉启动及 SCR 烟气脱硝系统投运过程中，还应控制烟气温度的上升速度，避免对催化剂造成损害。

1. 烟气流场

由于烟气流场不均导致催化剂局部大量积灰，甚至损坏、局部垮塌的案例时有发生。当部分催化剂由于流场不均的原因造成局部积灰堵塞，势必导致其他催化剂孔道内烟气速度加快，而烟气中的颗粒物对催化剂内壁的磨损量与烟气速度的三次方成正比，可见烟气速度增加会加速催化剂磨损。在实践中，如果烟气流场不均，反应器四周的位置，特别是靠近锅炉侧的位置往往容易形成局部积灰。一旦发现有流场不均的情况，可以在脱硝提效改造时有针对性地对局部进行增加或调整导流板以优化流场。

2. 吹灰管理

不论是蜂窝式还是板式催化剂，在运行中都存在由于烟气中碱金属与催化剂的烧结、催化剂孔的堵塞、催化剂的磨损、水蒸气的凝结、灰尘的沉积等造成催化剂的活性下降，因此，有效的吹扫清灰是保持催化剂活性、延长催化剂使用寿命的必要手段。通常采用蒸汽吹灰和声波吹灰两种吹灰器。无论哪种吹灰方式，都以不让催化剂表面形成积灰或者及时吹掉催化剂上的灰分为目的，两种吹灰方式各有优缺点，应根据具体情况选取。当使用蒸汽吹灰时，要严格控制吹灰的压力和温度。吹灰压力既要保证预期的吹灰效果，又要防止吹灰压力过高导致吹损催化剂。而吹灰温度过高，则会导致催化剂烧结，过低则会使催化剂活性降低。实践中，当发现催化剂层的压降增加时，往往需要增加吹灰器的吹灰频次。

3. 喷氨管理

烟气与 NH_3 是否均匀混合直接影响到系统的整体脱硝效率、氨逃逸率乃至催化剂的使用寿命。烟气脱硝系统在设计阶段通常会进行流场模拟或者物理模型试验对烟道内的流场进行优化以保证系统入口截面的烟气流速和 NO_x 分布较为均匀。但往往由于各种原因，实际运行过程中出现出口截面 NO_x 分布偏差大，部分区域氨逃逸率超过设计保证值的现象。这会影响系统整体的脱硝效果，并会增加空气预热器的 NH_4HSO_4 腐蚀和堵塞风险，给系统的经济稳定运行带来很大的危害。因此，有必须对烟道内烟气与 NH_3 混合的均匀性进行分析研判，通过调整系统入口不同位置的喷氨量，改善烟气和 NH_3 混合的均匀性，使所有催化剂处于“同等负荷”状态，避免不同部位的催化剂因“负荷”不同导致使用寿命不一样从而影响整体使用寿命。

4. 烟气温度控制

催化剂有其特定的适用运行温度。烟气温度是影响催化剂运行的重要因素，不仅决定反应物的反应速度，而且直接影响催化剂的活性和寿命。一般火力发电厂脱硝运行温度应控制在 300～420℃之间。当烟气温度低于催化剂适用温度的下限时，催化剂上会产生副反应，NH_3 与 SO_3 反应形成 $(NH_4)_2SO_4$ 或 NH_4HSO_4，NH_3 减少了与 NO_x 的反应，影响了脱硝效率。同时，$(NH_4)_2SO_4$ 或 NH_4HSO_4 会附着在催化剂的表面，堵塞催化剂的孔道及微孔，降低催化剂的活性。如果烟气温度高于催化剂适用温度的上限，也容易使催化剂失活。

四、催化剂的再生管理

催化剂的化学寿命一般是 3 年或者 24000h 左右。当催化剂的活性下降到一定程度时，就需要再生或更换催化剂。催化剂失活是一个复杂的物理和化学过程，通常将失活分为物理性失活和化学中毒失活。物理性失活主要指催化剂磨损、孔道及微孔堵塞、烧结等；化学中毒失活主要指有害化学元素造成活性位的丧失或者减少。催化剂化学中毒包括碱金属（K、Na、Ca）和贵金属砷（As）、铅（Pb）、磷（P）等引起的催化剂中毒。

另外，燃煤烟气中的 SO_2 和钢铁烧结烟气中的 HCl 等酸性气体也能与催化剂的活性位发生反应而使催化剂失活。催化剂能否再生、怎样再生取决于催化剂的失活原因和失活程度。当催化剂严重损坏或磨损、烧结时一般不作再生考虑。而物理性失活中孔道及微孔堵塞则比较容易再生，化学中毒则需要根据具体情况具体分析。对于失活的催化剂，首先需要对

其进行初步的检测并作可再生性评估，包括外观损坏程度、内壁磨损程度、残余活性、主要中毒原因等。如果评估后认为可以再生，则必须对催化剂失活原因进行进一步的分析，这是再生工艺设计的重要依据。我国“十二五”期间大规模投运的催化剂已经迎来更换或者再生的高峰期。催化剂再生既可以降低购买新鲜催化剂的成本，又可以延长催化剂的使用寿命，减少废弃催化剂带来的二次污染，具有非常重要的意义。

当然，不是所有的脱硝催化剂都可以再生的。从国内外的应用经验来看，只要催化剂设计合理，并且催化剂运行条件基本符合设计条件，运行管理得当，大多数催化剂是可以再生的，有的甚至可以再生 2～3 次，使用寿命达 10 年以上。

第三节　SCR 烟气脱硝催化剂运行优化调整

通过对系统进行翔实的试验测试及分析，全面掌握 SCR 烟气脱硝系统在不同负荷工况下的实际运行情况和制约系统经济、稳定运行的主要因素。针对 SCR 烟气脱硝系统普遍存在的反应器内氨分布与 NO_x 分布不一致、NO_x 和 NH_3 混合不均匀、SCR 反应器出口 NH_3 逃逸率高、SCR 反应器内流场分布不均匀、在设计氨氮摩尔比下脱硝效率达不到设计值等问题，有针对性地进行优化调整。

一、某发电厂脱硝系统催化剂运行优化调整

某发电厂锅炉为亚临界参数变压运行螺旋管圈直流炉，单炉膛、一次中间再热、采用切圆或前后墙对冲燃烧方式、平衡通风、紧身封闭、固态排渣、全钢悬吊结构 Π 形锅炉。锅炉主要参数见表 4-17。

表 4-17　　锅炉主要参数表

名称	数值	单位
过热蒸汽（以汽轮机厂提供最终热平衡图为准）		
最大连续蒸发量（BMCR）	1065	t/h
额定蒸发量	1065	t/h
额定蒸汽压力（绝对压力）	17.5	MPa
额定蒸汽温度	540	℃
再热蒸汽（以汽轮机厂提供最终热平衡图为准）		
蒸汽流量［BMCR(锅炉最大连续蒸发量)/BRL(额定工况)］	963/914	t/h
进口/出口蒸汽压力（BMCR，绝对压力）	3.83/3.65	MPa
进口/出口蒸汽压力（BRL，绝对压力）	3.589/3.399	MPa
进口/出口蒸汽温度（BMCR）	324/540	℃
进口/出口蒸汽温度（BRL）	317/540	℃
给水温度（BMCR/BRL）	279/275	℃

（一）脱硝系统组成

1. 设计规范

（1）脱硝工艺采用 SCR 烟气脱硝工艺。

（2）催化剂层数按 2+1 布置，初装 2 层，超低排放改造后增加 1 层，在设计工况、处

理 100%烟气量、布置 3 层催化剂条件下每套脱硝装置脱硝效率均不小于 85%。

（3）脱硝系统不设置烟气旁路和省煤器高温旁路系统。

（4）脱硝反应器布置在锅炉省煤器和空气预热器之间。

（5）还原剂为纯氨。

（6）脱硝设备年利用小时按 5500h 考虑，年运行小时数不小于 8000h。

（7）脱硝装置可用率不小于 98%。

（8）装置服务寿命为 30 年。

2. 氨稀释系统

每台锅炉机组配置一套氨稀释系统，包括 2 台稀释空气风机，运行方式为一运一备。稀释空气通过氨/空气混合器与气氨充分混合均匀，最后接入氨注射系统的分配管中。在氨稀释系统中，氨被稀释到 7%安全浓度以下。

稀释空气风机出口设置就地压力表和流量测量装置。

3. 反应器和催化剂

烟气水平进入反应器的顶部并且垂直向下通过反应器，进口罩使进入的烟气更均匀地分布。

反应器的催化剂层进出口位置装有一个差压变送器，用于测量催化剂进出口压降。超低排放改造后催化剂压降设计值为每层 150Pa，催化剂阻力为 550Pa，超低排放改造后脱硝系统总阻力不高于 950Pa。

2 台液氨蒸发器需设计液氨蒸发量为 330kg/h、单个液氨储罐液氨有效容积为 100m^3 液氨、满足两台机组连续运行 7 天的耗量。

催化剂设置方式为 3 层，形式采用蜂窝式 18 孔催化剂，每层布置 7×8 个模块，催化剂内允许的烟气流速范围为 5～7m/s，布置方式按照标准状态下入口烟气含尘量不大于 45g/m^3、SCR 入口 NO_x 浓度不大于 330mg/m^3 时，脱硝装置按照脱硝效率不小于 85%的环保要求设计。

催化剂运行限制条件如下：

（1）催化剂进口和出口运行温度不得超过 400℃（平均温度）。

（2）催化剂进口或出口的平均温度低于 305℃，停止氨喷入。

（3）催化剂进口或出口的两个温度测量值低于 300℃，停止氨喷入。

4. 吹灰器

（1）声波吹灰系统。声波吹灰系统是利用金属膜片在压缩空气的作用下产生声波，高响度声波对积灰产生高加速度剥离作用和振动疲劳破碎作用，积灰产生松动而落下；

声波吹灰器的额定频率为 75 Hz，声功率级为 153～160dB，标准状态下单台运行耗气量为 1.14～2.28m^3/(min·台)，压缩空气进气压力为 0.4～0.7MPa。

（2）蒸汽吹灰器。作为一种传统的吹灰方式，是利用高压蒸汽的射流冲击力清除设备表面上的积灰，蒸汽吹灰器所用蒸汽参数：设计压力为 1.0～1.5MPa，设计温度为 300℃，每个吹灰器单次吹扫流程时间约为 5.93min。

主要运行参数：蒸汽吹灰器型号为 PLD/RSB-21，额定功率为 1.1kW，单台运行耗气量为 4.8t/h。

5. 氨注射系统

氨注射系统（AIG）为反应器提供气态氨。系统采用带静力混合器的 AIG，布置于 SCR 入口烟道上。来自空气稀释系统的氨/空气混合气体，喷入反应器的入口烟道中。每个支管在沿烟道纵深方向上对应设计喷嘴，喷嘴均布在烟道横截面上。

6. 烟气系统

烟气系统包括烟道和烟气测量仪器仪表。

AIG 下游（顺烟气流向）的脱硝入口和出口烟道上均安装有热电偶，用于测量催化剂上游和下游的烟气温度，防止催化剂超出正常温度运行。

每套烟道系统配有一套烟气分析仪，以检测脱硝入口烟道和出口烟道的氮氧化物、氧气组分，并在出口设有氨逃逸仪表，控制喷氨量。在脱硝入口烟道设置一个氮氧化物采样探头，考虑经反应器后烟道断面上氮氧化物的含量可能会不均匀，在 SCR 出口断面设置 3 个氮氧化物采样点，采样的烟气混合后再进入预处理系统过滤，然后送入分析仪表。SCR 入口和出口采样的烟气设有单独的烟气预处理系统。

（二）优化调整内容及计算公式

（1）脱硝系统优化调整前，对 SCR 反应器进口和出口氮氧化物浓度、烟气温度、氧量、氨浓度等参数进行测量，烟气取样点采用等截面网格法布置，分析烟气中的氮氧化物浓度，并据此计算氮氧化物分布偏差、脱硝效率。

（2）脱硝系统优化调整前，测量喷氨支管处的喷氨流量、SCR 烟气脱硝系统还原剂耗量，计算最大脱硝率。

（3）根据测试数据，提出优化运行方案，并进行优化调整。通过调节喷氨支管喷氨阀门开度，调整各支管喷氨流量，使反应器内氮氧化物与还原剂均匀性混合，从而有效降低反应器出口氮氧化物浓度分布不均匀度，在满足氮氧化物浓度控制要求的前提下，降低氨逃逸率，减轻氨逃逸对下游设备的危害性，提升系统运行状况。

烟气温度的分布选用最大绝对偏差表示不均匀度；烟气速度分布、氮氧化物分布采用标准偏差和相对标准偏差表示不均匀度；氨分布采用最大绝对偏差、标准偏差表示不均匀度。计算公式为

$$C_v = \frac{\sigma}{\overline{X}} \times 100\% \tag{4-51}$$

$$\sigma = \sqrt{\frac{1}{(n)}\sum_{i=1}^{n}(X_i - \overline{X})^2} \tag{4-52}$$

$$\overline{X} = \frac{1}{n}\sum_{i=1}^{n}X_i \tag{4-53}$$

式中　C_v——某物理量的相对标准偏差；

σ——某物理量的标准偏差；

$\overline{X}$——某物理量的平均值；

X_i——每个测孔的平均值。

报告中的最大绝对偏差、标准偏差、相对标准偏差计算过程中的取值，都是每个测孔的平均值。

（三）测点布置示意图

机组喷氨调整前的测点布置如图 4-24 所示。

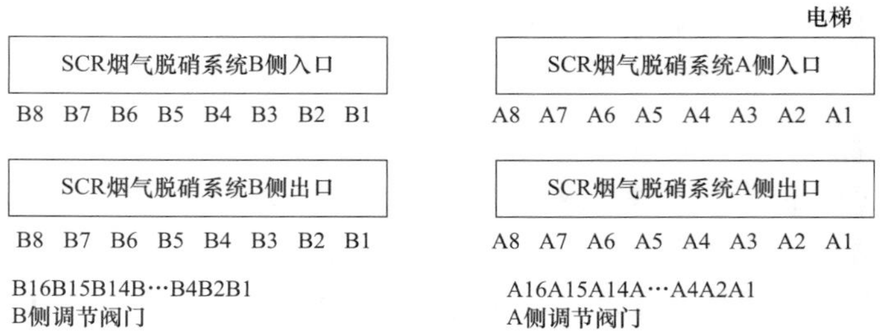

电梯
SCR烟气脱硝系统B侧入口
B8 B7 B6 B5 B4 B3 B2 B1
SCR烟气脱硝系统A侧入口
A8 A7 A6 A5 A4 A3 A2 A1
SCR烟气脱硝系统B侧出口
B8 B7 B6 B5 B4 B3 B2 B1
SCR烟气脱硝系统A侧出口
A8 A7 A6 A5 A4 A3 A2 A1
B16B15B14B…B4B2B1
B侧调节阀门
A16A15A14A…A4A2A1
A侧调节阀门

图 4-24　机组喷氨调整前的测点布置图

（四）优化调整前 SCR 烟气脱硝系统入口测试数据

（1）SCR 烟气脱硝系统 A 侧入口温度测试结果见表 4-18、图 4-25。

表 4-18　A 侧入口温度测试结果

温度（℃）	位置 1	位置 2	位置 3	位置 4	平均
测孔 1	361.3	363.9	362.5	361.7	362.4
测孔 2	365.7	366.3	366.3	366.7	366.3
测孔 3	367.6	367.5	367.6	367.9	367.7
测孔 4	368.6	368.1	368.1	368.5	368.3
测孔 5	369.4	369.3	369.7	369.0	369.4
测孔 6	368.7	368.0	368.0	368.2	368.2
测孔 7	367.6	367.8	367.7	367.4	367.6
测孔 8	362.1	362.1	362.6	362.9	362.4
温度最大值（℃）			369.7		
温度最小值（℃）			361.3		
温度平均值（℃）			366.5		
机组负荷（MW）			300		

370
368
366
364
362
360
358
356
温度(℃)
1
2
3
4
5
6
7
8
测孔
位置4
位置3
位置2
位置1

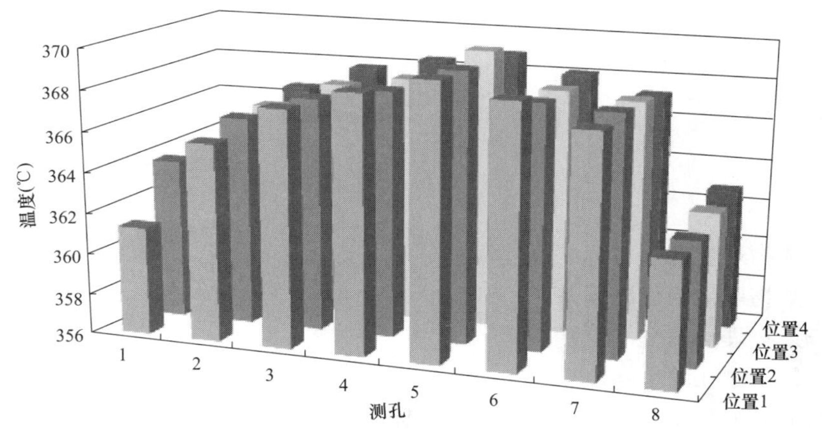

图 4-25　A 侧入口温度测试结果

（2）SCR 烟气脱销系统 A 侧入口流速测试结果，见表 4-19、图 4-26。

表 4-19　　A 侧入口流速测试结果

流速（m/s）	位置 1	位置 2	位置 3	位置 4	平均
测孔 1	15.6	15.0	15.7	15.4	15.4
测孔 2	16.5	16.0	16.3	16.1	16.2
测孔 3	17.3	17.9	17.2	17.8	17.6
测孔 4	20.3	20.9	20.7	20.3	20.6
测孔 5	20.5	20.8	20.8	20.3	20.6
测孔 6	18.1	18.2	18.7	18.9	18.5
测孔 7	17.5	17.8	17.1	17.6	17.5
测孔 8	15.3	15.5	15.4	15.7	15.5
流速最大值（m/s）			20.9		
流速最小值（m/s）			15.0		
流速平均值（m/s）			17.7		
流速标准偏差（m/s）			1.94		
流速相对标准偏差（%）			10.93		
机组负荷（MW）			300		

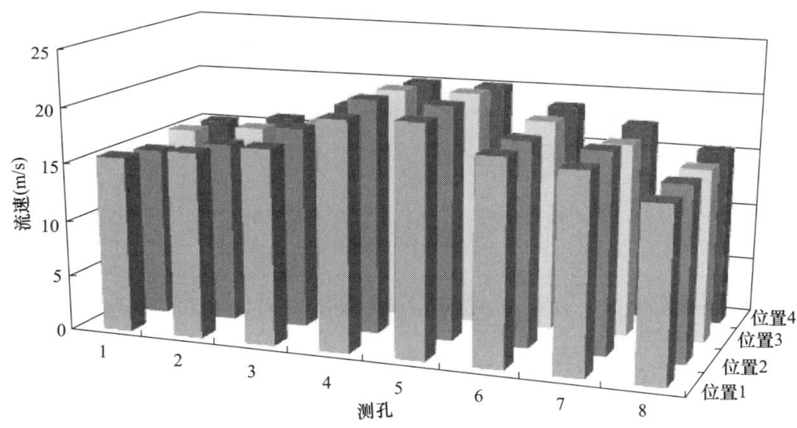

图 4-26　A 侧入口流速测试结果

（3）SCR 烟气脱销系统 A 侧入口氮氧化物浓度测试结果见表 4-20、图 4-27。

表 4-20　　A 侧入口氮氧化物浓度测试结果

氮氧化物浓度（mg/m^3）	位置 1	位置 2	位置 3	位置 4	平均
测孔 1	285.1	287.3	282.4	283.0	284.5
测孔 2	288.2	287.6	283.4	289.2	287.1
测孔 3	292.6	297.1	295.2	293.6	294.6
测孔 4	317.5	316.9	315.4	314.2	316.0
测孔 5	312.6	312.7	316.2	310.7	313.1

续表

氮氧化物浓度（mg/m³）	位置 1	位置 2	位置 3	位置 4	平均
测孔 6	290.7	298.0	297.0	293.2	294.7
测孔 7	287.8	283.0	287.0	286.6	286.1
测孔 8	280.3	284.7	285.3	288.4	284.7
氮氧化物浓度最大值（mg/m³）			317.5		
氮氧化物浓度最小值（mg/m³）			280.3		
氮氧化物浓度平均值（mg/m³）			295.1		
氮氧化物浓度标准偏差（mg/m³）			12.1		
氮氧化物浓度相对标准偏差（%）			4.09		
机组负荷（MW）			300		

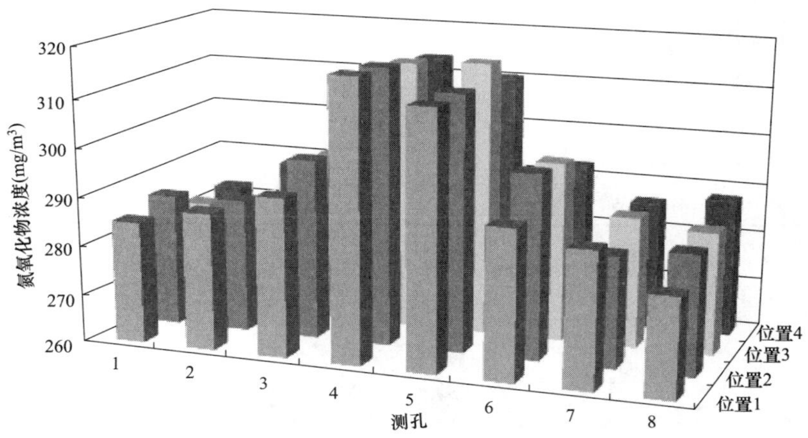

图 4-27　A 侧入口氮氧化物浓度测试结果

（4）SCR 烟气脱硝系统 A 侧入口流场测试结果见表 4-21、图 4-28。

表 4-21　　A 侧入口流场测试结果

入口流场	氮氧化物浓度（mg/m³）	流速（m/s）	温度（℃）
测孔 1	284.5	15.4	362.4
测孔 2	287.1	16.2	366.3
测孔 3	294.6	17.6	367.6
测孔 4	316.0	20.6	368.3
测孔 5	313.1	20.6	369.4
测孔 6	294.7	18.5	368.2
测孔 7	286.1	17.5	367.6
测孔 8	284.6	15.5	362.4
机组负荷（MW）		300	

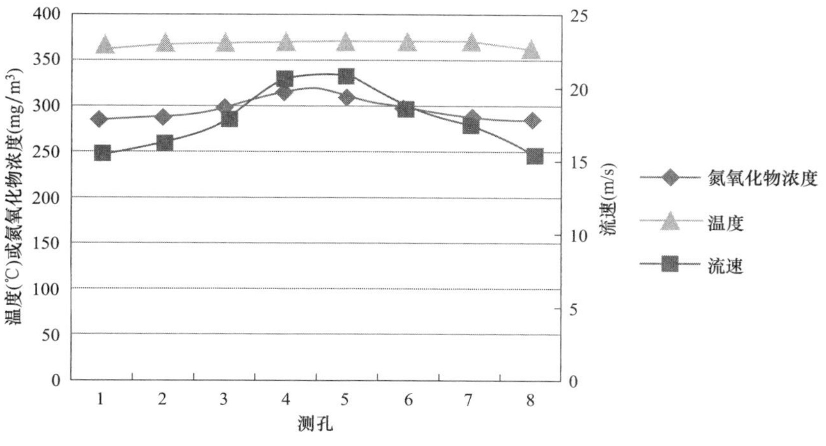

图 4-28　A 侧入口流场测试结果

(5) SCR 烟气脱硝系统 B 侧入口温度测试结果见表 4-22、图 4-29。

表 4-22　B 侧入口温度测试结果

温度（℃）	位置 1	位置 2	位置 3	位置 4	平均
测孔 1	362.1	362.7	362.9	362.9	362.7
测孔 2	366.4	366.8	366.5	366.9	366.7
测孔 3	367.2	367.7	367.2	367.3	367.4
测孔 4	364.6	364.3	364.4	364.0	364.3
测孔 5	363.2	363.4	363.5	363.2	363.3
测孔 6	358.7	358.6	358.1	358.3	358.4
测孔 7	354.9	354.8	354.6	354.0	354.6
测孔 8	352.1	352.1	352.4	352.0	352.1
温度最大值（℃）			367.7		
温度最小值（℃）			352.0		
温度平均值（℃）			361.2		
机组负荷（MW）			300		

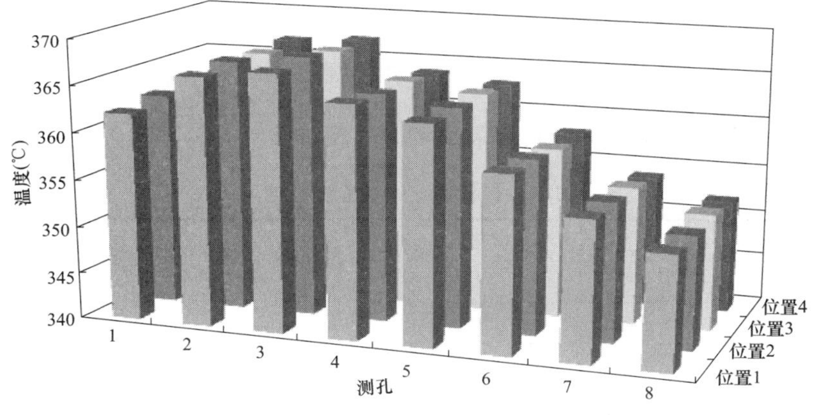

图 4-29　B 侧入口温度测试结果

（6）SCR烟气脱硝系统B侧入口流速测试结果见表4-23、图4-30。

表4-23　　B侧入口流速测试结果

流速（m/s）	位置1	位置2	位置3	位置4	平均
测孔1	13.4	13.6	13.7	13.4	13.5
测孔2	17.8	17.4	17.7	17.2	17.5
测孔3	15.5	15.2	15.9	15.3	15.5
测孔4	18.2	18.9	18.1	18.0	18.3
测孔5	20.8	20.0	20.5	20.4	20.4
测孔6	19.2	19.9	19.1	19.1	19.3
测孔7	14.4	14.3	14.6	14.1	14.4
测孔8	13.8	13.5	13.7	13.1	13.5
流速最大值（m/s）			20.8		
流速最小值（m/s）			13.1		
流速平均值（m/s）			16.6		
流速标准偏差（m/s）			2.53		
流速相对标准偏差（%）			15.34		
机组负荷（MW）			300		

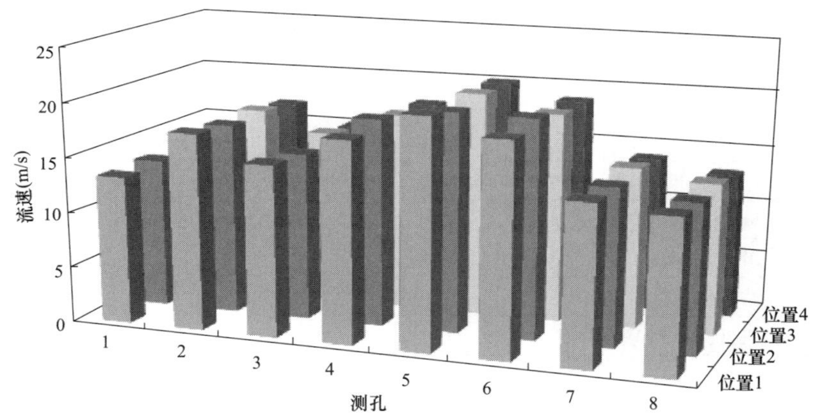

图4-30　B侧入口流速测试结果

（7）SCR烟气脱硝系统B侧入口氮氧化物浓度测试结果见表4-24、图4-31。

表4-24　　B侧入口氮氧化物浓度测试结果

氮氧化物浓度（mg/m³）	位置1	位置2	位置3	位置4	平均
测孔1	295.4	293.0	294.0	294.8	294.3
测孔2	300.3	304.9	308.0	305.2	304.6
测孔3	318.9	313.3	313.1	317.5	315.7
测孔4	333.5	333.1	339.1	337.3	335.8

续表

氮氧化物浓度（mg/m³）	位置 1	位置 2	位置 3	位置 4	平均
测孔 5	339.4	331.6	339.1	333.0	335.8
测孔 6	293.5	292.8	294.0	294.7	293.8
测孔 7	278.6	278.0	279.9	277.9	278.6
测孔 8	268.7	266.0	268.1	264.2	266.8
氮氧化物浓度最大值（mg/m³）			339.4		
氮氧化物浓度最小值（mg/m³）			264.2		
氮氧化物浓度平均值（mg/m³）			303.2		
氮氧化物浓度标准偏差（mg/m³）			23.50		
氮氧化物浓度相对标准偏差（%）			7.75		
机组负荷（MW）			300		

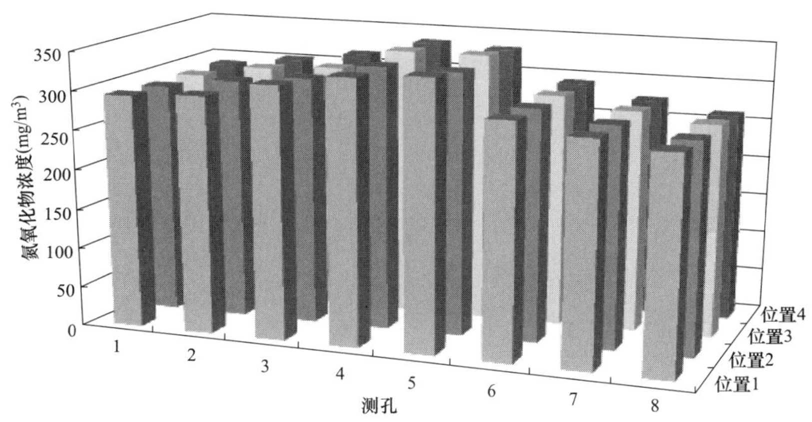

图 4-31 B侧入口氮氧化物浓度测试结果

（8）SCR 烟气脱硝系统 B 侧入口流场测试结果见表 4-25、图 4-32。

表 4-25　　B 侧入口流场测试结果

入口流场	氮氧化物浓度（mg/m³）	流速（m/s）	温度（℃）
测孔 1	294.3	13.5	362.6
测孔 2	304.6	17.5	366.6
测孔 3	315.7	15.4	367.3
测孔 4	335.7	18.3	364.3
测孔 5	335.7	20.4	363.3
测孔 6	293.7	19.3	358.4
测孔 7	278.6	14.3	354.5
测孔 8	266.7	13.5	352.1
机组负荷（MW）		300	

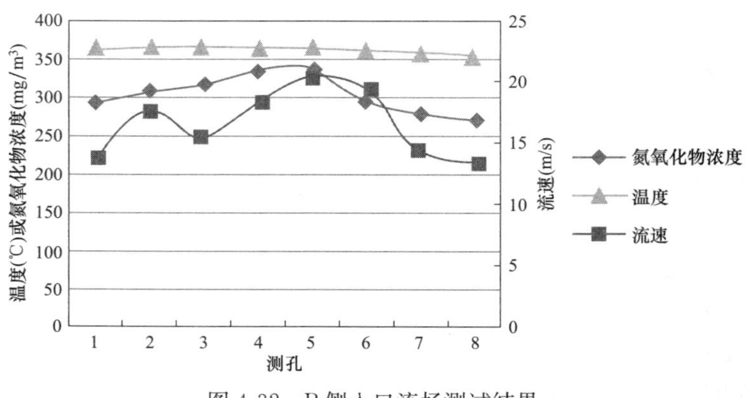

图 4-32　B侧入口流场测试结果

（五）优化调整前 SCR 脱硝系统出口测试数据

（1）SCR 烟气脱硝系统 A 侧出口温度测试结果见表 4-26、图 4-33。

表 4-26　A 侧出口温度测试结果

温度（℃）	位置 1	位置 2	位置 3	位置 4	平均
测孔 1	354.3	353.9	352.5	351.7	353.1
测孔 2	356.7	356.3	356.3	356.7	356.5
测孔 3	363.6	363.5	363.6	363.9	363.7
测孔 4	361.6	362.1	361.1	363.5	362.1
测孔 5	364.4	367.3	367.7	367.0	366.6
测孔 6	356.7	356.0	356.0	356.2	356.2
测孔 7	351.6	352.8	353.7	351.4	352.4
测孔 8	348.1	345.1	345.6	345.9	346.2
温度最大值（℃）			367.7		
温度最小值（℃）			345.1		
温度平均值（℃）			357.1		
机组负荷（MW）			300		

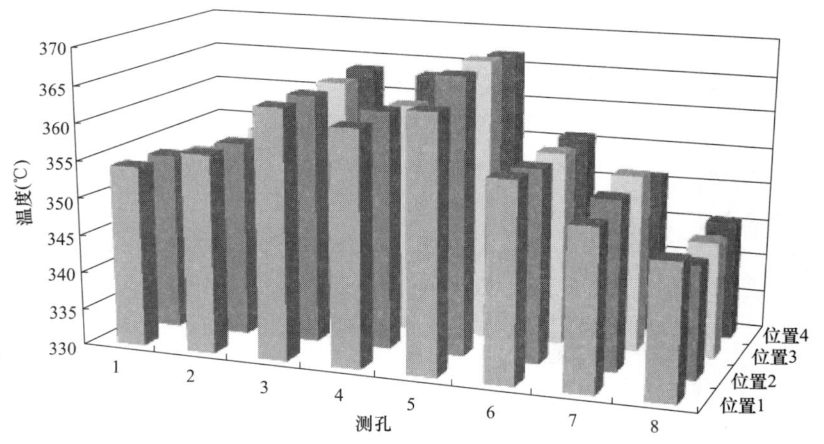

图 4-33　A 侧出口温度测试结果

(2) SCR 烟气脱硝系统 A 侧出口流速测试结果见表 4-27、图 4-34。

表 4-27　　A 侧出口流速测试结果

流速（m/s）	位置 1	位置 2	位置 3	位置 4	平均
测孔 1	16.7	16.6	16.9	16.7	16.7
测孔 2	15.8	16.5	16.1	16.0	16.1
测孔 3	14.8	14.2	14.8	14.3	14.5
测孔 4	14.1	14.0	14.4	14.4	14.2
测孔 5	18.4	18.9	18.6	18.7	18.7
测孔 6	18.1	18.0	18.1	18.6	18.2
测孔 7	21.6	20.7	20.4	20.9	20.9
测孔 8	19.4	19.9	19.5	19.1	19.5
流速最大值（m/s）	21.6				
流速最小值（m/s）	14.0				
流速平均值（m/s）	17.4				
流速标准偏差（m/s）	2.23				
流速相对标准偏差（%）	12.85				
机组负荷（MW）	300				

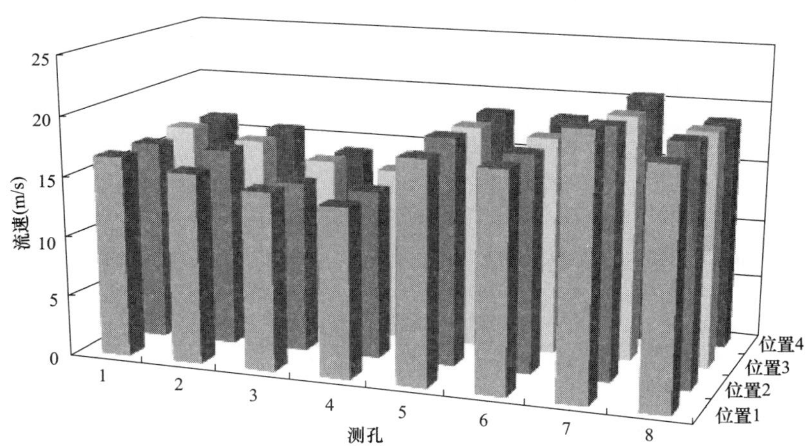

图 4-34　A 侧出口流速测试结果

(3) SCR 烟气脱硝系统 A 侧出口氮氧化物浓度测试结果见表 4-28、图 4-35。

表 4-28　　A 侧出口氮氧化物浓度测试结果

氮氧化物浓度（mg/m³）	位置 1	位置 2	位置 3	位置 4	平均
测孔 1	54.4	54.2	53.1	52.4	53.5
测孔 2	43.5	42.4	42.2	43.2	42.8
测孔 3	37.9	38.5	35.3	35.6	36.8
测孔 4	35.2	34.6	36.7	34.9	35.4

续表

氮氧化物浓度（mg/m³）	位置 1	位置 2	位置 3	位置 4	平均
测孔 5	38.2	39.8	34.6	38.7	37.8
测孔 6	56.0	52.2	51.4	58.4	54.5
测孔 7	51.2	59.8	54.0	55.9	55.2
测孔 8	54.0	55.4	51.0	52.6	53.2
氮氧化物浓度最大值（mg/m³）			59.8		
氮氧化物浓度最小值（mg/m³）			34.6		
氮氧化物浓度平均值（mg/m³）			46.2		
氮氧化物浓度标准偏差（mg/m³）			8.43		
氮氧化物浓度相对标准偏差（%）			18.26		
机组负荷（MW）			300		

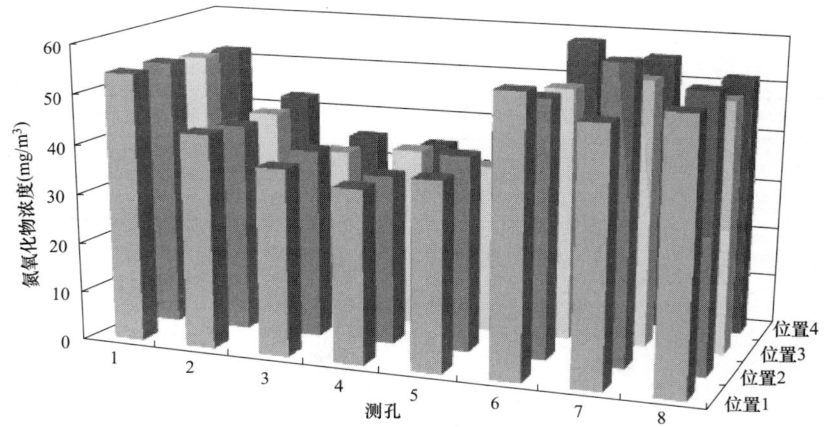

图 4-35　A 侧出口氮氧化物浓度测试结果

（4）SCR 烟气脱硝系统 A 侧出口氨浓度测试结果见表 4-29、图 4-36。

表 4-29　　A 侧出口氨浓度测试结果

氨浓度（μL/L）	位置 1	位置 2	位置 3	位置 4	平均
测孔 1	2.34	2.31	1.64	2.38	2.17
测孔 2	2.25	2.74	2.18	2.88	2.51
测孔 3	2.12	2.37	2.84	2.46	2.45
测孔 4	2.45	2.32	2.46	3.09	2.58
测孔 5	3.03	2.44	2.38	2.60	2.61
测孔 6	2.38	2.31	2.48	2.81	2.50
测孔 7	2.41	2.75	2.62	2.50	2.57
测孔 8	2.62	2.38	2.56	2.78	2.59
氨浓度最大值（μL/L）			3.09		
氨浓度最小值（μL/L）			1.64		
氨浓度平均值（μL/L）			2.50		
机组负荷（MW）			300		

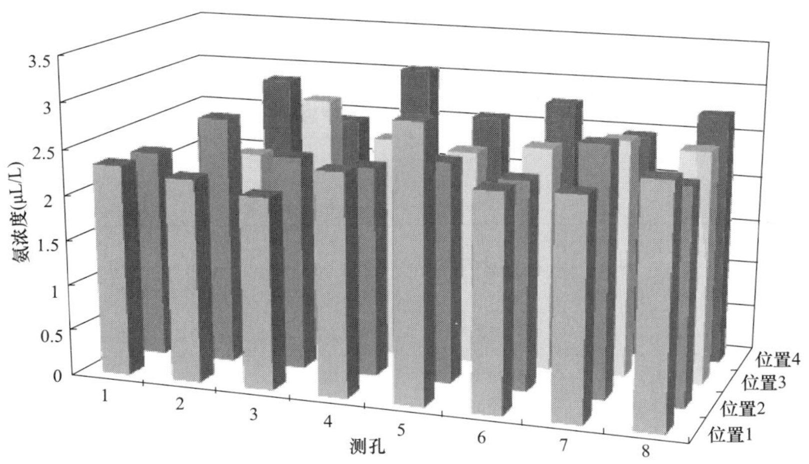

图 4-36　A 侧出口氨浓度测试结果

(5) SCR 烟气脱硝系统 A 侧出口流场测试结果见表 4-30、图 4-37。

表 4-30　　　　**A 侧出口流场测试结果**

出口流场	氮氧化物浓度（mg/m^3）	氨浓度（μL/L）	流速（m/s）
测孔 1	53.5	2.17	16.7
测孔 2	42.8	2.51	16.1
测孔 3	36.8	2.45	14.5
测孔 4	35.3	2.58	14.2
测孔 5	37.8	2.61	18.6
测孔 6	54.5	2.50	18.0
测孔 7	55.2	2.57	20.9
测孔 8	53.2	2.59	19.4
机组负荷（MW）	300		

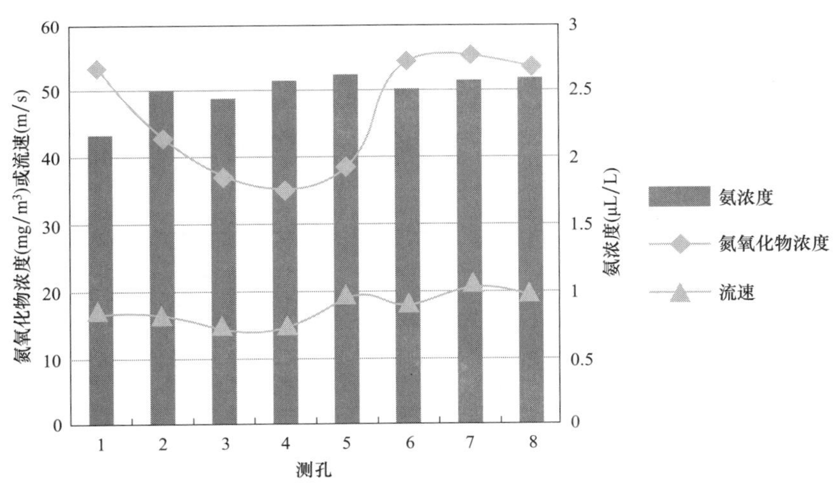

图 4-37　A 侧出口流场测试结果

（6）SCR 烟气脱硝系统 B 侧出口温度测试结果见表 4-31、图 4-38。

表 4-31　B 侧出口温度测试结果

温度（℃）	位置 1	位置 2	位置 3	位置 4	平均
测孔 1	356.3	353.5	356.0	355.1	355.2
测孔 2	357.2	354.0	358.1	355.8	356.3
测孔 3	357.5	358.5	353.9	355.4	356.3
测孔 4	356.4	354.4	353.3	352.6	354.2
测孔 5	355.0	353.0	355.7	359.6	355.8
测孔 6	354.3	357.4	355.2	355.6	355.6
测孔 7	352.7	353.9	353.6	353.3	353.4
测孔 8	351.5	351.4	351.4	351.5	351.5
温度最大值（℃）	359.6				
温度最小值（℃）	351.4				
温度平均值（℃）	354.8				
机组负荷（MW）	300				

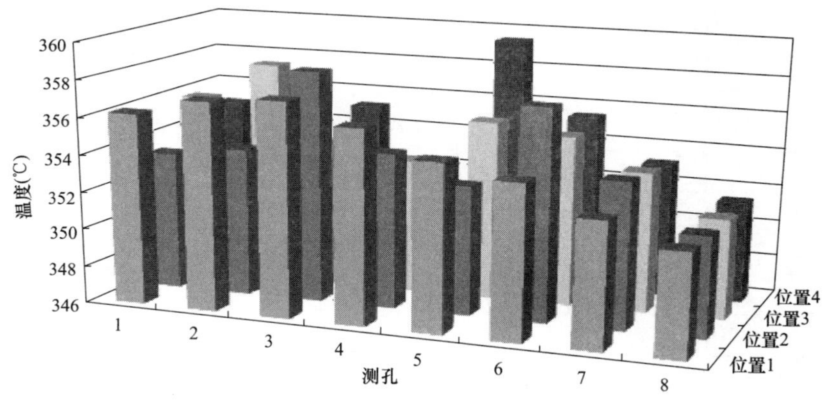

图 4-38　B 侧出口温度测试结果

（7）SCR 烟气脱硝系统 B 侧出口流速测试结果见表 4-32、图 4-39。

表 4-32　B 侧出口流速测试结果

流速（m/s）	位置 1	位置 2	位置 3	位置 4	平均
测孔 1	19.4	19.2	19.6	19.7	19.5
测孔 2	16.6	16.9	16.0	16.9	16.6
测孔 3	14.5	14.8	14.4	14.0	14.4
测孔 4	16.2	16.8	16.2	16.0	16.3
测孔 5	18.4	18.3	18.0	18.2	18.2

续表

流速（m/s）	位置 1	位置 2	位置 3	位置 4	平均
测孔 6	18.6	18.5	18.9	18.6	18.7
测孔 7	16.4	16.0	16.5	16.4	16.3
测孔 8	17.8	17.3	17.0	17.3	17.4
流速最大值（m/s）			19.7		
流速最小值（m/s）			14.0		
流速平均值（m/s）			17.2		
流速标准偏差（m/s）			1.52		
流速相对标准偏差（%）			8.85		
机组负荷（MW）			300		

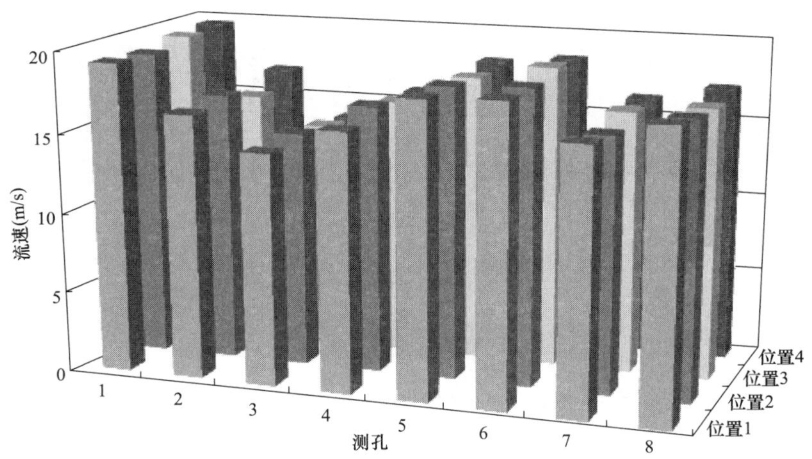

图 4-39　B 侧出口流速测试结果

（8）SCR 烟气脱硝系统 B 侧出口氮氧化物浓度测试结果见表 4-33、图 4-40。

表 4-33　　　　B 侧出口氮氧化物浓度测试结果

氮氧化物浓度（mg/m^3）	位置 1	位置 2	位置 3	位置 4	平均
测孔 1	46.1	46.3	46.9	46.5	46.4
测孔 2	46.0	46.9	47.9	48.8	47.4
测孔 3	35.6	35.2	35.3	35.9	35.5
测孔 4	34.6	34.2	34.3	34.3	34.3
测孔 5	36.9	36.2	36.1	36.7	36.4
测孔 6	35.6	35.7	35.5	35.3	35.5
测孔 7	46.8	46.2	48.5	47.0	47.1
测孔 8	47.7	47.1	47.9	47.1	47.4

续表

氮氧化物浓度最大值（mg/m^3）	48.8
氮氧化物浓度最小值（mg/m^3）	34.2
氮氧化物浓度平均值（mg/m^3）	41.3
氮氧化物浓度标准偏差（mg/m^3）	5.88
氮氧化物浓度相对标准偏差（%）	14.24
机组负荷（MW）	300

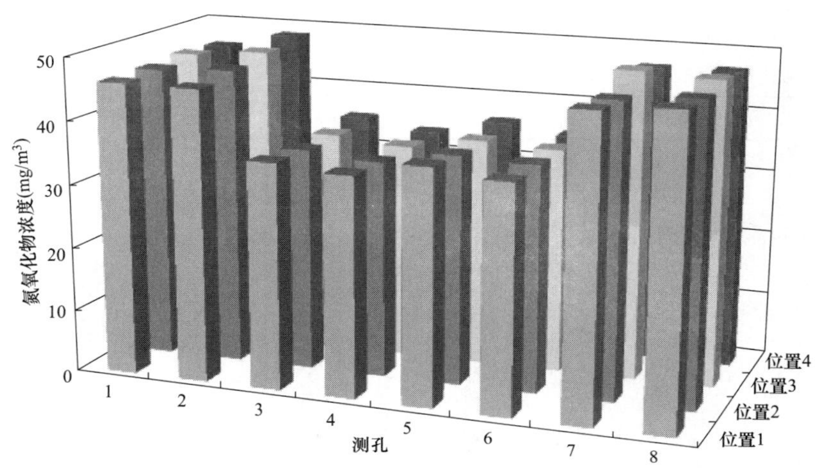

图 4-40　B 侧出口氮氧化物浓度测试结果

（9）SCR 烟气脱硝系统 B 侧出口氨浓度测试结果见表 4-34、图 4-41。

表 4-34　　B 侧出口氨浓度测试结果

氨浓度（μL/L）	位置 1	位置 2	位置 3	位置 4	平均
测孔 1	2.34	2.48	2.18	2.70	2.43
测孔 2	2.59	2.61	1.86	2.02	2.27
测孔 3	1.91	2.38	2.41	2.52	2.31
测孔 4	2.50	2.45	2.36	2.40	2.43
测孔 5	2.97	2.71	2.02	2.54	2.56
测孔 6	2.58	2.96	2.46	2.22	2.56
测孔 7	1.83	2.53	2.60	2.72	2.42
测孔 8	2.18	2.58	2.54	1.75	2.26
氨浓度最大值（μL/L）			2.97		
氨浓度最小值（μL/L）			1.75		
氨浓度平均值（μL/L）			2.40		
机组负荷（MW）			300		

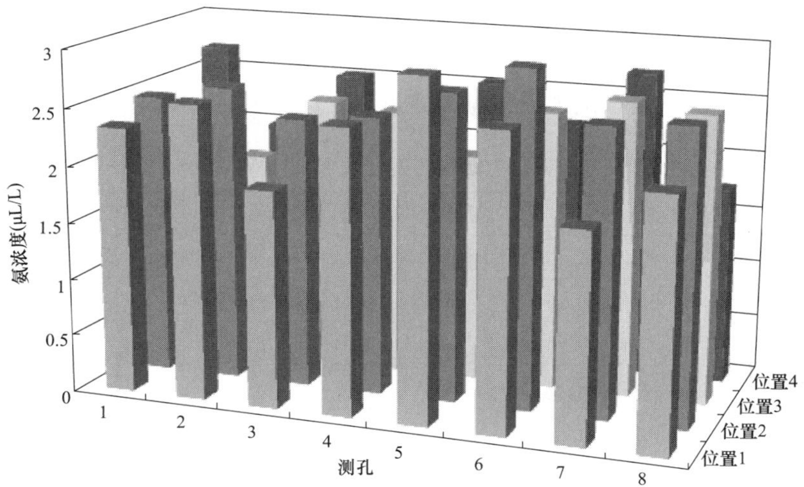

图 4-41 B 侧出口氨浓度测试结果

(10) SCR 烟气脱硝系统 B 侧出口流场测试结果见表 4-35、图 4-42。

表 4-35 B 侧出口流场测试结果

出口流场	氮氧化物浓度 (mg/m^3)	氨浓度 ($\mu L/L$)	流速 (m/s)
测孔 1	46.4	2.43	19.4
测孔 2	47.4	2.27	16.6
测孔 3	35.5	2.31	14.4
测孔 4	34.3	2.43	16.3
测孔 5	36.4	2.56	18.2
测孔 6	35.5	2.56	18.6
测孔 7	47.1	2.42	16.3
测孔 8	47.4	2.26	17.3
机组负荷 (MW)		300	

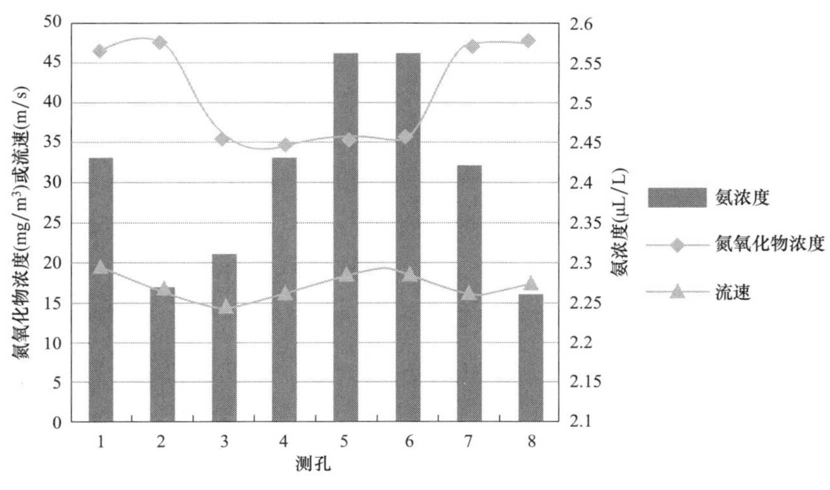

图 4-42 B 侧出口流场测试结果

（六）优化调整前测试结果

（1）调整前烟气温度测试结果分析见表4-36。

表4-36 调整前烟气温度测试结果分析 ℃

温度	A侧入口	B侧入口	A侧出口	B侧出口
最大值	369.7	367.7	367.7	359.6
最小值	361.3	352.0	345.1	351.4
平均值	366.5	361.2	357.1	354.8
最大绝对偏差	8.4	15.7	22.6	8.2
结果	温度最大绝对偏差小于±10℃，温度分布均匀	温度最大绝对偏差大于±10℃，温度分布不均匀	温度最大绝对偏差大于±10℃，温度分布不均匀	温度最大绝对偏差小于±10℃，温度分布均匀

（2）调整前烟气流速测试结果分析见表4-37。

表4-37 调整前烟气流速测试结果分析 m/s

流速	A侧入口	B侧入口	A侧出口	B侧出口
最大值	20.9	20.8	21.6	19.7
最小值	15.0	13.1	14.0	14.0
平均值	17.7	16.6	17.4	17.2
标准偏差	1.94	2.54	2.22	1.52
相对标准偏差（%）	10.93	15.34	12.85	8.85
结果	相对标准偏差小于15%，流速分布均匀	相对标准偏差大于15%，流速分布不均匀	相对标准偏差大于15%，流速分布不均匀	相对标准偏差小于15%，流速分布均匀

（3）调整前氮氧化物浓度测试结果分析见表4-38。

表4-38 调整前氮氧化物浓度测试结果分析 mg/m^3

氮氧化物浓度	A侧入口	B侧入口	A侧出口	B侧出口
最大值	317.5	339.4	59.8	48.8
最小值	280.3	264.2	34.6	34.2
平均值	295.1	303.2	46.2	41.3
标准偏差	12.06	23.50	8.43	5.88
相对标准偏差（%）	4.09	7.75	18.26	14.24
结果	相对标准偏差小于15%，NO_x分布均匀	相对标准偏差小于15%，NO_x分布均匀	相对标准偏差大于15%，NO_x分布不均匀	相对标准偏差小于15%，NO_x分布均匀

（4）调整前氨浓度测试结果分析见表4-39。

表 4-39　　　　调整前氨浓度测试结果分析　　　　$\mu L/L$

氨浓度	A 侧出口	B 侧出口
最大值	3.09	2.97
最小值	1.64	1.75
平均值	2.50	2.41

（5）调整前喷氨量测试结果见表 4-40、图 4-43。

表 4-40　　　　调整前喷氨量测试结果

阀门编号	喷氨量（kg/h）	阀门编号	喷氨量（kg/h）
A1	7.54	B1	7.69
A2	7.69	B2	8.64
A3	9.32	B3	8.66
A4	9.55	B4	8.46
A5	8.73	B5	8.51
A6	7.63	B6	8.46
A7	7.90	B7	8.34
A 侧喷氨总计	58.36	B 侧喷氨总计	58.76

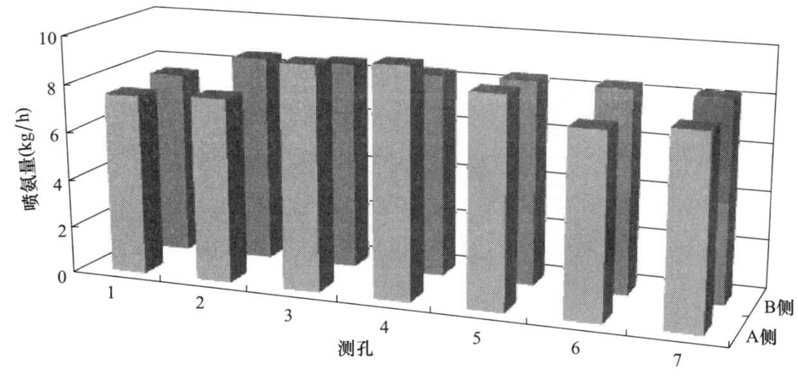

图 4-43　A、B 侧喷氨量测试结果

（6）调整前测试结果分析。

1）温度。SCR 烟气脱硝系统 A 侧入口烟气温度最大值是 369.7℃，最小值是 361.3℃，最大绝对偏差是 8.4℃，分布均匀。SCR 烟气脱硝系统 B 侧入口烟气温度最大值是 367.7℃，最小值是 352.0℃，最大绝对偏差是 15.7℃，分布不均匀。SCR 烟气脱硝系统 A 侧出口烟气温度最大值是 367.7℃，最小值是 345.1℃，最大绝对偏差是 22.6℃，分布不均匀。SCR 烟气脱硝系统 B 侧出口烟气温度最大值是 359.6℃，最小值是 351.4℃，最大绝对偏差是 8.2℃，分布均匀。

2）流速。SCR 烟气脱硝系统 A 侧入口流速最大值是 20.9m/s，最小值是 15.0m/s，相对标准偏差是 10.93%，分布均匀。SCR 烟气脱硝系统 B 侧入口流速最大值是 20.8m/s，最小值是 13.1m/s，相对标准偏差是 15.34%，分布不均匀。SCR 烟气脱硝系统 A 侧出口流速最大值是 21.6m/s，最小值是 14.0m/s，相对标准偏差是 12.85%，分布均匀。SCR 烟气脱硝系统 B 侧出口流速最大值是 19.7m/s，最小值是 14.0m/s，相对标准偏差是 8.85%，分布均匀。

3）氮氧化物浓度和氨浓度。SCR 反应器入口氮氧化物浓度分布均匀，A 侧相对标准偏差为 4.09%，B 侧相对标准偏差为 7.75%，全部小于 15%。

SCR 反应器出口氮氧化物浓度分布不均匀，A 侧相对标准偏差为 18.26%，B 侧相对标准偏差为 14.24%，A 侧大于 15%。

SCR 反应器出口局部氨逃逸浓度高。A 侧出口氨逃逸浓度最大值达到 3.09μL/L，B 侧出口氨逃逸浓度最大值达到 2.97μL/L。

4）喷氨量。根据 A 和 B 侧喷氨量图、SCR 反应器出口氮氧化物浓度分布图以及 SCR 反应器出口氨分布图可以看出，喷氨量大的区域，氮氧化物浓度较低，SCR 反应器氨逃逸浓度高；喷氨量小的区域，氮氧化物浓度较高，SCR 反应器氨逃逸浓度低。A 侧和 B 侧的喷氨量不均匀是导致 SCR 反应器出口氮氧化物浓度分布不均匀和 SCR 反应器出口局部氨逃逸浓度高的主要原因。

（七）脱硝系统优化调整

根据测试结果，对 A、B 侧喷氨量进行了调整。SCR 烟气脱硝系统喷氨优化调整程序如图 4-44 所示。

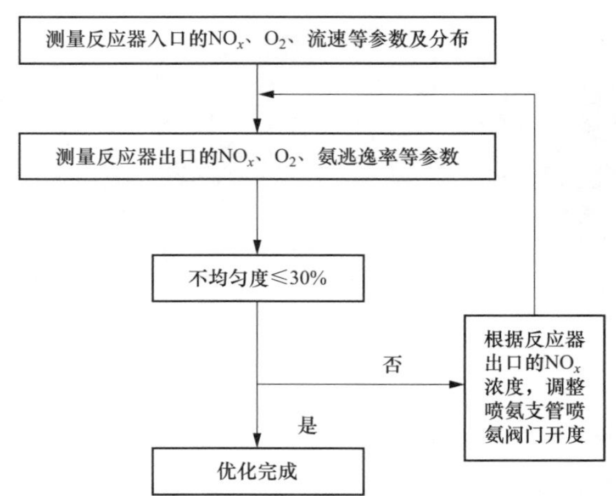

图 4-44　SCR 烟气脱硝系统喷氨优化调整程序图

（1）对脱硝系统优化前后还原剂耗量、最大脱硝率等参数进行计算、比对。

（2）分析系统运行中存在的主要问题及其对运行经济性、安全性的影响，分析优化运行结论。

（3）对脱硝系统优化前后还原剂耗量、最大脱硝率等参数进行计算、比对。

（4）分析系统运行中存在的主要问题及其对运行经济性、安全性的影响，分析优化运行结论。喷氨量测试结果见表 4-41、图 4-45。

表 4-41 喷氨量测试结果

阀门编号	喷氨量（kg/h）	阀门编号	喷氨量（kg/h）
A1	6.25	B1	6.56
A2	6.85	B2	6.69
A3	7.71	B3	8.42
A4	7.48	B4	8.05
A5	8.15	B5	8.09
A6	8.45	B6	8.45
A7	6.93	B7	7.47
A 侧喷氨总计	51.82	B 侧喷氨总计	53.73

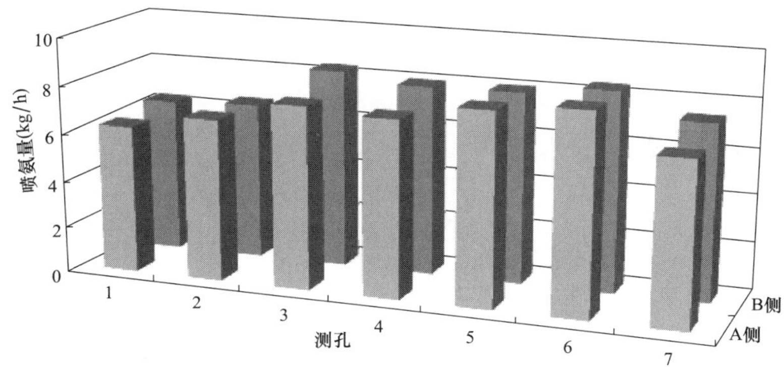

图 4-45 喷氨量测试结果

（八）优化调整后 SCR 烟气脱硝系统入口测试数据

(1) SCR 烟气脱硝系统 A 侧入口氮氧化物浓度测试结果见表 4-42、图 4-46。

表 4-42 A 侧入口氮氧化物浓度测试结果

氮氧化物浓度（mg/m^3）	位置 1	位置 2	位置 3	位置 4	平均
测孔 1	254.3	253.3	250.6	258.7	254.2
测孔 2	236.1	237.9	234.9	234.5	235.9
测孔 3	257.6	251.4	257.5	252.1	254.7
测孔 4	251.3	252.4	258.6	258.0	255.1
测孔 5	237.4	235.7	233.9	236.2	235.8
测孔 6	234.0	236.2	237.9	231.2	234.8
测孔 7	232.6	231.3	234.6	239.5	234.5
测孔 8	233.7	237.8	230.8	239.9	235.6
氮氧化物浓度最大值（mg/m^3）			258.7		
氮氧化物浓度最小值（mg/m^3）			230.8		

续表

氮氧化物浓度平均值（mg/m³）	242.6
氮氧化物浓度标准偏差（mg/m³）	9.77
氮氧化物浓度相对标准偏差（%）	4.03
机组负荷（MW）	300

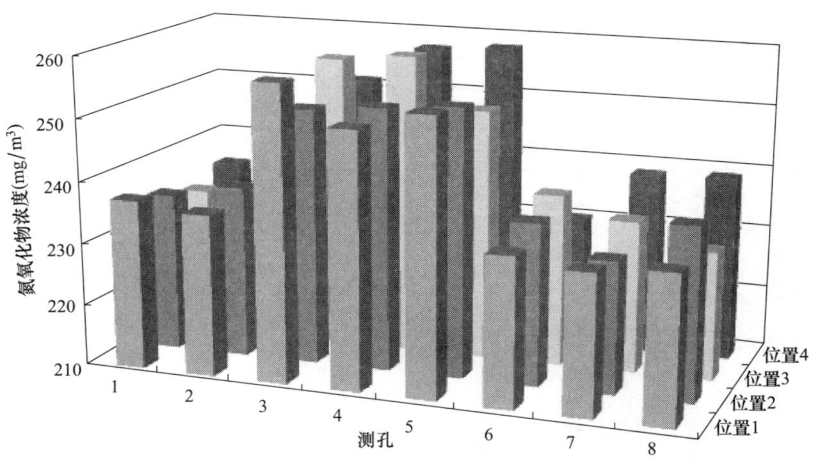

图 4-46　A 侧入口氮氧化物测试结果

（2）SCR 烟气脱硝系统 B 侧入口氮氧化物浓度测试结果见表 4-43、图 4-47。

表 4-43　　　B 侧入口氮氧化物浓度测试结果

氮氧化物浓度（mg/m³）	位置 1	位置 2	位置 3	位置 4	平均
测孔 1	254.6	254.7	254.7	255.9	255.0
测孔 2	254.1	258.0	257.9	229.2	249.8
测孔 3	236.2	239.1	235.7	234.3	236.3
测孔 4	239.4	232.5	239.9	231.4	235.8
测孔 5	241.4	245.7	248.5	247.3	245.7
测孔 6	266.1	264.5	264.9	261.1	264.2
测孔 7	255.3	255.4	257.6	255.2	255.9
测孔 8	256.1	256.6	259.5	256.8	257.3
氮氧化物浓度最大值（mg/m³）	266.1				
氮氧化物浓度最小值（mg/m³）	229.2				
氮氧化物浓度平均值（mg/m³）	249.9				
氮氧化物浓度标准偏差（mg/m³）	10.58				
氮氧化物浓度相对标准偏差（%）	4.23				
机组负荷（MW）	300				

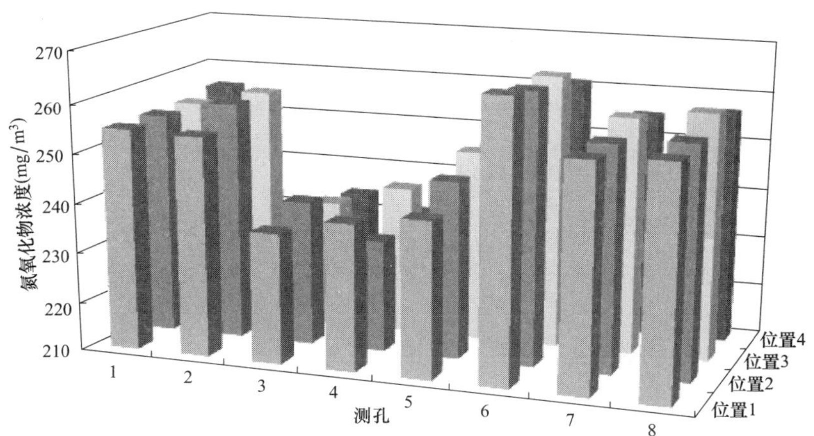

图 4-47　B 侧入口氮氧化物浓度测试结果

（九）优化调整后 SCR 烟气脱硝系统出口测试数据

(1) SCR 烟气脱硝系统 A 侧出口温度测试结果见表 4-44、图 4-48。

表 4-44　A 侧出口温度测试结果

温度（℃）	位置 1	位置 2	位置 3	位置 4	平均
测孔 1	354.8	351.5	352.7	359.8	354.7
测孔 2	356.9	358.3	358.3	359.2	358.2
测孔 3	361.6	361.5	361.5	361.8	361.6
测孔 4	355.9	355.0	357.1	359.9	357.0
测孔 5	364.9	366.7	365.4	366.2	365.8
测孔 6	360.5	363.0	362.2	361.8	361.9
测孔 7	357.4	355.2	356.1	353.8	355.6
测孔 8	353.1	350.7	350.8	352.3	351.7
温度最大值（℃）			366.7		
温度最小值（℃）			350.7		
温度平均值（℃）			358.3		
机组负荷（MW）			300		

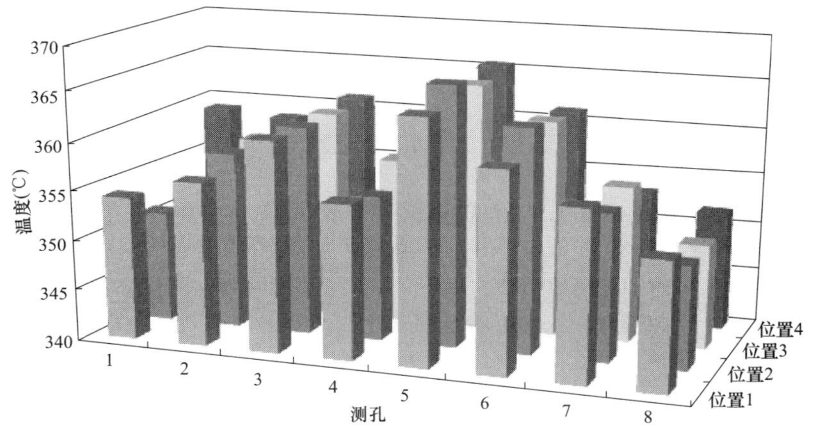

图 4-48　A 侧出口温度浓度测试结果

（2）SCR 烟气脱硝系统 A 侧出口流速测试结果见表 4-45、图 4-49。

表 4-45　　A 侧出口流速测试结果

流速（m/s）	位置 1	位置 2	位置 3	位置 4	平均
测孔 1	13.1	13.1	13.6	13.0	13.2
测孔 2	14.6	14.6	15.4	15.2	15.0
测孔 3	16.8	16.2	16.3	16.1	16.4
测孔 4	16.2	16.6	16.2	16.7	16.4
测孔 5	14.3	14.4	14.7	14.6	14.5
测孔 6	15.8	15.3	15.3	15.5	15.5
测孔 7	15.8	15.2	15.9	15.3	15.5
测孔 8	14.1	14.9	14.8	14.5	14.6
流速最大值（m/s）			16.8		
流速最小值（m/s）			13.0		
流速平均值（m/s）			15.1		
流速标准偏差（m/s）			1.03		
流速相对标准偏差（%）			6.81		
机组负荷（MW）			300		

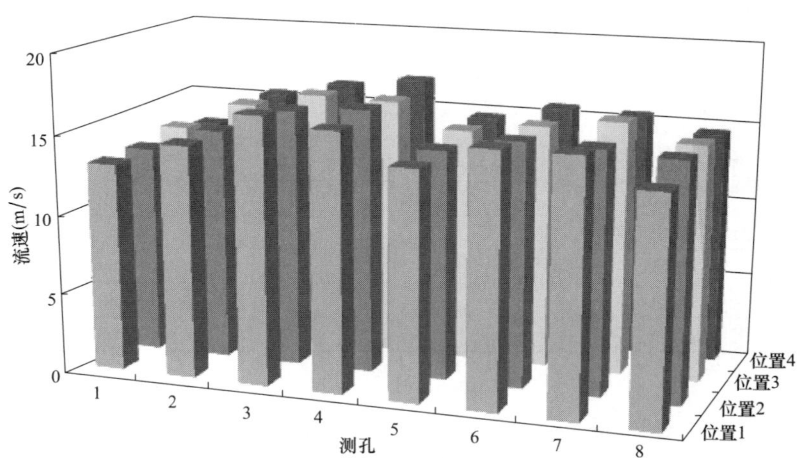

图 4-49　A 侧出口流速测试结果

（3）SCR 烟气脱硝系统 A 侧出口氮氧化物浓度测试结果见表 4-46、图 4-50。

表 4-46　　A 侧出口氮氧化物浓度测试结果

氮氧化物浓度（mg/m^3）	位置 1	位置 2	位置 3	位置 4	平均
测孔 1	37.2	39.7	38.8	35.6	37.8
测孔 2	35.7	31.4	39.8	36.1	35.8
测孔 3	30.1	33.1	38.7	34.0	34.0

续表

氮氧化物浓度（mg/m³）	位置 1	位置 2	位置 3	位置 4	平均
测孔 4	37.8	35.6	39.7	30.0	35.8
测孔 5	30.7	35.4	36.4	39.4	35.5
测孔 6	39.3	38.1	31.7	37.5	36.7
测孔 7	33.8	35.5	37.5	30.9	34.4
测孔 8	30.1	31.3	37.8	38.6	34.5
氮氧化物浓度最大值（mg/m³）			39.8		
氮氧化物浓度最小值（mg/m³）			30.0		
氮氧化物浓度平均值（mg/m³）			35.5		
氮氧化物浓度标准偏差（mg/m³）			3.24		
氮氧化物浓度相对标准偏差（%）			9.12		
机组负荷（MW）			300		

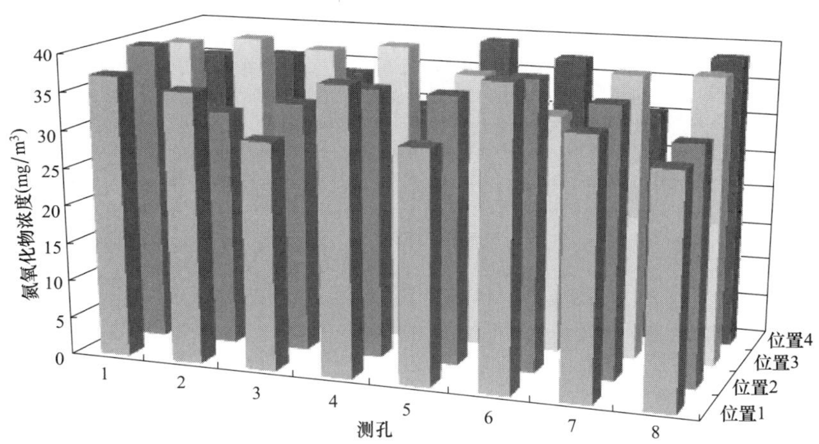

图 4-50　A 侧出口氮氧化物浓度测试结果

（4）SCR 烟气脱硝系统 A 侧出口氨浓度测试结果见表 4-47、图 4-51。

表 4-47　　A 侧出口氨浓度测试结果

氨浓度（μL/L）	位置 1	位置 2	位置 3	位置 4	平均
测孔 1	1.76	1.74	1.76	1.78	1.76
测孔 2	1.77	1.75	1.73	1.76	1.75
测孔 3	1.85	1.85	1.81	1.82	1.83
测孔 4	1.61	1.67	1.62	1.60	1.63
测孔 5	1.65	1.65	1.58	1.06	1.49
测孔 6	1.66	1.65	1.63	1.67	1.65

续表

氨浓度（μL/L）	位置 1	位置 2	位置 3	位置 4	平均
测孔 7	1.75	1.86	1.83	1.87	1.83
测孔 8	2.12	1.85	1.97	1.96	1.98
氨浓度最大值（μL/L）			2.12		
氨浓度最小值（μL/L）			1.06		
氨浓度平均值（μL/L）			1.74		
机组负荷（MW）			300		

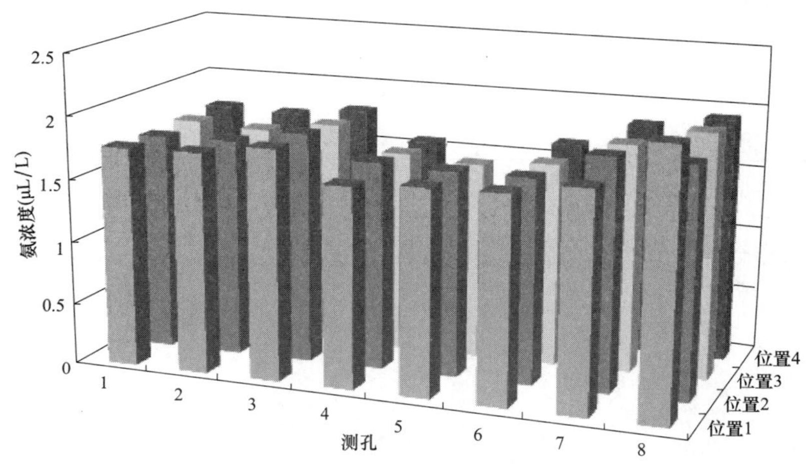

图 4-51　A 侧出口氨浓度测试结果

（5）SCR 烟气脱硝系统 A 侧出口流场测试结果见表 4-48、图 4-52。

表 4-48　　A 侧出口流场测试结果

出口流场	氮氧化物浓度（mg/m^3）	氨浓度（μL/L）	流速（m/s）
测孔 1	37.8	1.76	13.2
测孔 2	35.7	1.75	14.9
测孔 3	33.9	1.83	16.3
测孔 4	35.7	1.62	16.4
测孔 5	35.4	1.48	14.5
测孔 6	36.6	1.65	15.4
测孔 7	34.4	1.82	15.5
测孔 8	34.4	1.97	14.5
机组负荷（MW）		300	

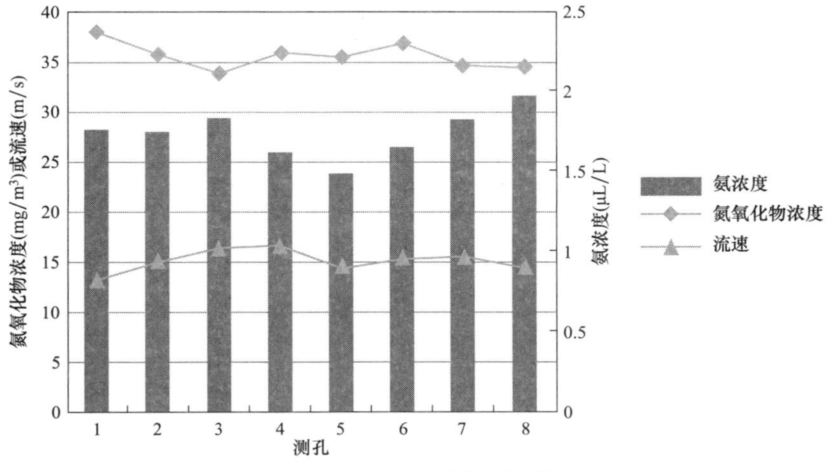

图 4-52　A 侧出口流场测试结果

（6）SCR 烟气脱硝系统 B 侧出口温度测试结果见表 4-49、图 4-53。

表 4-49　　B 侧出口温度测试结果

温度（℃）	位置 1	位置 2	位置 3	位置 4	平均
测孔 1	356.3	350.7	352.2	351.6	352.7
测孔 2	357.2	350.5	359.6	350.3	354.4
测孔 3	357.0	358.3	357.5	358.5	357.8
测孔 4	356.0	350.4	351.2	355.6	353.3
测孔 5	355.8	358.9	358.9	356.4	357.5
测孔 6	354.5	354.3	351.9	352.9	353.4
测孔 7	354.1	358.8	357.2	356.3	356.6
测孔 8	351.2	353.0	350.6	353.2	352.0
温度最大值（℃）			359.6		
温度最小值（℃）			350.3		
温度平均值（℃）			354.7		
机组负荷（MW）			300		

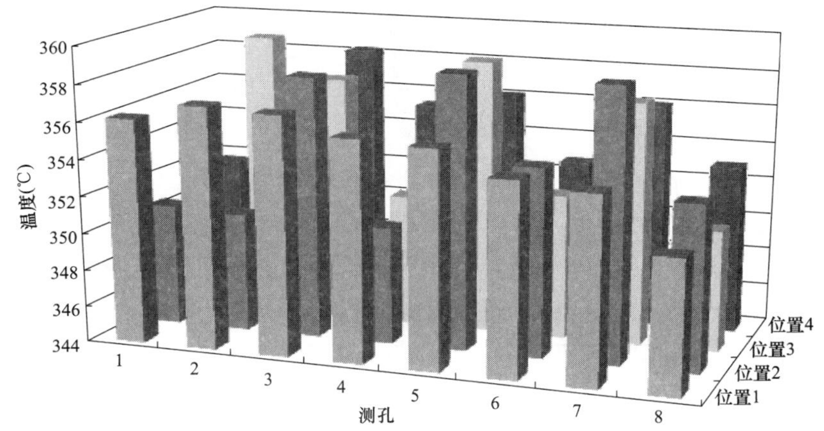

图 4-53　B 侧出口温度测试结果

（7）SCR烟气脱硝系统B侧出口流速测试结果见表4-50、图4-54。

表4-50　**B侧出口流速测试结果**

流速（m/s）	位置1	位置2	位置3	位置4	平均
测孔1	14.5	14.3	14.2	14.5	14.4
测孔2	15.5	16.0	16.0	15.7	15.8
测孔3	16.2	16.2	16.3	15.8	16.1
测孔4	16.6	16.2	16.4	16.4	16.4
测孔5	16.4	16.5	16.5	16.1	16.4
测孔6	16.4	16.0	15.7	15.4	15.9
测孔7	16.2	16.5	16.6	16.7	16.5
测孔8	13.4	13.1	13.4	13.4	13.3
流速最大值（m/s）	16.7				
流速最小值（m/s）	13.1				
流速平均值（m/s）	15.6				
流速标准偏差（m/s）	1.09				
流速相对标准偏差（%）	6.97				
机组负荷（MW）	300				

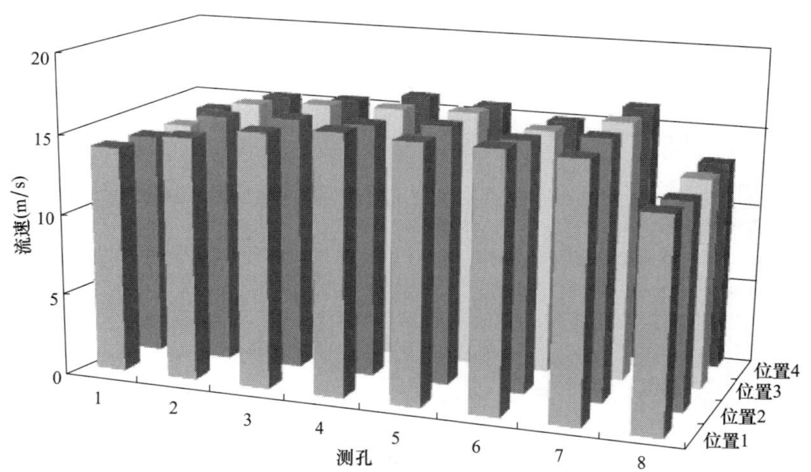

图4-54　B侧出口流速测试结果

（8）SCR烟气脱硝系统B侧出口氮氧化物浓度测试结果见表4-51、图4-55。

表4-51　**B侧出口氮氧化物浓度测试结果**

氮氧化物浓度（mg/m^3）	位置1	位置2	位置3	位置4	平均
测孔1	38.2	38.3	38.1	38.8	38.4
测孔2	36.0	36.7	36.3	36.8	36.5

续表

氮氧化物浓度（mg/m³）	位置 1	位置 2	位置 3	位置 4	平均
测孔 3	39.5	39.6	39.6	39.5	39.6
测孔 4	38.6	38.0	38.2	38.5	38.3
测孔 5	38.8	38.7	38.8	38.5	38.7
测孔 6	33.6	33.1	33.0	33.0	33.2
测孔 7	40.4	49.3	44.4	46.1	45.1
测孔 8	43.2	42.8	41.2	43.2	42.6
氮氧化物浓度最大值（mg/m³）	49.3				
氮氧化物浓度最小值（mg/m³）	33.0				
氮氧化物浓度平均值（mg/m³）	39.0				
氮氧化物浓度标准偏差（mg/m³）	3.58				
氮氧化物浓度相对标准偏差（%）	9.17				
机组负荷（MW）	300				

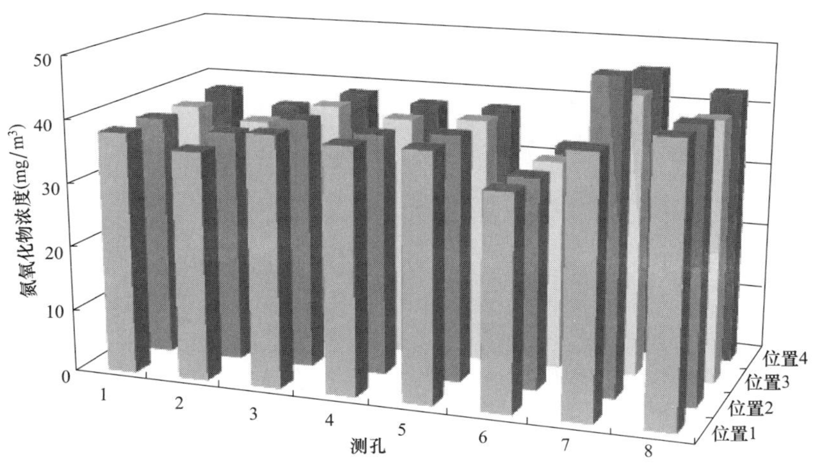

图 4-55　B 侧出口氮氧化物浓度测试结果

（9）SCR 烟气脱硝系统 B 侧出口氨浓度测试结果见表 4-52、图 4-56。

表 4-52　　B 侧出口氨浓度测试结果

氨浓度（μL/L）	位置 1	位置 2	位置 3	位置 4	平均
测孔 1	1.53	1.52	1.53	1.55	1.53
测孔 2	1.64	1.62	1.66	1.69	1.65
测孔 3	1.74	1.75	1.73	1.75	1.74
测孔 4	1.52	1.51	1.48	1.39	1.48
测孔 5	1.74	1.74	1.75	1.73	1.74

续表

氨浓度（μL/L）	位置 1	位置 2	位置 3	位置 4	平均
测孔 6	1.52	1.49	1.53	1.51	1.51
测孔 7	1.76	1.64	1.78	1.80	1.75
测孔 8	1.41	1.45	1.38	1.31	1.39
氨浓度最大值（μL/L）			1.80		
氨浓度最小值（μL/L）			1.31		
氨浓度平均值（μL/L）			1.59		
机组负荷（MW）			300		

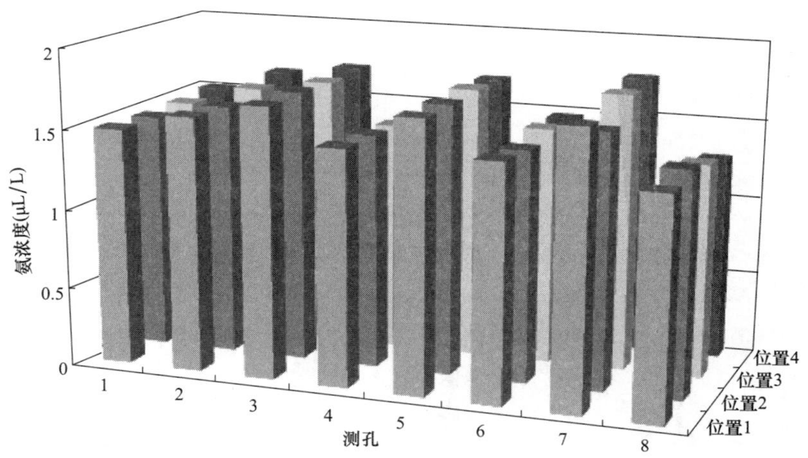

图 4-56　B 侧出口氨浓度测试结果

（10）SCR 烟气脱硝系统 B 侧出口流场测试结果见表 4-53、图 4-57。

表 4-53　　B 侧出口流场测试结果

出口流场	氮氧化物浓度（mg/m^3）	氨浓度（μL/L）	流速（m/s）
测孔 1	38.3	1.53	14.3
测孔 2	36.4	1.65	15.8
测孔 3	39.5	1.74	16.1
测孔 4	38.3	1.47	16.4
测孔 5	38.7	1.74	16.3
测孔 6	33.1	1.51	15.8
测孔 7	45.1	1.74	16.5
测孔 8	42.6	1.38	13.3
机组负荷（MW）		300	

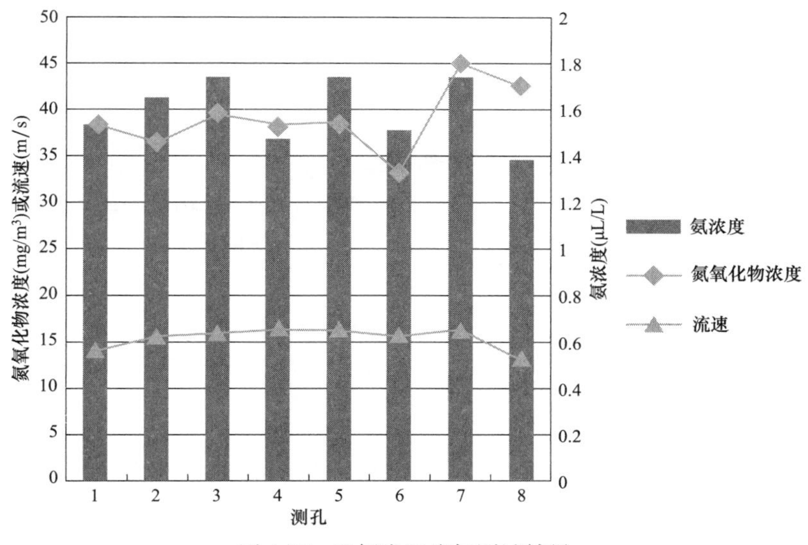

图 4-57　B 侧出口流场测试结果

（十）优化调整后测试结果

（1）优化调整后氮氧化物浓度测试结果分析见表 4-54。

表 4-54　　**优化调整后氮氧化物浓度测试结果分析**　　mg/m³

氮氧化物浓度	A 侧入口	B 侧入口	A 侧出口	B 侧出口
最大值	258.7	266.1	39.8	49.3
最小值	230.8	229.2	30.0	33.0
平均值	242.6	249.9	35.5	39.0
标准偏差	9.77	10.58	3.24	3.58
相对标准偏差（%）	4.03	4.23	9.12	9.17
结果	相对标准偏差小于 15%，NO_x 分布均匀	相对标准偏差小于 15%，NO_x 分布均匀	相对标准偏差小于 15%，NO_x 分布均匀	相对标准偏差小于 15%，NO_x 分布均匀

（2）优化调整后氨浓度测试结果分析见表 4-55。

表 4-55　　**优化调整后氨浓度测试结果分析**　　μL/L

氨浓度	A 侧出口	B 侧出口
最大值	2.12	1.80
最小值	1.06	1.31
平均值	1.74	1.59

（3）优化调整前后 SCR 反应器出口氮氧化物测试结果对比。

1）SCR 烟气脱硝系统 A 侧出口氮氧化物浓度测试结果对比如图 4-58 所示。

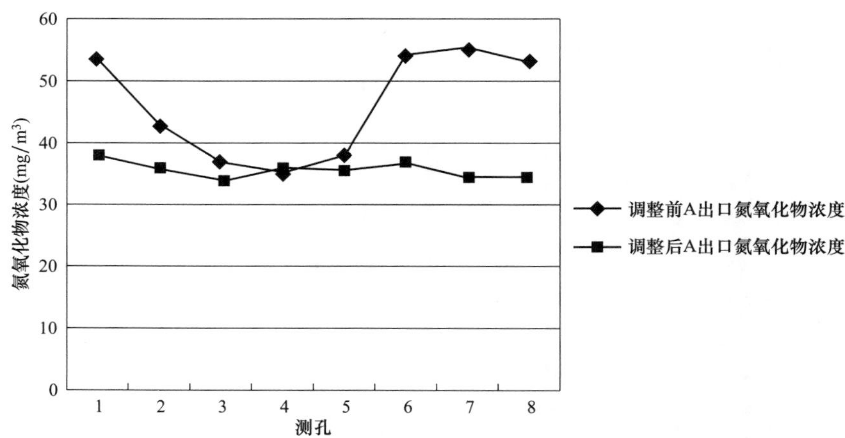

图 4-58 SCR 烟气脱硝系统 A 侧出口氮氧化物浓度测试结果对比

2）SCR 烟气脱硝系统 B 侧出口氮氧化物浓度测试结果对比如图 4-59 所示。

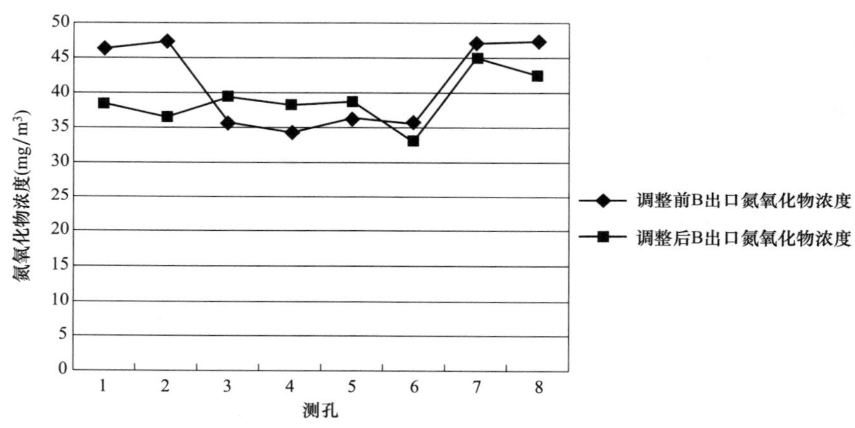

图 4-59 SCR 烟气脱硝系统 B 侧出口氮氧化物浓度测试结果对比

3）SCR 反应器出口氮氧化物浓度测试结果对比如表 4-56 所示。

表 4-56　SCR 反应器出口氮氧化物浓度测试结果对比　mg/m³

项目	A 侧出口		B 侧出口	
氮氧化物浓度	调整前	调整后	调整前	调整后
最大值	59.8	39.8	48.8	49.3
最小值	34.6	30.0	34.2	33.0
平均值	46.2	35.5	41.3	39.0
标准偏差	8.43	3.24	5.88	3.58
相对标准偏差（%）	18.26	9.12	14.23	9.17
结果	相对标准偏差大于 15%，氮氧化物分布不均匀	相对标准偏差小于 15%，氮氧化物分布均匀	相对标准偏差小于 15%，氮氧化物分布均匀	相对标准偏差小于 15%，氮氧化物分布均匀

（4）调整前后 SCR 反应器出口氨测试结果对比。

1）SCR 烟气脱硝系统 A 侧出口氨浓度测试结果对比如图 4-60 所示。

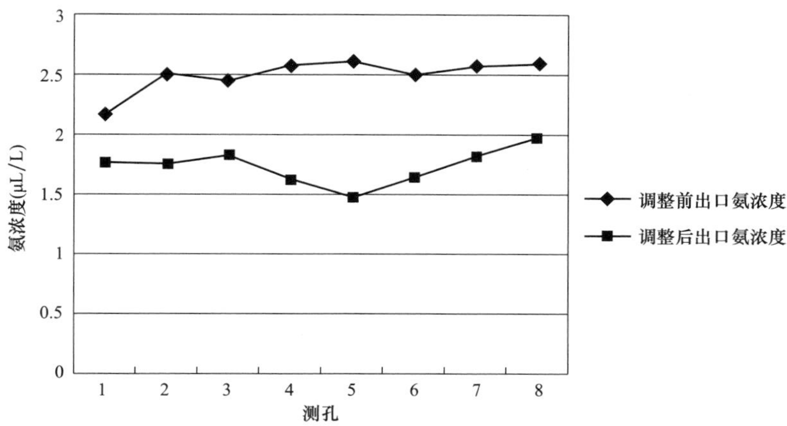

图 4-60　SCR 烟气脱硝系统 A 侧出口氨浓度测试结果对比

2）SCR 烟气脱硝系统 B 侧出口氨浓度测试结果对比如图 4-61 所示。

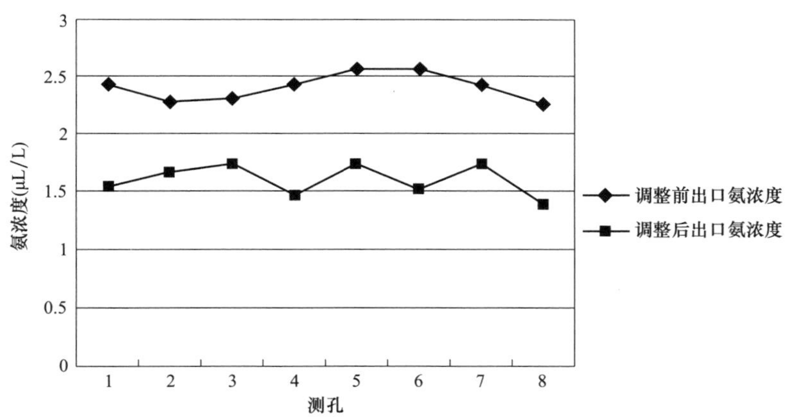

图 4-61　SCR 烟气脱硝系统 B 侧出口氨浓度测试结果对比

3）SCR 反应器出口氨浓度测试结果对比如表 4-57 所示。

表 4-57　　SCR 反应器出口氨浓度测试结果对比　　μL/L

项目	A 侧出口		B 侧出口	
氨浓度	调整前	调整后	调整前	调整后
最大值	3.09	2.12	2.97	1.80
最小值	1.64	1.06	1.75	1.31
平均值	2.50	1.74	2.41	1.59

（5）调整前后 SCR 反应器出口流速测试结果对比。

1）SCR 烟气脱硝系统 A 侧出口流速测试结果对比如图 4-62 所示。

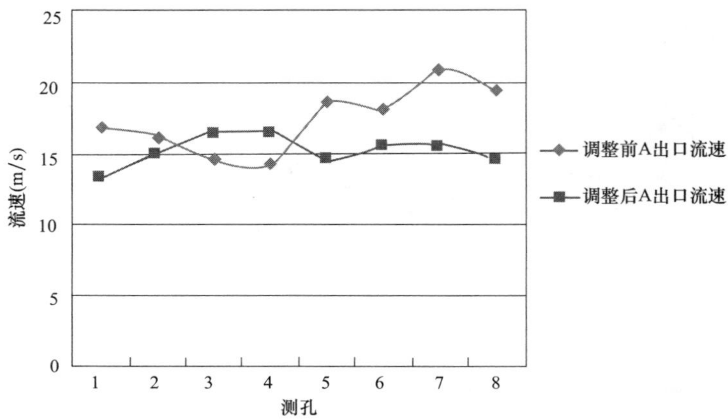

图 4-62　SCR 烟气脱硝系统 A 侧出口流速测试结果对比

2）SCR 烟气脱硝系统 B 侧出口流速测试结果对比如图 4-63 所示。

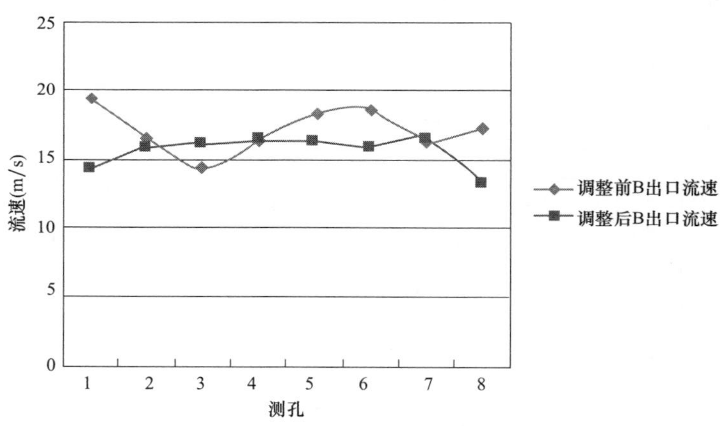

图 4-63　SCR 烟气脱硝系统 B 侧出口流速测试结果对比

（十一）SCR 烟气脱硝系统优化运行试验结果

（1）调整前，氮氧化物浓度 A 侧相对标准偏差为 18.26%，B 侧相对标准偏差为 14.23%，A 侧相对标准偏差大于 15%，不均匀。经过调整，A 侧相对标准偏差为 9.12%，B 侧相对标准偏差为 9.17%，A 侧、B 侧相对标准偏差小于 15%，SCR 反应器出口氮氧化物浓度分布均匀。调整前 SCR 烟气脱硝系统 A 侧出口氮氧化物平均浓度是 46.2mg/m^3，B 侧出口氮氧化物平均浓度是 41.3mg/m^3。经过调整 SCR 烟气脱硝系统 A 侧出口氮氧化物平均浓度是 35.5mg/m^3，B 侧出口氮氧化物平均浓度是 39.0mg/m^3。SCR 反应器出口氮氧化物浓度的最大绝对偏差、标准偏差、相对标准偏差都有所下降，氮氧化物浓度分布由不均匀调整为均匀。

(2) 调整前，SCR 烟气脱硝系统 A 侧出口氨逃逸平均浓度是 2.50μL/L，B 侧出口氨逃逸平均浓度是 2.41μL/L。经过调整，SCR 烟气脱硝系统 A 侧出口氨逃逸平均浓度是 1.74μL/L，B 侧出口氨逃逸平均浓度是 1.59μL/L。氨逃逸浓度小于脱硝系统性能保证值，脱硝系统性能保证值是 3μL/L。SCR 反应器出口局部氨逃逸浓度高的问题已经解决。

(3) A 侧调整前，入口氮氧化物平均浓度为 295.1mg/m^3、出口氮氧化物平均浓度为 46.2mg/m^3、喷氨量为 58.36kg/h。调整后，入口氮氧化物平均浓度为 242.6mg/m^3、出口氮氧化物平均浓度为 35.5mg/m^3、喷氨量为 51.82kg/h。B 侧调整前，入口氮氧化物平均浓度为 303.2mg/m^3、出口氮氧化物平均浓度为 41.3mg/m^3、喷氨量为 58.76kg/h。调整后，入口氮氧化物平均浓度为 249.9mg/m^3、出口氮氧化物平均浓度为 39mg/m^3、喷氨量为 53.73kg/h。调整后 A、B 侧喷氨量均有所下降。

二、脱硝系统运行建议

(1) SCR 烟气脱硝系统运行的过程中，催化剂在超出其设计能力的状态下运行，这样会导致催化剂实际使用寿命降低，一旦需要脱除的氮氧化物超过催化剂能够脱除氮氧化物的设计余量，会出现即使继续增大喷氨量，SCR 反应器出口氮氧化物浓度不会继续下降的现象，并且 SCR 反应器出口可能会出现由于过量喷氨导致氨逃逸浓度局部超标的现象。建议运行人员依据实际运行情况和催化剂的修正曲线选择合理的脱硝效率，建议在满足氮氧化物达标排放的前提下，适当提高氮氧化物的排放浓度。

(2) 低负荷情况下，催化剂运行温度低，其脱硝效率会迅速下降。运行人员需要特别注意低负荷时候对 SCR 反应器出口氮氧化物浓度的控制。建议电厂通过改变锅炉燃烧方式、改造省煤器等方式，提高 SCR 反应器入口的烟气温度。

(3) 建议电厂减少锅炉风量波动，提高低氮燃烧器投用率。锅炉风量稳定，SCR 反应器内部烟气流场稳定，烟气通过催化剂层更均匀，反应更充分。低氮燃烧器效率越高，SCR 反应器入口氮氧化物浓度越低，更易于将催化剂控制在其设计能力范围内运行，使催化剂在保证寿命的同时达到设计效率，建议电厂减少脱硝设备入口氮氧化物波动。

(4) 建议电厂尽量维持催化剂区烟气流速稳定，烟气流速超过设计值会缩短烟气在催化剂区停留时间，使 SCR 烟气脱硝系统脱硝效率达不到设计效率。同时，流速过大会对催化剂层造成磨损，并且会增加氨逃逸，影响空气预热器和 SCR 烟气脱硝系统稳定运行。

(5) SCR 烟气脱硝系统运行存在调整时间滞后，建议运行中提高或降低喷氨量时应多次、少量并延长调整时间，以避免在调节过程中由于反应时间滞后所导致过度喷氨或喷氨量不足。由此可避免液氨的浪费、氨逃逸瞬间超标、出口氮氧化物浓度短时间超标等问题。

(6) 负荷波动时，运行人员应关注 SCR 反应器出口 A 侧、B 侧喷氨量，并密切关注氨逃逸的变化，防止出现过量喷氨的现象。

(7) 如果氨投加过量，造成氨逃逸量增大，后续生成的硫酸氢铵等物质会造成空气预热器堵塞和冷段腐蚀，空气预热器堵塞风险增大的同时系统阻力也会增大，风机电耗会增加，机组运行成本会增加。空气预热器堵塞严重时引风机会出现“抢风”的现象，堵塞一侧的烟气量会逐渐降低，未堵塞一侧的烟气量会逐渐升高，进而导致堵塞一侧的空气预热器堵塞越来越严重，任其发展，可能导致炉膛负压波动，影响锅炉安全运行。建议运行人员依据实际的运行情况，计算氨的理论投加量，运行人员根据理论投加量控制氨的实际投加量。并建议运行人员把氨的理论投加量设置到脱硝系统的DCS画面上，以便调整喷氨量的时候参考。

（8）建议SCR反应器出口的氨逃逸浓度控制在3μL/L以下，如果氨逃逸浓度超过3μL/L，应该停止增加供氨量。

（9）建议运行人员依据相关的规程要求，定期统计氨的耗量，并计算氨氮摩尔比，核算每发电1kW·h消耗的液氨量。

（10）建议利用每次停炉机会，检查氨喷射系统喷嘴堵塞情况。

第五章　SCR 烟气脱硝催化剂再生

第一节　SCR 烟气脱硝催化剂再生的意义及相关政策

中国火电机组烟气脱硝装置改造工作开始于 2013 年，据中国电力企业联合会的统计数据显示，截止到 2017 年，已经完成烟气脱硝改造的火电机组容量为 9.6 亿 kW，占全国火电机组容量的 87.3%，在役的脱硝催化剂已超过 120 万 m^3。预计到 2020 年，脱硝催化剂总量将进一步升至 150 万 m^3 左右。

脱硝催化剂的使用周期一般为 1.6 万～2.4 万 h，按照火力发电厂年运营小时数 5000h 计算，火力发电厂脱硝催化剂的更换周期通常在 3～5 年，如果脱硝催化剂的运行工况较差，其更换周期会更短。随着全国性的火电机组烟气脱硝改造进程接近尾声，火电行业的烟气脱硝催化剂即将迎来大批量的更换及报废。

除火电行业外，水泥、钢铁、玻璃、有色金属、化工、垃圾焚烧行业也需要采取脱硝措施，其中凡是采用 SCR 脱硝工艺的项目，均涉及烟气脱硝催化剂的更换及报废问题。

废钒钛系脱硝催化剂属于危险废物，如果被大量废弃，则只能填埋，占用大量土地资源，造成严重的资源浪费。

一、脱硝催化剂再生的意义

1. 固体废物污染防治的总体思路

党的十八大以来，习近平总书记多次就固体废物问题做出重要指示批示，亲自主持召开会议研究部署垃圾分类、畜禽养殖废弃物处理和资源化、固体废物进口管理制度改革等工作，并在党的十九大报告中提出，要加强固体废弃物和垃圾处置，着力解决突出环境问题。

2018 年 5 月 18—19 日，全国生态环境保护大会胜利召开，正式确立习近平生态文明思想，对全面加强生态环境保护、坚决打好污染防治攻坚战作出重大部署和安排。深入贯彻落实习近平生态文明思想尤其是习近平总书记关于固体废物污染环境防治的重要指示批示精神，打好污染防治攻坚战，必须将固体废物作为环境风险管控的重要内容、生态环境质量改善的重要保障，统筹固体废物与大气、水、土壤污染防治。

目前，全国人大常委会已将“固废法”修订列入 2018 年立法工作计划。根据全国人大常委会和国务院的工作安排，生态环境部高度重视“固废法”修订工作，专门制定了工作方案和计划，并已形成了“固废法”修订草案征求意见稿。本次修订强化减量化和资源化的约束性规定。提出有关部门在制定规划时，应最大限度降低填埋处置量，倒逼源头减量和资源化。

烟气脱硝过程中产生的废钒钛系脱硝催化剂属于固体废物类型中的危险废物，更应最大限度地降低其填埋处置量，使其最大限度地减量和资源化。

2. 氮氧化物污染防治的总体思路

依据《中华人民共和国大气污染防治法》（2015 年 8 月 29 日发布，自 2016 年 1 月 1 日起施行），钢铁、建材、有色金属、石油、化工等企业生产过程中排放粉尘、硫化物和氮氧化物的，应当采用清洁生产工艺，配套建设除尘、脱硫、脱硝等装置，或者采取技术改造等其他控制大气污染物排放的措施。

依据《打赢蓝天保卫战三年行动计划》（2018 年 6 月 27 日发布），打赢蓝天保卫战是党的十九大作出的重大决策部署，事关满足人民日益增长的美好生活需要，事关全面建成小康社会，事关经济高质量发展和美丽中国建设。要经过 3 年努力，大幅减少主要大气污染物排放总量，到 2020 年，二氧化硫、氮氧化物排放总量分别比 2015 年下降 15%以上。

氮氧化物排放总量下降的同时，烟气脱硝催化剂的更换及报废数量也会不断增加。

3. 脱硝催化剂再生市场的现状

现行的烟气脱硝催化剂处置方式主要有两种：一种是把更换下来的催化剂交由具备相应类别危险废物经营许可证的单位进行再生处理，通过物理和化学的方法使失活催化剂的性能恢复，然后重新返厂使用；另一种是对彻底失效且无法再生的催化剂，交由具备相应危险废物处理资质的专业危险废物处理单位进行处置，处理单位一般会把失效催化剂送到危险废物填埋场进行填埋。

烟气脱硝催化剂再生的价格约为新购置催化剂价格的 40%，通过对烟气脱硝催化剂再生，可为催化剂使用企业节约可观的催化剂购置费用和废催化剂处理处置费用。但是，相比新购置的催化剂可以在拆除旧催化剂后直接安装而言，再生催化剂需要经历拆除、运至再生工厂、再生、运回使用企业、重新安装的过程，整体更换周期更长，且其再生过程需要严格遵守危险废物经营许可管理制度，催化剂的转移、运输需要执行危险废物转移联单制度，再生过程需要在具备相应危险废物处置资质的企业进行。

通过对烟气脱硝催化剂再生，可延长烟气脱硝催化剂的使用时间，减少废脱硝催化剂的产生量，减少因填埋而占用的土地资源，实现有限资源的循环再利用，节约制造催化剂的原材料，降低催化剂产品的整体能耗，有利于环境保护。目前，烟气脱硝催化剂的可再生率约为 60%，常规烟气脱硝催化剂多可再生 2～3 次，之后只能彻底报废。

二、脱硝催化剂再生涉及的法律法规、规章、指导性文件

1.《关于加强废烟气脱硝催化剂监管工作的通知》（2014 年 8 月 5 日发布）

2014 年 8 月 5 日，中华人民共和国生态环境部（原中华人民共和国环境保护部）发布《关于加强废烟气脱硝催化剂监管工作的通知》。

《关于加强废烟气脱硝催化剂监管工作的通知》指出，为切实加强对废烟气脱硝催化剂（钒钛系）的监督管理，根据《固体废物污染环境防治法》和《国家危险废物名录》（2008 年版，以下简称《名录》）的有关规定和要求，鉴于废烟气脱硝催化剂（钒钛系）具有浸出毒性等危险特性，借鉴国内外管理实践，将废烟气脱硝催化剂（钒钛系）纳入危险废物进行管

理，并将其归类为《名录》中“HW49其他废物”，工业来源为“非特定行业”，废物名称定为“工业烟气选择性催化脱硝过程产生的废烟气脱硝催化剂（钒钛系）”。2016年，《国家危险废物名录》重新修订，“烟气脱硝过程中产生的废钒钛系催化剂”被归类为“HW50废催化剂”。

产生废烟气脱硝催化剂（钒钛系）的单位应严格执行危险废物相关管理制度。相关环境保护行政主管部门监督、指导废烟气脱硝催化剂（钒钛系）产生单位严格执行危险废物相关管理制度。依法向相关环境保护主管部门申报废烟气脱硝催化剂（钒钛系）产生、贮存、转移和利用、处置等情况，并定期向社会公布。新建燃煤电厂等企业自建废烟气脱硝催化剂（钒钛系）贮存、再生、利用和处置设施的，应当按照国家有关法律法规标准和产业政策要求，与主体工程同时设计、同时施工、同时投产使用，依法进行环境影响评价并通过建设项目环境保护竣工验收。废烟气脱硝催化剂（钒钛系）在厂区内外贮存应符合GB 18597《危险废物贮存污染控制标准》要求；在贮存和转移过程中，要加强防水、防压等措施，减小催化剂人为损坏。严禁将废烟气脱硝催化剂（钒钛系）提供或委托给无经营资质的单位从事经营活动，转移废烟气脱硝催化剂（钒钛系）应执行危险废物转移联单制度。

从事废烟气脱硝催化剂（钒钛系）收集、贮存、再生、利用和处置经营活动的单位，应严格执行危险废物经营许可管理制度，应具有污染防治设施并确保污染物达标排放，制定《突发环境事件应急预案》并备案。按照国家相关标准规范要求妥善处理废烟气脱硝催化剂转移、再生和利用、处置过程中产生的废酸、废水、污泥和废渣等，避免二次污染。鼓励废烟气脱硝催化剂（钒钛系）优先进行再生，培养一批利用处置企业，尽快提高废烟气脱硝催化剂（钒钛系）的再生、利用和处置能力，不可再生且无法利用的废烟气脱硝催化剂（钒钛系）应交由具有相应能力的危险废物经营单位（如危险废物填埋场）处理处置。

2.《废烟气脱硝催化剂危险废物经营许可证审查指南》（2014年8月19日发布）

2014年8月19日，中华人民共和国生态环境部（原中华人民共和国环境保护部）为贯彻落实《行政许可法》《固体废物污染环境防治法》《危险废物经营许可证管理办法》《危险废物经营单位审查和许可指南》（环境保护部公告2009年第65号）及《国务院关于加快发展节能环保产业的意见》（国发〔2013〕30号），进一步规范废烟气脱硝催化剂（钒钛系）危险废物经营许可审批工作，提升废烟气脱硝催化剂（钒钛系）再生、利用的整体水平，防止对环境造成二次污染，特制定《废烟气脱硝催化剂危险废物经营许可证审查指南》。

《废烟气脱硝催化剂危险废物经营许可证审查指南》按照《危险废物经营许可证管理办法》第五条的有关要求，针对废烟气脱硝催化剂（钒钛系）再生和利用过程中存在的主要问题，对从事废烟气脱硝催化剂（钒钛系）收集、贮存、运输、再生、利用和处置活动的经营单位，从技术人员、废物运输、包装与贮存、设施及配套设备、技术与工艺、制度与措施等方面提出了相关审查要求。

《废烟气脱硝催化剂危险废物经营许可证审查指南》适用于环境保护行政主管部门对专业从事废烟气脱硝催化剂（钒钛系）再生、利用单位申请危险废物经营许可证的审查。燃煤电厂、水泥厂、钢铁厂等企业自行再生和利用废烟气脱硝催化剂（钒钛系）的建设项目环境保护竣工验收可参考《废烟气脱硝催化剂危险废物经营许可证审查指南》。

3.《国家危险废物名录》（2016年3月30日修订通过，2016年8月1日起施行）

2016年，中华人民共和国生态环境部（原中华人民共和国环境保护部）和中华人民共和国国家发展和改革委员会重新修订《国家危险废物名录》后，“烟气脱硝过程中产生的废钒钛系催化剂”被归类为“HW50 废催化剂”，行业来源为“环境治理”，废物代码为“772-007-50”，危险特性为“T”（毒性，Toxicity）。

4.《危险废物转移联单管理办法》（1999 年 6 月 22 日发布，1999 年 10 月 1 日施行）

《危险废物转移联单管理办法》是根据《中华人民共和国固体废物污染环境防治法》（1995 年）有关规定制定的，明确提出危险废物产生单位在转移危险废物前，须按照国家有关规定报批危险废物转移计划；经批准后，产生单位应当向移出地环境保护行政主管部门申请领取联单。产生单位应当在危险废物转移前三日内报告移出地环境保护行政主管部门，并同时将预期到达时间报告接受地环境保护行政主管部门。

5.《最高人民法院　最高人民检察院关于办理环境污染刑事案件适用法律若干问题的解释》（2016 年 12 月 23 日发布，2017 年 1 月 1 日起施行）

依据《最高人民法院　最高人民检察院关于办理环境污染刑事案件适用法律若干问题的解释》：

（1）非法排放、倾倒、处置危险废物三吨以上的应当认定为“严重污染环境”。

（2）非法排放、倾倒、处置危险废物一百吨以上的应当认定为“后果特别严重”。

（3）无危险废物经营许可证从事收集、贮存、利用、处置危险废物经营活动，严重污染环境的，按照污染环境罪定罪处罚；同时构成非法经营罪的，依照处罚较重的规定定罪处罚。

（4）明知他人无危险废物经营许可证，向其提供或者委托其收集、贮存、利用、处置危险废物，严重污染环境的，以共同犯罪论处。

（5）无危险废物经营许可证，以营利为目的，从危险废物中提取物质作为原材料或者燃料，并具有超标排放污染物、非法倾倒污染物或者其他违法造成环境污染的情形的行为，应当认定为“非法处置危险废物”。

6.《中华人民共和国环境保护税法》（2018 年 1 月 1 日起施行）

依据《中华人民共和国环境保护税法》（2018 年 1 月 1 日起施行），在中华人民共和国领域和中华人民共和国管辖的其他海域，直接向环境排放应税污染物的企业事业单位和其他生产经营者为环境保护税的纳税人，应当依照规定缴纳环境保护税。

应税污染物是指《中华人民共和国环境保护税法》所附《环境保护税税目税额表》《应税污染物和当量值表》规定的大气污染物、水污染物、固体废物和噪声。其中，固体危险废物的税额为 1000 元/t。

三、脱硝催化剂再生涉及的标准、技术规范

1. GB/T 35209—2017《烟气脱硝催化剂再生技术规范》（2017 年 11 月 01 日发布，2018 年 5 月 1 日实施）

GB/T 35209—2017《烟气脱硝催化剂再生技术规范》规定了烟气脱硝催化剂再生的术语和定义、可再生判定规则、再生步骤、检测方法及再生催化剂的标志、包装、运输和贮存要求，提出了为节约资源和保护环境，对于失活催化剂的处理，应以再生为优先原则。对于不可再生的催化剂，宜无害化处理或资源化利用，同时确保不会造成二次污染。

2. GB 18597—2001《危险废物贮存污染控制标准》

依据GB 18597—2001《危险废物贮存污染控制标准》，危险废物贮存设施的选址与设计原则见表5-1。

表5-1 危险废物贮存设施的选址与设计原则

危险废物集中贮存设施的选址	（1）地质结构稳定，地震烈度不超过7度的区域内。 （2）设施底部必须高于地下水最高水位。 （3）场界应位于居民区800m以外、地表水域150m以外。应避免建在溶洞区或易遭受严重自然灾害如洪水、滑坡、泥石流、潮汐等影响的地区。 （4）应在易燃、易爆等危险品仓库、高压输电线路防护区域以外。 （5）应位于居民中心区常年最大风频的下风向。 （6）集中贮存的废物堆选址除满足以上要求外，基础必须防渗，防渗层为至少1m厚黏土层（渗透系数$\leqslant 10^{-7}$cm/s），或2mm厚高密度聚乙烯，或至少2mm厚的其他人工材料（渗透系数$\leqslant 10^{-10}$cm/s）
危险废物贮存设施（仓库式）的设计原则	（1）地面与裙脚要用坚固、防渗的材料建造，建筑材料必须与危险废物相容。 （2）必须有泄漏液体收集装置、气体导出口及气体净化装置。 （3）设施内要有安全照明设施和观察窗口。 （4）用以存放装载液体、半固体危险废物容器的地方，必须有耐腐蚀的硬化地面，且表面无裂隙。 （5）应设计堵截泄漏的裙脚，地面与裙脚所围建的容积不低于堵截最大容器的最大储量或总储量的1/5。 （6）不相容的危险废物必须分开存放，并设有隔离间隔断
危险废物的堆放	（1）基础必须防渗，防渗层为至少1m厚黏土层（渗透系数$\leqslant 10^{-7}$cm/s），或2mm厚高密度聚乙烯，或至少2mm厚的其他人工材料（渗透系数$\leqslant 10^{-10}$cm/s）。 （2）堆放危险废物的高度应根据地面承载能力确定。 （3）衬里放在一个基础或底座上。 （4）衬里要能够覆盖危险废物或其溶出物可能涉及的范围。 （5）衬里材料与堆放危险废物相容。 （6）在衬里上设计、建造浸出液收集清除系统。 （7）应设计建造径流疏导系统，保证能防止25年一遇的暴雨不会流到危险废物堆里。 （8）危险废物堆内设计雨水收集池，并能收集25年一遇的暴雨24h降水量。 （9）危险废物堆要防风、防雨、防晒。 （10）产生量大的危险废物可以散装方式堆放贮存在按上述要求设计的废物堆里。 （11）不相容的危险废物不能堆放在一起。 （12）总贮存量不超过300kg（L）的危险废物要放入符合标准的容器内，加上标签，容器放入坚固的柜或箱中，柜或箱应设多个直径不少于30mm的排气孔。不相容危险废物要分别存放或存放在不渗透间隔分开的区域内，每个部分都应有。 （13）防漏裙脚或储漏盘的材料要与危险废物相容

依据GB 18597《危险废物贮存污染控制标准》，危险废物贮存设施的运行与管理要求如下：

（1）从事危险废物贮存的单位，必须得到有资质单位出具的该危险废物样品物理和化学性质的分析报告，认定可以贮存后，方可接收。

（2）危险废物贮存前应进行检验，确保同预定接收的危险废物一致，并登记注册。

（3）不得接收未粘贴符合本标准规定的标签或标签没按规定填写的危险废物。

（4）盛装在容器内的同类危险废物可以堆叠存放。

（5）每个堆间应留有搬运通道。

（6）不得将不相容的废物混合或合并存放。

（7）危险废物产生者和危险废物贮存设施经营者均须做好危险废物情况的记录，记录上须注明危险废物的名称、来源、数量、特性和包装容器的类别、入库日期、存放库位、废物出库日期及接收单位名称。

危险废物的记录和货单在危险废物回取后应继续保留3年。

（8）必须定期对所贮存的危险废物包装容器及贮存设施进行检查，发现破损，应及时采取措施清理更换。

（9）泄漏液、清洗液、浸出液必须符合GB 18597《污水综合排放标准》的要求方可排放，气体导出口排出的气体经处理后，应满足GB 16297《大气污染综合排放标准》和GB 14554《恶臭污染物排放标准》的要求。

3. GB/T 31587《蜂窝式烟气脱硝催化剂》

4. GB/T 31584《平板式烟气脱硝催化剂》

5. GB/T 34701《再生烟气脱硝催化剂微量元素分析方法》

6. DL/T 1286《火电厂烟气脱硝催化剂检测技术规范》

7. GB/T 31590《烟气脱硝催化剂化学成分分析方法》

8. GB/T 14669《空气质量　氨的测定　离子选择电极法》

9. GB/T 15454《工业循环冷却水中钠、铵、钾、镁和钙离子的测定　离子色谱法》

10. GB/T 14642《工业循环冷却水及锅炉水中氟、氯、磷酸根、亚硝酸根、硝酸根和硫酸根的测定　离子色谱法》

11. GB/T 19587《气体吸附BET法测定固态物质比表面积》

12. GB/T 21650.1《压汞法和气体吸附法测定固体材料孔径分布和孔隙度　第1部分：压汞法》

13. GB/T 23942《化学试剂　电感耦合等离子体原子发射光谱法通则》

14. HJ 534《环境空气氨的测定　次氯酸钠-水杨酸分光光度法》

15. HJ/T 43《固定污染源排气中氮氧化物的测定　盐酸萘乙二胺分光光度法》

16. HJ/T 56《固定污染源排气中二氧化硫的测定　碘量法》

17. SH 3501《石油化工有毒、可燃介质钢制管道工程施工及验收规范》

18. JJG 662《顺磁式氧分析器检定规程》

19. ISO 7996《环境空气　氮氧化物质量浓度的测定　化学发光法》

20. ISO 9352《塑料用磨轮测定抗磨耗性能》

21. ISO 10498《环境空气　二氧化硫的测定　紫外线荧光法》

22. GB/T 191《包装储运图示标志》

23. GB 13392《道路运输危险货物车辆标志》

24. HJ 2301《火电厂污染防治可行技术指南》

25. GB 26452—2011《钒工业污染物排放标准》

26. GB 26452—2011/XG1—2013《钒工业污染物排放标准》国家标准第1号修改单

27. GB 8978《污水综合排放标准》

28. GB 3096《声环境质量标准》

29. GB 12348《工业企业厂界环境噪声排放标准》

30. GB 15562.2《环境保护图形标志　固体废物贮存（处置）场》

31. GB 15562.1《环境保护图形标志　排放口（源）》
32. GB/T 6679《固体化工产品采样通则》
33. GB/T 6003.1《试验筛　技术要求和检验　第1部分：金属丝编织网试验筛》
34. GB/T 16157《固定污染源排气中颗粒物测定与气态污染物采样方法》
35. GB 9078《工业炉窑大气污染物排放标准》
36. GB 13223《火电厂大气污染物排放标准》
37. GB 13271《锅炉大气污染物排放标准》
38. GB 29495《电子玻璃工业大气污染物排放标准》
39. GB 26453《平板玻璃工业大气污染物排放标准》
40. GB 4915《水泥工业大气污染物排放标准》
41. GB 16171《炼焦化学工业污染物排放标准》
42. GB 18485《生活垃圾焚烧污染控制标准》

第二节　SCR烟气脱硝催化剂再生方案

废烟气脱硝催化剂可以根据其是否可再生利用分为可再生失活催化剂和不可再生失活催化剂两类：可再生失活催化剂是指可以通过再生使其恢复活性并重新投入使用的催化剂；不可再生失活催化剂是指催化剂在使用过程中，由于飞灰撞击、热力作用发生烧结等现象，催化剂载体物理结构发生变化，无法满足再生要求的催化剂。

目前，国内脱硝催化剂失活后的再生处理已有两种方案出现：一种是现场再生；另一种是工厂化再生。

现场再生方案存在的环境风险有因为失活的催化剂含有砷、钒、钼、钨、铬、镍等重金属，现场再生清洗有毒物质的过程中会产生含有重金属的废气、废水、废液、污泥、废渣，且再生现场通常没有无害化处理设备和系统，容易对企业周边环境造成二次污染，增加企业工作人员和周边人员的健康风险。工厂化再生可以充分利用其配套的工业设备，控制污染物的排放量，最大程度地控制再生过程产生的环境风险。

2014年8月19日，中华人民共和国生态环境部（原中华人民共和国环境保护部）发布了《废烟气脱硝催化剂经营许可证审查指南》，对专业从事废烟气脱硝催化剂（钒钛系）再生、利用单位提出了更加具体的要求。未来，废烟气脱硝催化剂的再生方式将优先采用工厂再生。

一、可再生失活催化剂的失活原因

1. 催化剂表面及孔道积灰堵塞

SCR反应器内催化剂迎面平均烟气流速一般为4～6m/s，烟气中大量的细小飞灰会随烟气进入SCR反应器，当飞灰聚积到一定程度后会掉落到催化剂表面，造成催化剂表面及孔道的堵塞。

飞灰中游离的CaO可能与烟气中的SO_3发生反应，在催化剂表面形成低孔隙度的$CaSO_4$层，遮蔽催化剂表面，降低其活性。

催化剂表面及孔道积灰情况见图5-1。

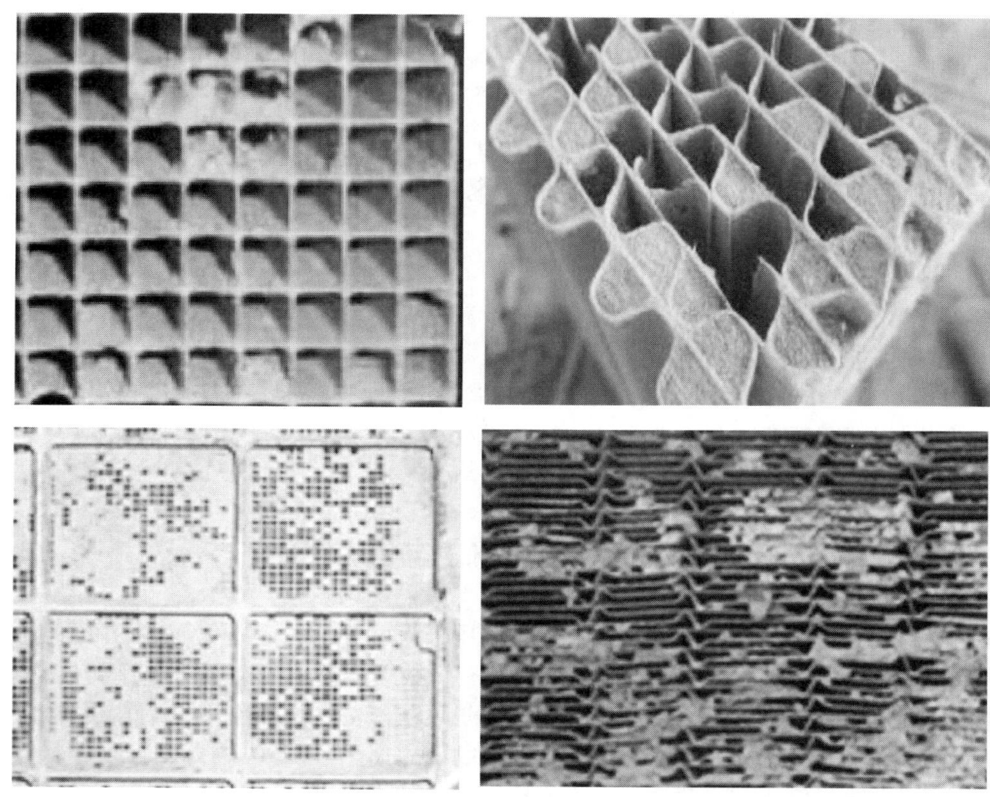

图 5-1　催化剂表面及孔道积灰情况

2. 催化剂磨损

烟气中的飞灰撞击催化剂表面会造成催化剂的磨蚀。一般来说，催化剂磨损的程度与烟气流速和冲击角度呈正比。

催化剂磨损情况见图 5-2。

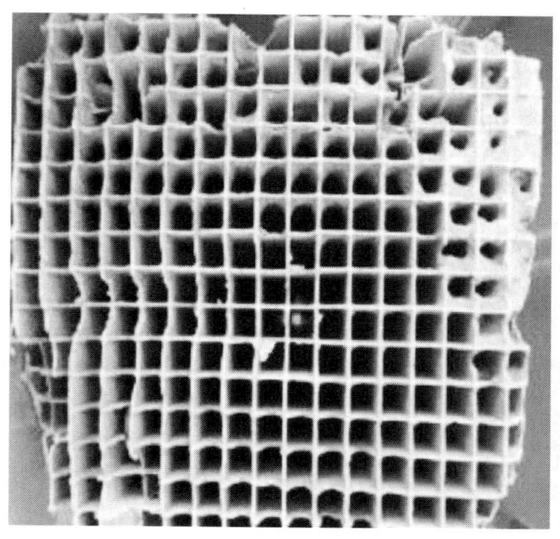

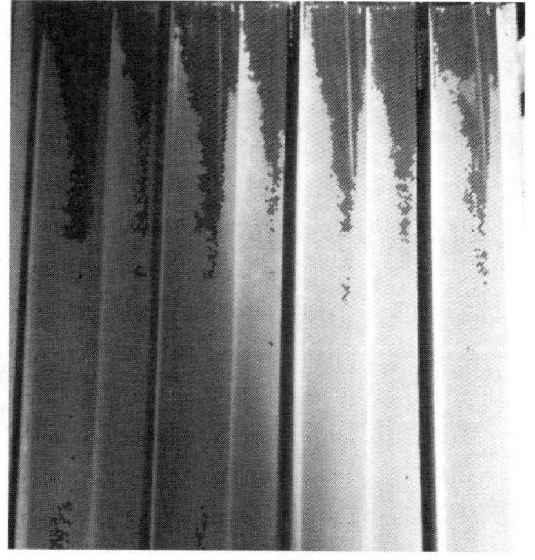

图 5-2　催化剂磨损情况

3. 催化剂中毒

烟气中的碱金属（钠和钾）、碱土金属（钙和镁）、砷、氯化氢、磷、铅等可致烟气脱硝催化剂（钒钛系）中毒，使催化剂表面氨吸附量减少，导致催化剂脱硝活性下降。

二、脱硝催化剂再生工艺及污染防治

（一）相关术语定义

依据《废烟气脱硝催化剂危险废物经营许可证审查指南》和 GB/T 35209—2017《烟气脱硝催化剂再生技术规范》，相关术语定义见表 5-2。

表 5-2　相关术语定义

术语	定义
废烟气脱硝催化剂（钒钛系）	是指由于催化剂表面积灰或孔道堵塞、中毒、物理结构破损等原因导致脱硝性能下降而废弃的钒钛系烟气脱硝催化剂
预处理	是指清除废烟气脱硝催化剂（钒钛系）表面浮尘和孔道内积灰的活动
再生	是指采用物理、化学等方法使废烟气脱硝催化剂（钒钛系）恢复活性并达到烟气脱硝要求的活动
利用	是指采用物理、化学等方法从废烟气脱硝催化剂（钒钛系）中提取钒、钨、钛和钼等物质的活动
失活催化剂	由于物理或化学因素导致活性衰减的烟气脱硝催化剂
催化剂再生	通过物理或化学方法使失活催化剂性能得以恢复的过程

（二）失活催化剂的包装运输和贮存

依据 GB/T 35209—2017《烟气脱硝催化剂再生技术规范》，失活催化剂的包装、运输和贮存见表 5-3。

表 5-3　失活催化剂的包装、运输和贮存

包装	失活催化剂应采用具有一定强度和防水性能的材料密封包装，并有减震措施，防止破碎、散落和浸泡
运输	运输工具应配备防雨防震及固定措施
	在运输过程中，应保证蜂窝式脱硝催化剂孔道与地面平行，平板式脱硝催化剂孔道与地面垂直
	运输单位应具有交通主管部门颁发的允许从事危险货物道路运输许可证或经营许可证
	无危险货物运输资质的再生企业应提供与相关持有危险货物道路运输经营许可证的单位签订的运输协议（或合同）
	失活催化剂公路运输车辆应按 GB 13392《道路运输危险货物车辆标志》的规定悬挂相应标志
贮存	具有专门用于贮存失活催化剂的设施，并符合 GB 18597《危险废物贮存污染控制标准》的要求
	失活催化剂在电厂厂区内贮存时，应加强防水、防压等措施，减小催化剂人为损坏。失活催化剂在电厂仓库存放的时间不宜超过一年

（三）可再生判定规则

依据 GB/T 35209—2017《烟气脱硝催化剂再生技术规范》，再生前脱硝催化剂单元外观应符合的规定见表 5-4。

表 5-4　　再生前脱硝催化剂单元外观应符合的规定

类型	要求
蜂窝式	迎风端磨损平均深度不大于 30mm，贯穿性孔数不大于 5 个
平板式	迎风端膏料磨损长度不大于 50mm，单板磨损面积小于整个单板面积的 10%

依据 GB/T 35209—2017《烟气脱硝催化剂再生技术规范》，再生前脱硝催化剂理化性能应符合的规定见表 5-5。

表 5-5　　再生前脱硝催化剂理化性能应符合的规定

类型	项目			指标
蜂窝式	抗压强度（MPa）	轴向抗压强度	≥	1.0
		径向抗压强度	≥	0.2
	磨损率（%/kg）	非迎风端磨损率	≤	0.3
	比表面积（BET，m^2/g）		≥	30.0
平板式	耐磨强度（mg/100r）		≤	200
	比表面积（BET，m^2/g）		≥	40.0

注　磨损率指标适用于蜂窝式脱硝催化剂 25 孔以内的产品。

（四）脱硝催化剂再生参考工艺及再生步骤

为了保证再生催化剂的质量以及催化剂再生过程的污染防治和环境风险防控，宜选择工厂化再生。

依据《废烟气脱硝催化剂危险废物经营许可证审查指南》（2014 年），企业开展废烟气脱硝催化剂（钒钛系）再生、利用等可采用的参考工艺见表 5-6。

表 5-6　　催化剂再生参考工艺

项目	内容
预处理工艺	应在密闭、具备良好通风条件的装置内清除废烟气脱硝催化剂（钒钛系）表面浮尘和孔道内积灰，疏通催化剂淤堵采取必要的防尘、除尘措施，产生的粉尘应集中收集
	预处理场地要防风、防雨、防晒，并具有防渗功能，必须有液体收集装置及气体净化装置
再生工艺	针对收集的废烟气脱硝催化剂（钒钛系），应以再生为优先原则再生方法可采用水洗再生、热再生和还原再生
	可采用超声波清洗等技术，清洁废烟气脱硝催化剂（钒钛系）内部孔隙，增大废烟气脱硝催化剂（钒钛系）表面积
	可通过酸洗等措施，深度清除废烟气脱硝催化剂（钒钛系）吸附的有害金属离子或化合物
	可采用浸渍等方法对废烟气脱硝催化剂（钒钛系）进行活性成分植入，浸渍溶液应尽可能重复使用
	应对再生后的烟气脱硝催化剂进行干燥或煅烧，煅烧设备应设有尾气处理装置
	经再生处理后的烟气脱硝催化剂，按照 DL/T 1286—2013《火电厂烟气脱硝催化剂检测技术规范》进行性能检测，保证其满足烟气脱硝催化剂要求及国家有关要求
利用工艺	因破碎等原因而不能再生的废烟气脱硝催化剂（钒钛系），应尽可能回收其中的钒、钨、钛和钼等金属
	为提高废烟气脱硝催化剂（钒钛系）中的金属回收率，可对其进行粉碎，粉碎过程中应采取必要的防尘和粉尘收集措施，确保不会造成二次污染
	为去除废烟气脱硝催化剂（钒钛系）中的其他物质或回收其中的二氧化钛等，可对废烟气脱硝催化剂（钒钛系）进行焙烧
	根据不同的生产工艺，可采用浸出、萃取、酸解或焙烧等措施对废烟气脱硝催化剂（钒钛系）中的钒、钨、钛和钼进行分离，分离过程均不得对环境造成二次污染

依据 GB/T 35209—2017《烟气脱硝催化剂再生技术规范》，脱硝催化剂再生步骤见表 5-7。

表 5-7 脱硝催化剂再生步骤

步骤		内容
接收		对失活催化剂模块编号、拍照并编制接收报告，报告内容应包括失活催化剂产生单位、数量、接收时间，催化剂损坏情况等信息
方案制定		接收单位应按照 GB/T 35209—2017《烟气脱硝催化剂再生技术规范》的规定进行判定，确定可再生催化剂的数量并对可再生催化剂进行理化性能分析，确定催化剂的失活原因。 根据催化剂失活原因制定再生工艺方案，其基本工艺流程包括清灰、化学清洗、超声波清洗、漂洗、干燥、活性组分浸渍、焙烧和模块修复等工序。 方案内容应包括根据催化剂类型和堵灰程度确定清灰方式；根据催化剂中毒程度，确定化学清洗药剂的种类和浓度、清洗时间和 pH 值等；根据催化剂中毒和微孔堵塞情况，确定超声波清洗的频率、功率和清洗时间；确定浸渍方式和浸渍液浓度、浸渍时间；确定焙烧温度和时间。根据催化剂不同的失活原因，通过基本工艺流程各工序或选择其中几个工序的组合，制定催化剂的再生方案
再生工艺	清灰	清灰是清除催化剂表面积灰及孔道内灰尘的过程。宜采用人工清理、压缩空气吹扫、真空吸尘、高压水流冲洗等方式中的一种或几种对催化剂进行清灰处理。 常用的清灰设备有工业吸尘器、空气压缩机、高压水射流装置等，清灰操作中应避免对催化剂的机械性能造成不可逆的损伤，注意对清灰设备关键参数进行合理设定，如工业吸尘器的风量、空气压缩机的工作压力、高压水射流装置的输出压力等
	化学清洗	化学清洗是在化学药剂的作用下，清除催化剂孔道内堵塞物和中毒物质的过程。应根据再生方案对化学清洗药剂种类及浓度进行选择。化学处理药剂组分的选取不应引入后续步骤无法去除的对催化剂造成毒害的物质。若选取的化学药剂具有强毒害作用或强挥发性，人员现场操作时应做好防护措施
	超声清洗	超声波清洗是在超声波作用下，清除催化剂中有毒物质和微孔堵塞物的过程。应严格控制超声时间和频率，既保证清洗效果，又避免超声波对催化剂的机械强度造成损伤
	漂洗	漂洗是用去离子水清洗催化剂，去除残留的化学物质和没有与催化剂结合的化学污染物。为增强漂洗效果，宜将去离子水加热
	干燥	干燥是采用连续热空气对催化剂进行处理，干燥过程应防止催化剂破裂
	浸渍	通过浸渍为清洗后的催化剂补充活性成分，使催化剂完全被浸渍液浸没，应严格控制浸渍液浓度、温度及浸渍时间，根据对再生后催化剂活性组分含量的要求，选择浸渍步骤可在漂洗后或者干燥后进行
	焙烧	浸渍后的催化剂应进行焙烧处理，焙烧过程应采取程序升温方式
	再生催化剂检测	再生催化剂的外观、理化性能及反应性能检测项目按 GB/T 31584《平板式烟气脱硝催化剂》和 GB/T 31587《蜂窝式烟气脱硝催化剂》的规定执行
	模块修复	可再生失活催化剂模块经再生后应进行修复，修复后的模块质量应符合 GB/T 31584《平板式烟气脱硝催化剂》和 GB/T 31587《蜂窝式烟气脱硝催化剂》中的要求。一般的模块修复过程步骤如下： （1）替换再生模块中不合格催化剂单元。 （2）安装需替换的破损滤网。 （3）紧固模块零件部位。 （4）对催化剂模块表面进行打磨、除锈

（五）脱硝催化剂再生过程产生的危险废物

脱硝催化剂再生过程中的产污节点见图 5-3。

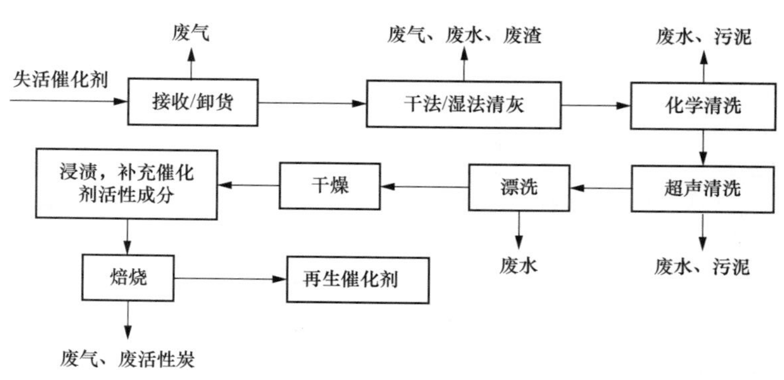

图 5-3 脱硝催化剂再生过程中的产污节点

脱硝催化剂再生过程中产生的次生危险废物见表 5-8。

表 5-8　　脱硝催化剂再生过程中产生的次生危险废物

次生危险废物	废物类别	废物代码	危险特性
粉尘	HW49，其他废物	900-040-49	T（毒性）
废包装	HW49，其他废物	900-041-49	T/In（毒性、感染性）
污泥	HW49，其他废物	900-046-49	T（毒性）
废盐	HW49，其他废物	900-046-49	T（毒性）
不可再生的催化剂	HW50，废催化剂	772-007-50	T（毒性）
废滤料、废活性炭	HW49，其他废物	900-041-49	T/In（毒性、感染性）
纯水制备 RO 膜	HW13，有机树脂类废物	900-015-13	T（毒性）

（六）污染防治和环境风险控制措施

依据《废烟气脱硝催化剂危险废物经营许可证审查指南》，污染防治和环境风险控制措施如下：

（1）预处理产生的粉尘等污染物，应当配套建设废气治理设施进行处理，颗粒物及汞、铅、镉、铍等元素及其化合物等污染物排放应符合 GB 16297《大气污染物综合排放标准》的相关要求。预处理作业区工人应采取必要的劳动卫生防护措施。

（2）再生和利用过程中产生的清洗废水尽可能回用；如需排放，废水经处理后总钒、总铅、总汞、总砷、总镉、总铬、六价铬等应符合 GB 26452《钒工业污染物排放标准》的有关要求，总铍应符合 GB 8978《污水综合排放标准》有关要求。酸洗废水和废浸取液应达标处理后进入废水处理设施与清洗废水混合处理；配备相关设施，收集和处理整个厂区内的初期雨水及因危险废物溢出、泄漏时产生的污水或消防水。

（3）煅烧、干燥或焙烧等工艺环节产生的废气，应当配套建设废气治理设施进行处理，铅、汞、铍及其化合物等污染物应符合 GB 9078《工业炉窑大气污染物综合排放标准》要求后集中排放。

（4）预处理、再生和利用过程中产生的废酸液、废有机溶剂、废活性炭、污泥、废渣等按照危险废物进行管理。

（5）厂区的噪声应符合 GB 12348《工业企业厂界环境噪声排放标准》有关要求。

（6）污染物排放口必须实行规范化整治，按照 GB 15562《环境保护图形标志》（所有部分）的规定，设置与之相适应的环境保护图形标志牌。设置位置应距污染物排放口或采样点较近且醒目处，以设置立式标志牌为主，并应长久保留。

（7）进行环境风险评估，落实各项环境风险防范措施，厂区内的初期雨水，溢出、泄漏的物料或消防水应当收集并妥善处理。厂区周边卫生防护距离内没有居民等环境敏感点。厂区配备必要的应急物资。

（七）脱硝催化剂再生工艺涉及的污染物排放限值及环境保护图形标志

1. 大气污染物排放限值

依据 GB 3095—2012《环境空气质量标准》，环境空气功能区分为两类：一类区为自然保护区、风景名胜区和其他需要特殊保护的区域；二类区为居住区、商业交通居民混合区、文化区、工业区和农村地区。

依据 GB 16297—1996《大气污染物综合排放标准》，按污染源所在的环境空气质量功能区类别，执行相应级别的排放速率标准，位于一类区的污染源执行一级标准，位于二类区的污染源执行二级标准。预处理工艺产生的污染物排放限值见表 5-9。

表 5-9　　预处理工艺产生的污染物排放限值

污染物	最高允许排放浓度（mg/m^3）	最高允许排放速率（kg/h）			无组织排放监控浓度限值	
		排气筒高度（m）	一级	二级	监控点	浓度（mg/m^3）
颗粒物	22 （炭黑尘、印染尘）	15 20 30 40	禁排	0.60 1.0 4.0 6.8	周界外浓度最高点	肉眼不可见
	80 （玻璃棉尘、石英粉尘、矿渣棉陈）	15 20 30 40	禁排	2.2 3.7 14 25	无组织排放源上风向设参照点，下风向设监控点	2.0 （监控点与参照点浓度差值）
	150 （其他）	15 20 30 40 50 60	2.1 3.5 14 24 36 51	4.1 6.9 27 46 70 100	无组织排放源上风向设参照点，下风向设监控点	5.0 （监控点与参照点浓度差值）
汞及其化合物	0.015	15 20 30 40 50 60	禁排	1.8×10^{-3} 3.1×10^{-3} 10×10^{-3} 18×10^{-3} 28×10^{-3} 39×10^{-3}	周界外浓度最高点	0.0015
铅及其化合物	0.90	15 20 30 40 50 60 70 80 90 100	禁排	0.005 0.007 0.031 0.055 0.085 0.12 0.17 0.23 0.31 0.39	周界外浓度最高点	0.0075

续表

污染物	最高允许排放浓度（mg/m³）	最高允许排放速率（kg/h）			无组织排放监控浓度限值	
		排气筒高度（m）	一级	二级	监控点	浓度（mg/m³）
镉及其化合物	1.0	15	禁排	0.060	周界外浓度最高点	0.050
		20		0.10		
		30		0.34		
		40		0.59		
		50		0.91		
		60		1.3		
		70		1.8		
		80		2.5		
铍及其化合物	0.015	15	禁排	1.3×10^{-3}	周界外浓度最高点	0.0010
		20		2.2×10^{-3}		
		30		7.3×10^{-3}		
		40		13×10^{-3}		
		50		19×10^{-3}		
		60		27×10^{-3}		
		70		39×10^{-3}		
		80		52×10^{-3}		

依据 GB 9078—1996《工业炉窑大气污染物排放标准》，环境空气质量功能区一类区执行一级排放标准，二类区执行二级排放标准。煅烧、干燥或焙烧等工艺环节产生的污染物排放浓度限值见表 5-10。

表 5-10　　煅烧、干燥或焙烧等工艺环节产生的污染物排放浓度限值

有害污染物名称		标准级别	1997 年 1 月 1 日前安装的工业炉窑	1997 年 1 月 1 日起新、改、扩建的工业炉窑
			排放浓度（mg/m³）	排放浓度（mg/m³）
铅	金属熔炼	一	5	禁排
		二	30	10
	其他	一	0.5	禁排
		二	0.10	0.10
汞	金属熔炼	一	0.05	禁排
		二	3.0	1.0
	其他	一	0.008	禁排
		二	0.010	0.010
铍及其化合物（以 Be 计）		一	0.010	禁排
		二	0.015	0.010

2. 水污染物排放限值

依据 GB 26452—2011《钒工业污染物排放标准》，再生和利用过程中产生的清洗废水的污染物排放浓度限值及单位产品基准排水量见表 5-11。

表 5-11　　清洗废水的污染物排放浓度限值及单位产品基准排水量

污染物项目	排放限值（mg/L）		污染物排放监控位置
	直接排放	间接排放	
总钒	1.0		车间或生产设施废水排放口
总铅	0.5		

续表

污染物项目	排放限值（mg/L）		污染物排放监控位置
	直接排放	间接排放	
总汞	0.03		车间或生产设施废水排放口
总砷	0.2		
总镉	0.1		
总铬	1.5		
六价铬	0.5		
单位产品基准排水量（m^3/t，V_2O_5或V_2O_3）	10		排水量计量位置与污染物排放监控位置一致

依据GB 8978—1996《污水综合排放标准》，再生和利用过程中产生的清洗废水的总铍排放浓度限值见表5-12。

表5-12　清洗废水的总铍排放浓度限值

污染物	最高允许排放浓度（mg/L）
总铍	0.005

3. 噪声排放限值

依据GB 3096—2008《声环境质量标准》，声环境功能区分类见表5-13。

表5-13　声环境功能区分类

0类声环境功能区	指康复疗养区等特别需要安静的区域
1类声环境功能区	指以居民住宅、医疗卫生、文化教育、科研设计、行政办公为主要功能，需要保持安静的区域
2类声环境功能区	指以商业金融、集市贸易为主要功能，或者居住、商业、工业混杂，需要维护住宅安静的区域
3类声环境功能区	指以工业生产、仓储物流为主要功能，需要防止工业噪声对周围环境产生严重影响的区域
4类声环境功能区	指交通干线两侧一定距离之内，需要防止交通噪声对周围环境产生严重影响的区域，包括4a类和4b类两种类型。4a类为高速公路、一级公路、二级公路、城市快速路、城市主干路、城市次干路、城市轨道交通（地面段）、内河航道两侧区域；4b类为铁路干线两侧区域

依据GB 12348—2008《工业企业厂界环境噪声排放标准》，催化剂再生企业的厂界噪声的排放限值见表5-14。

表5-14　催化剂再生企业的厂界噪声的排放限值

厂界外声环境功能区类别	时段	
	昼间［dB（A）］	夜间［dB（A）］
0	50	40
1	55	45
2	60	50
3	65	55
4	70	55

夜间频发噪声的最大声级超过限值的幅度不得高于 10dB（A）。

夜间偶发噪声的最大声级超过限值的幅度不得高于 15dB（A）。

工业企业若位于未划分声环境功能区的区域，当厂界外有噪声敏感建筑物时，由当地县级以上人民政府参照 GB 3096《声环境质量标准》和 GB/T 15190《声环境功能区划分技术规范》的规定确定厂界外区域的声环境质量要求，并执行相应的厂界环境噪声排放限值。

当厂界与噪声敏感建筑物距离小于 1m 时，厂界环境噪声应在噪声敏感建筑物的室内测量，并将表 5-14 中相应的限值减 10dB（A）作为评价依据。

4. 环境保护图形标志

依据 GB 15562.1—1995《环境保护图形标志　排放口（源）》、GB 15562.2—1995《环境保护图形标志 固体废物贮存（处置）场》的规定，污染物排放口应设置与之相适应的环境保护图形标志牌。

标志牌应设在与之功能相应的醒目处且保持清晰、完整，当发现形象损坏、颜色污染或有变化、褪色等不符合标准的情况，应及时修复或更换，检查时间至少每年一次。标志的图形符号及说明见表 5-15，标志的形状及颜色见表 5-16。

表 5-15　　图形符号及说明

序号	提示图形符号	警告图形符号	名称	功能
1			污水排放口	表示污水向水体排放
2			废气排放口	表示废气向大气环境排放
3			噪声排放源	表示噪声向外环境排放
4			一般固体废物	表示一般固体废物贮存、处置场
5			危险废物	表示危险废物贮存、处置场

表 5-16 标志的形状及颜色

项目	形状	背景颜色	图形颜色
警告标志	三角形边框	黄色	黑色
提示标志	正方形边框	绿色	白色

三、废烟气脱硝催化剂危险废物经营许可证审查要点

《废烟气脱硝催化剂危险废物经营许可证审查指南》适用于环境保护行政主管部门对专业从事废烟气脱硝催化剂（钒钛系）再生、利用单位申请危险废物经营许可证的审查。

燃煤电厂、水泥厂、钢铁厂等企业自行再生和利用废烟气脱硝催化剂（钒钛系）的建设项目环境保护竣工验收可参考《废烟气脱硝催化剂危险废物经营许可证审查指南》。

废烟气脱硝催化剂危险废物经营许可证审查要点见表 5-17。

表 5-17 废烟气脱硝催化剂危险废物经营许可证审查要点

审查要点		具体内容
技术人员方面		有 3 名及以上环境工程专业或相关专业（化工、冶金等）中级以上职称的技术人员
		技术人员中至少有 1 名具有 3 年以上从事与脱硝催化剂生产或再生利用等相关的工作经历
		设置生产质量和污染控制监控部门并应有环境保护相关专业知识和技能的专（兼）职人员，负责检查、督促、落实本单位危险废物的环境保护管理工作
运输方面		应具有交通主管部门颁发的允许从事危险货物道路运输许可证或经营许可证
		无危险货物运输资质的申请单位应提供与相关持有危险货物道路运输经营许可证的单位签订的运输协议（或合同）
包装与贮存设施方面		废烟气脱硝催化剂（钒钛系）应采用具有一定强度和防水性能的材料密封包装，并有减震措施，防止破碎、散落和浸泡
		具有专门用于贮存废烟气脱硝催化剂（钒钛系）的设施，并符合 GB 18597《危险废物贮存污染控制标准》的要求，其贮存能力不低于日处理能力的 10 倍
		每批次废烟气脱硝催化剂（钒钛系）应按批次记录废烟气脱硝催化剂（钒钛系）产生单位、数量、接收时间等相关信息
再生利用设施及配套设备方面	规模	再生、利用能力均应达到 5000m³/年（或 2500t/年）及以上
		鼓励烟气脱硝催化剂生产企业开展废烟气脱硝催化剂（钒钛系）再生与利用
	厂区	废烟气脱硝催化剂（钒钛系）再生、利用项目应当符合国家产业政策、《危险废物污染防治技术政策》和危险废物污染防治规划，以及《燃煤电厂污染防治最佳可行技术指南（试行）》（环发〔2010〕23 号）和 HJ 562《火电厂烟气脱硝工程技术规范 选择性催化还原法》的相关要求，同时考虑地方环境保护及相关规划内容
		废烟气脱硝催化剂（钒钛系）再生、利用项目应通过建设项目环境保护竣工验收；其设施拥有者或运行者应具有独立法人资格，持有《企业法人营业执照》和《组织机构代码证》等
		厂区必须为集中、独立的一整块场地或车间，并且贮存区、生产区应与办公区、生活区分开。鼓励新建废烟气脱硝催化剂（钒钛系）再生、利用企业进入工业园区
	视频监控要求	厂区所有进出口处（须能清楚辨识人员及车辆进出）、地磅及磅秤、贮存区域、废烟气脱硝催化剂（钒钛系）再生利用设施（包含预处理设施、场地）、废水收集池、废渣堆存区域以及处理设施所在地县级以上人民政府环境保护行政主管部门指定的其他区域，应当设置现场闭路电视（CCTV）监控设备；厢式货车和用篷布遮盖的货车在出入厂过磅时打开厢门和篷布，视频监控应清楚显示车内情况

续表

审查要点	具体内容	
再生利用设施及配套设备方面	视频监控要求	夜间厂区出入口处摄影范围须有足够的光源（或增设红外线照射器）以供辨识，若厂方在夜间进行作业时，所有视频监控区应当有足够的光源以供视频画面辨识
		录像应采用硬盘方式存储，并确保每路视频图像均可全天24h不间断录像，录像保存时间至少为5年
		视频监控系统应与当地环境保护部门危险废物管理系统联网
	计量设备要求	厂区出入口具有量程50t以上且与计算机联网的电子地磅，能够自动记录并打印每批次废烟气脱硝催化剂（钒钛系）的重量。打印记录与相应的转移联单一同保存
		贮存库出入口应具有自动打印功能的电子计量设备
		计量设备应经检验部门度量衡检定合格

四、脱硝催化剂再生企业应具备的规章制度和事故应急制度

依据《废烟气脱硝催化剂危险废物经营许可证审查指南》，脱硝催化剂再生企业应具备的规章制度和事故应急制度如下：

（1）按照环境保护部门要求安装污染物排放在线监测装置，并与环境保护部门联网。

（2）建有环境信息公开制度，按时发布自行监测结果，每年向社会发布企业年度环境报告，公布污染物排放和环境管理等情况。

（3）按DL/T 1286—2013《火电厂烟气脱硝催化剂检测技术规范》的要求，建设全套物理与化学性能分析的试验室，配备相应的分析测试仪器和设备，具备相关分析测试能力。应对收集来的每批次废烟气脱硝催化剂（钒钛系）进行分析，并制定再生和利用方案。试验数据记录至少保留5年。

（4）对危险废物的容器和包装物以及收集、贮存和利用危险废物的设施和场所，根据GB 15562.2《环境保护图形标志　固体废物贮存（处置）场》、GB 18597《危险废物贮存污染控制标准》等有关标准设置危险废物识别标志；在生产区域配备必要的应急设施设备及急救用品。

（5）参照《危险废物经营单位编制应急预案指南》编制应急预案，按照《固体废物污染环境防治法》以及《突发环境事件应急预案管理暂行办法》的相关规定备案，并突出周边环境状况、应急组织结构、环境风险防控措施、环境应急准备、现场应急处置措施、应急监测等重点项目。建立企业环境安全隐患排查治理制度，明确突发环境事件的报告流程。

（6）厂区应配有备用电源，可以满足厂区内废烟气脱硝催化剂（钒钛系）预处理和再生利用设施中关键设备、安全设施、污染防治设施以及现场监控设备等24h正常运行。

五、脱硝催化剂再生企业应急预案基本框架

依据《危险废物经营单位编制应急预案指南》（公告〔2007年〕第48号），应急预案基本框架如下：

（一）应急预案简介

明确应急预案在单位内的发放范围。如规定在每个经营场所至少存放一份完整的应急预案副本，在每个相关设施或设备点至少存放一份简洁明确的应急响应程序图或行动表。对外发放的，应列出获得应急预案副本的外单位（如上级主管部门、地方政府主管部门和有关外

部应急/救援力量）名单。必要时，应急预案的全部或部分内容应当分发给可能受其事故影响的周边单位，如学校、医院等。

明确应急预案应及时修订，不断充实、完善和提高。一般在以下情况下应当及时进行修订：适用法律法规变化；应急预案在紧急状态下暴露不足和缺陷，甚至完全失效；危险废物经营设施的设计、建设、操作、维护改变；可能导致爆炸、火灾或泄漏风险提高的其他条件改变；应急协调人改变；应急装备改变；应急技术和能力的变化；各个生产班组、生产岗位发生变化等。

（二）单位基本情况及周围环境综述

本节的作用是让各方应急力量（包括外部应急/救援力量）事先熟悉和掌握单位的基本情况及周边环境的有关情况，以利于保证应急行动的顺利开展。

1. 单位基本情况

（1）单位基本情况概述。包括本单位及危险废物经营场所（危险废物经营设施所在地）的地址/地理位置、经济性质、经营种类、从业人数、隶属关系、危险废物经营的种类和规模等内容。

（2）单位的空间格局。包括本单位及危险废物经营场所的厂区布置、主要道路、疏散通道、紧急集合区等（可附图）。

（3）单位人员。包括本单位及危险废物经营场所人员的构成、数量和在生产区域的分布情况等。在介绍单位人员情况时，可以按照与危险废物接触的紧密程度来划分单位人员类别，以便于管理和应急沟通。

2. 危险废物及其经营设施基本情况

（1）所经营主要危险废物情况。包括危险废物的种类、数量、形态、特性、主要危害等，可列表。

（2）贮存、利用、处置危险废物的相关设施情况。说明各设施在厂区内的位置，各个生产环节的装置设备及其运行状态、生产工艺和能力等。对危险废物贮存设施，有必要说明其建设标准、配套装置、贮存能力及区域环境等情况。

（3）利用、处置危险废物过程中的中间产物及最终物质。

（4）危险区域。根据（1）（2）（3）的情况，说明单位危险区域的分布情况。

3. 周边环境状况

说明本单位周边一定范围内（如1km）地形地貌、气候气象、工程地质、水文及水文地质、植被土壤等情况；周围的敏感对象情况。

说明周围的主要危险源（即周边可能对本单位产生不利影响或危及本单位安全状态的危险源）情况。敏感对象包括但不限于具有下列特征的区域：

（1）需特殊保护地区：如饮用水水源保护区、自然保护区、风景名胜区、生态功能保护区、基本农田保护区、森林公园、地质公园、世界遗产地、国家重点文物保护单位、历史文化保护地等。

（2）生态敏感与脆弱区：如沙尘暴源区、荒漠绿洲、珍稀动植物栖息地、热带雨林、红树林、珊瑚礁、鱼虾产卵场、重要湿地和天然渔场等。

(3) 社会关注区：人口密集区、文教区、党政机关集中的办公区、医院等。

(三) 启动应急预案的情形

1. 明确启动应急预案的条件和标准

如即将发生或已经发生以下事故时，应当启动应急预案：

(1) 危险废物溢出。如①危险废物溢出导致易燃液体或气体泄漏，可能造成火灾或气体爆炸；②危险废物溢出导致有毒液体或气体泄漏；③危险废物的溢出不能控制在厂区内，导致厂区外土壤污染或者水体污染。

(2) 火灾。如①火灾导致有毒烟气产生或泄漏；②火灾蔓延，可能导致其他区域材料起火或导致热引发的爆炸；③火灾蔓延至厂区外；④使用水或化学灭火剂可能产生被污染的水流。

(3) 爆炸。如①存在发生爆炸的危险，并可能因产生爆炸碎片或冲击波导致安全风险；②存在发生爆炸的危险，并可能引燃厂区内其他危险废物；③存在发生爆炸的危险，并可能导致有毒材料泄漏；④已经发生爆炸。

各单位应当对本单位贮存、利用、处置危险废物的各个环节可能引发的火灾、爆炸、泄漏等事故进行不利情况下的辨识和分析，识别出发生概率大、危害后果严重的事故和发生环节，作为应急预案关注的重点。致污事故的辨识方法有：①风险分析法；②专家评审法；③风险事故类比分析法等。重大危险源的辨识可参考 GB 18218—2000《重大危险源辨识》。引发事故的诱因有人为错误，设备老化，台风、地震等自然灾害，周边事故，社会风险（如停电），以及危险废物自身的理化特性（如爆炸性、反应性等）等。

2. 分析事故危害程度应当考虑的内容

(1) 危险废物的理化特性（如腐蚀性、爆炸性、易燃性、反应性、毒性或感染性等）。其危害人体健康或污染环境的机理，以及在环境中累积、迁移和扩散等特性。

(2) 敏感区域。判别事故影响的敏感区域应当考虑风向和风速、水流方向和速度、污染物可达的影响距离、在影响范围内的影响时限、敏感对象的响应时间等多个要素。例如，大气风向在 10～30min 内发生较大变化的概率较低，若污染物持续释放的时间超过 30min，则影响范围可能因风向变化而明显大于单风向条件下的影响范围。

(四) 应急组织机构

1. 应急组织机构、人员与职责

以事故应急响应为主线，明确事故报警、响应、结束、善后处置等环节的主管部门与协作部门及其职责；以应急准备及保障机构为支线，明确各应急日常管理部门及其职责；要体现应急联动机制要求。如建立：

(1) 应急领导机构：在日常工作中，负责制定和管理应急预案，配置应急人员、应急装备，对外签订相关应急支援协议等；在事故发生时，负责应急指挥、调度、协调等工作，包括对是否需要外部应急/救援力量做出决策。应急领导机构通常由单位的主要负责人和内部主要职能部门领导组成。

要建立应急协调人制度。应急预案及其分预案或下级预案均应当指定一人担任首要应急协调人，并指定后备应急协调人，赋予首要应急协调人和后备应急协调人调动人员、设备、

资金和协调所有应急响应措施等实施应急预案的权力。

首要应急协调人负责应急领导机构的全面工作。应急首要协调人可以是单位的主要负责人，或得到单位的充分授权。

首要应急协调人和后备应急协调人在正常运行期间必须有一人常驻单位/厂区内或能够在很短的时间内到达单位/厂区应对紧急状态。

应急协调人必须经过专业培训，具备相应的知识和技能，并熟悉如下情况：单位/厂区的应急预案；单位/厂区的所有运行活动；单位/厂区危险废物的位置、特性、应急状态下的处理方法；单位/厂区内所有记录的位置；单位/厂区的平面布置；周边的环境状况和危险源；外部应急/救援力量的联系人和联系方式等。

（2）应急保障机构。在日常工作中，负责应急准备工作，如应急所需物资、设施、装备、器材的准备及其维护等；在事故发生时，负责提供物资、动力、能源、交通运输等事故应急的保障工作。

（3）信息管理和联络机构。在事故发生时，负责对内对外信息报送和传达等任务。

（4）应急响应机构。主要是在发生事故时，负责警戒治安、应急监测、事故处置、人员安全救护等工作。

各应急组织机构应建立A、B角制度，即明确第一负责人及其各配角，规定有关负责人缺位时的各配角的补位顺序。重要的应急岗位（如消防岗位）应当有后备人员。

应急预案应列出所有参与应急指挥、协调活动的负责人员的姓名、所处部门、职务和联系电话，并定期更新。各级联系列表均应当将首要联系人列在首位，并按照联系的先后次序排列所有联系人。

2. 外部应急/救援力量

明确发生事故时应请求支援的外部应急/救援力量名单及其可保障的支持方式和支持能力、装备水平、联系人员及联系方式、抵达时限等，并定期更新。联系列表应当将第一联系单位列在首位，并按照联系的先后次序排列所有联系对象。

外部应急/救援力量主要包括上级主管部门，地方政府公安、消防、环保、医疗卫生等主管部门，专业应急组织及其他应急咨询或支持机构等。

为确保外部应急/救援力量在需要时能够正常发挥作用，在制定应急预案时，危险废物经营单位应同有关外部应急/救援力量进行必要的沟通和说明，了解他们的应急能力和人员装备情况，介绍本单位有关设施、危险物质的特性等情况，并就其职责和支援能力达成共识，必要时签署互助协议。例如，若某医疗机构不具备救治被某种污染物侵害的伤员的能力，则危险废物经营单位应当与其他具备救治能力的医疗机构达成支援协议。

（五）应急响应程序-事故发现及报警（发现紧急状态时）

1. 内部事故信息报警和通知

规定单位内部发现紧急状态时，应当采取的措施及有关报警、求援、报告等程序、方式、时限要求、内容等。

如发现紧急状态即将发生或已经发生时，①第一发现事故的员工应当初步评估并确认事故发生，立即警告暴露于危险的第一人群（如操作人员），立即通知应急协调人，必要时（如事故明显威胁人身安全时），立即启动撤离信号报警装置等等应急警报。其次，如果可行，则应控制事故源以防止事故恶化。②应急协调人接到报警后应当立即赶赴现场，做出初始评估（如事故性质、准确的事故源、数量和材料泄漏的程度、事故可能对环境和人体健康造成的危害），确定应急响应级别，启动相应的应急预案，并通知单位可能受事故影响的人员以及应急人员和机构（如应急领导机构成员、应急队伍或外部应急/救援力量）；如果需要外界救援，则应当呼叫有关应急救援部门并立即通知地方政府有关主管部门。必要时，应当向周边社区和临近工厂发出警报。③各有关人员接到报警后，应当按应急预案的要求启动相应的工作。

报警有两个目的，动员应急人员和提醒有关人员采取防范措施和行动。报警方式包括呼救、电话（包括手机）、报警系统等。通常，可以通过目测或一些检测设备（如液体泄漏监测装置、有毒气体监测装置、压力传感器、温度传感器等）来确认是否发生事故。对事故释放出来的物质，可以通过审查有关货物清单或化学分析进行确认。

2. 向外部应急/救援力量报告

明确哪些状态下（如泄漏、火灾或爆炸可能威胁单位/厂区外的环境或人体健康时）应当报告外部应急/救援力量并请求支援。

按照有关法律、法规及政府应急预案的要求，一般需要向消防、公安、环保、医疗卫生、安监等政府主管部门报告。

报告内容通常包含：

（1）联系人的姓名和电话号码。

（2）发生事故的单位名称和地址。

（3）事件发生时间或预期持续时间。

（4）事故类型（火灾、爆炸、泄漏等）。

（5）主要污染物和数量（如实际泄漏量或估算泄漏量）。

（6）当前状况，如污染物的传播介质和传播方式，是否会产生单位外影响及可能的程度（可根据风向和风速等气象条件进行判断）。

（7）伤亡情况。

（8）需要采取什么应急措施和预防措施。

（9）已知或预期的事故的环境风险和人体健康风险以及关于接触人员的医疗建议。

（10）其他必要信息。

3. 向邻近单位及人员发出警报

明确哪些状态下（如在事故可能影响到厂外的情况下）应当自行或协助地方政府向周边邻近单位、社区、受影响区域人群发出警报信息以及警报方式。

用警笛报警系统向周边单位、社区通知事故的效果较差，原因是这种系统只有在公众明白警报的含义以及应该采取的行动时才会有效。紧急广播系统与警笛报警系统结合使用效果会更好。紧急广播内容应当尽可能简明，告诉公众该如何采取行动；如果决定疏散，应当通知居民避难所位置和疏散路线。

（六）应急响应程序-事故控制（紧急状态控制阶段）

明确接到发生事故后，各应急机构应当采取的具体行动措施。包括响应分级、警戒与治安、应急监测、现场应急处置等。

1. 响应分级

明确应急预案的启动级别及条件。事故的实际级别与响应级别密切相关，但可能有所不同。《国家突发环境事件应急预案》关于特别重大环境事件（Ⅰ级）、重大环境事件（Ⅱ级）、较大环境事件（Ⅲ级）和一般环境事件（Ⅳ级）的分级是事件级别，不是响应分级。

危险废物经营单位可根据事故的影响范围和可控性，将响应级别分成如下三级：①Ⅰ级：完全紧急状态；②Ⅱ级：有限的紧急状态；③Ⅲ级：潜在的紧急状态。事故的影响范围和可控性取决于所处理危险废物的类型，发生火灾、爆炸或泄漏等事故的可能性，事故对人体健康和安全的即时影响，事故对外界环境的潜在危害，以及事故单位自身应急响应的资源和能力等一系列因素。

（1）Ⅰ级：完全紧急状态。

事故范围大，难以控制，如超出了本单位的范围，使临近的单位受到影响，或者产生连锁反应，影响事故现场之外的周围地区；或危害严重，对生命和财产构成极端威胁，可能需要大范围撤离；或需要外部力量，如政府派专家、资源进行支援的事故。例如：危险废物大量溢出并向下游河流快速扩散。

（2）Ⅱ级：有限的紧急状态。

较大范围的事故，如限制在单位内的现场周边地区或只有有限的扩散范围，影响到相邻的生产单元；或较大威胁的事故，该事故对生命和财产构成潜在威胁，周边区域的人员需要有限撤离。例如：液态污染物在某个危险废物经营单位范围内以面状方式扩散；储罐、管线起火，有较多的危险废物泄漏，但可以安全隔离。

（3）Ⅲ级：潜在的紧急状态。

某个事故或泄漏可以被第一反应人控制，一般不需要外部援助。除所涉及的设施及其邻近设施的人员外，不需要额外撤离其他人员。事故限制在单位内的小区域范围内，不立即对生命财产构成威胁。例如：某个危险废物经营单位的某一生产装置发生固态污染物泄漏，可以很快扑灭的小型火灾，可以很快隔离、控制和清理的危险废物小型泄漏。

在Ⅰ级完全紧急状态下，单位必须在第一时间内向政府有关部门、上级管理部门或其他外部应急/救援力量报警，请求支援；并根据应急预案或外部的有关指示采取先期应急措施。

在Ⅱ级有限的紧急状态下，需要调度专业应急队伍进行应急处置；在第一时间内向单位高层管理人员报警；必要时向外部应急/救援力量请求援助，并视情随时续报情况。外部应急/救援力量到达现场后，同单位一起处置事故。

在Ⅲ级潜在的紧急状态下，可完全依靠单位自身应急能力处理。发生事故时，往往会出现次生事故或衍生事故，甚至带来一系列的连锁反应。如储罐的密封泄漏，可能从很小的泄漏到每分钟泄漏几升，泄漏液体会加速对该区域的污染，这样就会出现事故级别的变化。若应急救援行动采取了不当的措施，同样极有可能导致事故升级，使小事故变成大事故。因此，在实际应对事故时，需要应急协调人随时判断形势的发展，启动相应的应急预案。

2. 警戒与治安

明确事故应急状态下的现场警戒与治安秩序维护的方案，包括单位内部警戒和治安的人员以及同当地公安机关的协作关系。

事故应急状态下，必要时应当在事故现场周围建立警戒区域，维护现场治安秩序，防止与无关人员进入应急指挥中心或应急现场，保障救援队伍、物资运输和人群疏散等的交通畅通，避免发生不必要的伤亡。

3. 应急监测

明确事故状态下的监测方案，包括监测泄漏、压力集聚情况，气体发生的情况，阀门、管道或其他装置的破裂情况，以及污染物的排放情况等。有关信息必须提供给应急人员，以确定选择合适的应急装备和个人防护设施。

环境监测方案可包括事故现场和环境敏感区域的监测方案等。监测方案应明确监测范围，采样布点方式，监测标准、方法、频次及程序，采用的仪器和药剂等。

制定环境应急监测方案主要考虑以下因素：

（1）事故可能出现的污染物类型。

（2）监测仪器设备。建议优先采用可现场快速检测的便携式检测仪器设备。

（3）应急监测方法：可选择既定的方法，或从应急监测分析方法库查得的方法等。

（4）监测的布点。可根据由污染物的源规模、扩散速度、发生地的气象和地域特点等参数，模型计算预测污染物可能的扩散范围，并科学地布设相应数量的监测点位。一般建议要尽量多地布点监测。

（5）监测报告的格式和内容。

应急环境监测的响应程序一般如下：①接受应急监测任务，启动应急监测响应预案；②了解现场情况，确定应急监测方法，准备监测器材、试剂和防护用品，同时做好试验室分析的准备；③实施现场监测，快速报告结果；④进行初步综合分析，编写监测报告，提出跟踪监测和污染控制建议；⑤实施跟踪监测，及时报告结果；⑥进行深入的综合分析，编写总结报告上报。

在实际发生事故时，若已知污染物类型，则可立即实施应急预案中的应急监测方案。若污染物类型不明，则应当根据事故污染的特征及遭受危害的人群和生物的表象等信息，判断该污染物可能的类型，确定应急监测方案。对于情况不明的污染事故，则可临时制定应急监测技术方案，采取相应的技术手段来判明污染物的类型，进而监测其污染的程度和范围等。监测的布点，可随着污染物扩散情况和监测结果的变化趋势适时调整布点数量和检测频次。在进行数据汇总和信息报告时，要结合专家的咨询意见综合分析污染的变化趋势，预测污染事故的发展情况，以信息快报、通报的方式将所有信息上报给现场应急指挥部门，作为应急决策的主要参考依据。

4. 现场应急处置

明确各事故类型的现场应急处置的工作方案。包括现场危险区、隔离区、安全区的设定方法和每个区域的人员管理规定；切断污染源和处置污染物所采用的技术措施及操作程序；控制污染扩散和消除污染的紧急措施；预防和控制污染事故扩大或恶化（如确保不发生爆炸和泄漏，不重新发生或传播到单位/厂区内其他危险废物）的措施（如停止设施运行）；污染事故可能扩大后的应对措施，有关现场应急过程记录的规定等。

现场应急处置行动方案应当经过充分论证和评估，避免因前期应急行动不当导致事故扩大或引发新的污染事故。例如，灭火方案，应当考虑设置围堰、事故应急池等控制设施，防止被污染的消防水向外流溢，引发更大范围的污染。

现场应急处置工作的重点包括：

（1）迅速控制污染源，防止污染事故继续扩大；必要时停止生产操作等。

（2）采取覆盖、收容、隔离、洗消、稀释、中和、消毒（如医疗废物泄漏时）等措施，及时处置污染物，消除事故危害。

5. 应急响应终止程序

明确应急活动终止的条件，应急人员撤离与交接程序，发布应急终止命令的责任人和程序要求等。

（七）应急响应程序——后续事项（紧急状态控制后阶段）

明确事故得到控制后的工作内容。如应急协调人必须组织进行后期污染监测和治理，包括处理、分类或处置所收集的废物、被污染的土壤或地表水或其他材料；清理事故现场；进行事故总结和责任认定；报告事故；将事故记录生产记录；补充和完善应急装备；在清理程序完成之前，确保不在被影响的区域进行任何与泄漏材料性质不相容的废物处理贮存或处置活动等安全措施；修订和完善应急预案等。

事故总结内容一般包括：

（1）调查污染事故的发生原因和性质，评估出污染事故的危害范围和危险程度，查明人员伤亡情况，影响和损失评估、遗留待解决的问题等。

（2）应急过程的总结及改进建议，如应急预案是否科学合理，应急组织机构是否合理，应急队伍能力是否需要改进，响应程序是否与应急任务相匹配，采用的监测仪器、通信设备和车辆等是否能够满足应急响应工作的需要，采取的防护措施和方法是否得当，防护设备是否满足要求等。

恢复生产前，一般应确保：废弃材料被转移、处理、贮存或以合适方式处置；应急设备设施器材完成了消除污染、维护、更新等工作，足以应对下次紧急状态；有关生产设备得到维修或更换；被污染场地得到清理或修复；采取了其他预防事故再次发生的措施。

（八）人员安全及救护

事故通常会对人员产生伤害。因此，建议单列一节，明确紧急状态下，对伤员现场急救、安全转送、人员撤离以及危害区域内人员防护等方案。

撤离方案应明确什么状态下应当建议撤离。如以下情况必须部分或全部撤离：

（1）爆炸产生了飞片，如容器的碎片和危险废物。

（2）溢出或化学反应产生了有毒烟气。

（3）火灾不能控制并蔓延到厂区的其他位置，或火灾可能产生有毒烟气。

（4）应急响应人员无法获得必要的防护装备情况下，发生的所有事故。

撤离方案应明确保障单位/厂区人员出口安全的措施、撤离的信号方式（如报警系统的持续警铃声）、撤离前的注意事项（如操作工人应当关闭设备等）、发出撤离信号的权限（如事故明显威胁人身安全时，任何员工都可以启动撤离信号报警装置）、撤离路线及备选撤离路线；撤离后应进行人员清点等。

在单位/厂区内员工集中的办公、休息等重点区域必须张贴位置图，标识本地点在紧急状态下可选择的撤离路线以及最近应急装备的位置。

关于人员的安全防护措施要具体。对于产生有毒有害气态污染物的事故，重点明确呼吸道防护措施；对于产生易燃易爆气体或液体的事故，重点明确阻燃防护服和防爆设备；对于产生易挥发的有毒有害液体的事故，重点明确全身防护措施；对于产生不挥发的有毒有害液体的事故，重点明确隔离服防护措施等。

危险废物经营单位对前来联系工作以及参观等的非本单位员工，必须安排专人在进入本单位危险区域前告知注意事项，以及紧急状态下的撤离路线。

（九）应急装备

列明应急装备、设施和器材清单，清单应包括种类、名称、数量以及存放位置（附各装备的位置图）、规格、性能、用途和用法等信息，以利于在紧急状态下使用。规定应急装备定期检查和维护措施，以保证其有效性。

应急设施、装备和器材包括：

（1）内部联络或警报系统（附使用指南）以及请求外部支援的设施。包括应急联络的电话、对讲机、传真等通信设备，进行事故报警、紧急救护或疏散等指令传递的广播、扩音器、警笛等装置。对重点单位，一般要求配备24h有效的报警装置，24h有效的通信联络手段。

（2）消防系统。消防灭火器具、火灾控制装备、消防用水及其储池和相关设备，事故应急池（如贮存消防产生的污水）、围堰等。

（3）切断、控制和消除污染物的设施、设备、药剂。如中和剂、灭火剂、解毒剂、吸收剂等，溢出控制装备等。

（4）预防发生次生火灾、爆炸或泄漏等事故的设施和设备。

（5）信息采集和监测设备。包括应急监测的设施、设备、药剂，以及进行事故信息统计、后果模拟的软件工具、气象监测设备（如风向标）等。

（6）应急辅助性设施和设备。如应急照明、应急供电系统等。

（7）安全防护用具。包括保障一般工作人员、应急救援人员的安全防护设备、器材、服装，安全警戒用围栏、警示牌等。常见的应急人员防护设备有防护服、呼吸器、防毒面具、防毒口罩、安全帽、防酸碱手套及长筒靴等。

（8）应急医疗救护设备和药品。

应急设施装备器材的保障是一项非常细致的工作，对其中任何一项信息的忽略都可能导致应急预案的失效。如没有风向标，则在发生大气污染事故时，可能由于风向辨别不清而造成应急措施失效；没有防护服和防毒面具，可能造成人身健康和安全伤害；不了解各应急设施装备器材的存放位置将不能保证其及时投入使用。

（十）应急预防和保障方案

明确事故预防和应急保障的方案，包括但不限于：

（1）预防事故的方案。如重点区域的巡视检查方案。

（2）应急设施设备器材及药剂的配备、保存、更新、养护等方案。

（3）应急培训和演习方案。包括对事故应急人员进行应急行动的培训和演习，对单位一般工作人员（特别是新员工）的事故报警、自我保护和疏散撤离等的培训和演习等。应明确演习的内容和形式，范围和频次，组织与监督。

应急培训与演习应当把典型污染事故的应急作为重点内容；重点演习应急响应程序；要与危险废物经营单位的场景紧密相关。应急培训可采取课堂学习和工作实际操作相结合的形式。演习方案的制定与实施可联合有关外部应急/救援力量共同进行。一般应针对事故易发环节，每年至少开展一次预案演练。

（十一）事故报告

规定向政府部门或其他外部门报告事故的时限、程序、方式和内容等。

《中华人民共和国固体废物污染环境防治法》规定：因发生事故或者其他突发性事件，造成危险废物严重污染环境的单位，必须并向所在地县级以上地方人民政府环境保护行政主管部门和有关部门报告。

危险废物经营单位应当根据《固体法》、危险废物经营许可证或政府有关部门的要求，在发生事故后，向政府环保部门及其他有关部门报告。一般应当在发生事故后立即（如1h内）以电话或其他形式报告，在发生事故后5～15日以书面方式报告，事故处理完毕后应及时书面报告处理结果。

初报的内容一般包括单位法定代表人的名称、地址、联系方式（如电话）；设施的名称、地址和联系方式；事故发生的日期和时间、事故类型；所涉及材料的名称和数量；对人体健康和环境的潜在或实际危害的评估；事故产生的污染的处理情况，如被污染土壤的修复，所产生废水和废物或被污染物质处理或准备处理的情况。

书面报告视事件进展情况可一次或多次报告。报告内容除初报的内容外，还应当包括事件有关确切数据、发生的原因、过程、进展情况、危害程度及采取的应急措施、措施效果、处理结果等。

（十二）事故的新闻发布

明确事故的新闻发布方案，负责处理公共信息的部门，以确保提供准确信息，避免错误报道。

（十三）应急预案实施和生效时间

明确应急预案实施和生效的时间。

（十四）附件

附件是对文本部分的重要补充，为应急活动提供必要的技术性信息。可包括：

（1）组织机构名单。

（2）值班联系通讯表。

（3）组织应急响应有关人员联系通讯表。

（4）危险废物相关方应急咨询服务通讯表。

（5）外部应急/救援单位联系通讯表。

（6）政府有关部门联系通讯表。

（7）本单位平面布置图（特别标注危险及敏感位置）及撤离路线。

（8）危险废物相关生产环节流程图。

（9）危险物质理化特性及处理措施简表。

（10）应急设施配置图。

(11) 周边区域道路交通示意图和疏散路线、交通管制示意图。

(12) 周边区域的单位、社区、重要基础设施分布图及有关联系方式，供水、供电单位的联系方式。

(13) 风险事故评估报告。

(14) 保障制度。

(15) 其他。

六、脱硝催化剂再生企业应急预案备案

2010年9月28日中华人民共和国生态环境部（原中华人民共和国环境保护部）发布《突发环境事件应急预案管理暂行办法》。

2014年8月19日中华人民共和国生态环境部（原中华人民共和国环境保护部）发布《废烟气脱硝催化剂危险废物经营许可证审查指南》，且《指南》中提及应急预案按照《中华人民共和国固体废物污染环境防治法》以及《突发环境事件应急预案管理暂行办法》的相关规定备案。

企业事业单位突发环境事件应急预案备案表见表5-18。

表5-18　　企业事业单位突发环境事件应急预案备案表

单位名称		机构代码	
法定代表人		联系电话	
联系人		联系电话	
传真		电子邮箱	
地址	中心经度　　中心纬度		
预案名称			
风险级别			
本单位于　　年　月　日签署发布了突发环境事件应急预案，备案条件具备，备案文件齐全，现报送备案。 本单位承诺，本单位在办理备案中所提供的相关文件及其信息均经本单位确认真实，无虚假，且未隐瞒事实。 预案制定单位（公章）			
预案签署人		报送时间	
突发环境事件应急预案备案文件目录	1. 突发环境事件应急预案备案表； 2. 环境应急预案及编制说明： 环境应急预案（签署发布文件、环境应急预案文本）； 编制说明（编制过程概述、重点内容说明、征求意见及采纳情况说明、评审情况说明）； 3. 环境风险评估报告； 4. 环境应急资源调查报告； 5. 环境应急预案评审意见		
备案意见	该单位的突发环境事件应急预案备案文件已于　　年　月　日收讫，文件齐全，予以备案。 备案受理部门（公章） 年　月　日		
备案编号			
报送单位			
受理部门负责人		经办人	

注　备案编号由企业所在地县级行政区划代码、年份、流水号、企业环境风险级别（一般L、较大M、重大H）及跨区域（T）表征字母组成。例如，河北省永年县＊＊重大环境风险非跨区域企业环境应急预案2015年备案，是永年县环境保护局当年受理的第26个备案，则编号为130429-2015-026-H；如果是跨区域的企业，则编号为130429-2015-026-HT。

第三节　SCR 烟气脱硝催化剂再生性能评估

2017 年 11 月 1 日，中国国家标准化管理委员会发布了 GB/T 35209—2017《烟气脱硝催化剂再生技术规范》。GB/T 35209—2017 规定了烟气脱硝催化剂再生的术语和定义、可再生判定规则、再生步骤、检测方法及再生催化剂的标志、包装、运输、和贮存要求，并以 GB/T 31587《蜂窝式烟气脱硝催化剂》、GB/T 31584—2015《平板式烟气脱硝催化剂》、GB/T 19587《气体吸附 BET 法测定固态物质比表面积》、GB 18597《危险废物贮存污染控制标准》作为标准支撑，形成了较为完善的烟气脱硝催化剂再生技术的标准体系，统一了脱硝催化剂能否再生的标准，进一步规范了脱硝催化剂再生的步骤及检测方法。

一、再生催化剂检测项目

依据 GB/T 35209—2017《烟气脱硝催化剂再生技术规范》，再生催化剂的外观、理化性能及反应性能检测项目按 GB/T 31584 和 GB/T 31587 的规定执行。

详细检测项目见第三章第一节。

二、再生催化剂检测方法

依据 GB/T 35209—2017《烟气脱硝催化剂再生技术规范》，再生催化剂的检测方法见表 5-19。

表 5-19　　再生催化剂的检测方法

项目		检测方法
外观	蜂窝式脱硝催化剂	磨损长度采用刻度尺测量，精确至 1mm；内壁厚度采用游标卡尺测量，精确至 0.01mm
	平板式脱硝催化剂	迎风端膏料磨损长度用刻度尺测量，精确至 1mm；单板厚度采用游标卡尺测量，精确至 0.01mm。磨损面积测量以形成的最大延伸面积计算，无论什么形状，均采用长方形或正方形计
理化性能	蜂窝式脱硝催化剂	抗压强度和磨损率按 GB/T 31587《蜂窝式烟气脱硝催化剂》的规定进行测试。比表面积按 GB/T 19587《气体吸附 BET 法测定固态物质比表面积》的规定进行测试。化学成分按 GB/T 31590《烟气脱硝催化剂化学成分分析方法》和 GB/T 34701《再生烟气脱硝催化剂微量元素分析方法》的规定进行测试
	平板式脱硝催化剂	耐磨强度按 GB/T 31584《平板式烟气脱硝催化剂》的规定进行测试。比表面积按 GB/T 19587《气体吸附 BET 法测定固态物质比表面积》的规定进行测试。化学成分按 GB/T 31590《烟气脱硝催化剂化学成分分析方法》的规定进行测试
反应性能	测试条件	再生催化剂反应性能的测定宜采用工程设计烟气条件作为测试条件。测试时烟气参数范围按 DL/T 1286《火电厂烟气脱硝催化剂检测技术规范》中的规定。当入口烟气参数波动幅度符合 DL/T 1286《火电厂烟气脱硝催化剂检测技术规范》的要求时，可开始进行各参数的测量。系统试漏、样品老化、活性和 SO_2/SO_3 转化率测定以及结果计算按照 GB/T 31584《平板式烟气脱硝催化剂》和 GB/T 31584《平板式烟气脱硝催化剂》的规定执行。试样制备及装填按 GB/T 35209 的规定执行

续表

项目			检测方法
反应性能	试样制备及装填	蜂窝式脱硝催化剂	应选取外观无明显物理损伤的完整单元体或取样单元作为待测样品；同时，不应选取孔道堵塞超过30%的催化剂作为样品
		平板式脱硝催化剂	应按截面边长尺寸为150mm±3mm进行剪裁；同时，不应选取表面膏料脱落超过5%的催化剂为样品
		单元长度及数量	（1）活性的测定：单元体测试长度应与催化剂模块的单元体长度一致，单元体测试数量应与单个催化剂模块所含单元体层数一致。 （2）SO_2/SO_3转化率的测定：单元体测试长度应与催化剂模块的单元体长度一致，单元体测试样数量为再生催化剂模块层数乘以单个催化剂模块所含的单元体层数

其他详细检测方法见第三章第一节。

三、再生催化剂微量元素分析方法

GB/T 34701—2017《再生烟气脱硝催化剂微量元素分析方法》规定了电感耦合等离子体发射光谱法作为测定再生烟气脱硝催化剂微量元素含量的方法。电感耦合等离子体发射光谱法是在酸性条件下，使用高纯氩气火焰，将溶液雾化引入电感耦合等离子体，测定试料溶液中元素的发射谱线强度，用工作曲线法定量。

电感耦合等离子体发射光谱法适用于再生脱硝催化剂中钾（K）、铁（Fe）、镁（Mg）、钠（Na）、磷（P）、砷（As）、铬（Cr）、汞（Hg）质量分数的测定。

依据GB/T 34701—2017《再生烟气脱硝催化剂微量元素分析方法》，再生催化剂微量元素分析方法见表5-20。

表5-20　　再生催化剂微量元素分析方法

试剂	硝酸、氢氟酸、汞标准溶液100μg/mL、砷标准溶液100μg/mL、铬标准溶液100μg/mL、钾标准溶液100μg/mL、铁标准溶液100μg/mL、镁标准溶液100μg/mL、钠标准溶液100μg/mL、磷标准溶液浓度为100μg/mL。 砷、铬、钾、铁、镁、钠、磷混合标准溶液：分别吸取10.0mL砷标准溶液、铬标准溶液、钾标准溶液、铁标准溶液、镁标准溶液、钠标准溶液、磷标准溶液，置于100mL容量瓶中，用水稀释至刻度，摇匀
仪器设备	电感耦合等离子体发射光谱仪，烘箱，调式电加热板［配有聚四氟乙烯消解罐(PTFE)］，容量瓶和样品管［材质为聚丙烯（PP）、全氟烷氧基树脂（PFA）或全氟乙烯丙烯共聚物（FEP）］
试验室样品	按GB/T 6679《固体化工产品采样通则》的规定取得
试样	将试验室样品混合均匀并用清洁压缩空气或氮气进行吹扫，用四分法分取约10g，置于研钵内研碎，再用四分法分取约2g，继续研细至试样全部通过250μm试验筛（按照GB/T 6003.1《试验筛　技术要求和检验　第1部分：金属丝编织网试验筛》中R40/3系列），置于烘箱中，在105℃±2℃干燥2h后，移至干燥器中冷却至室温，备用
试料溶液的制备	称量0.1～0.2g精确至0.0001g试样，置于50mL聚四氟乙烯消解罐内，加入2mL硝酸和2mL氢氟酸，于电加热板上105℃恒温加热至充分溶解，冷却至室温后移入100mL容量瓶中用水稀释至刻度摇匀，待用

续表

<table>
<tr><td rowspan="2">工作曲线</td><td>汞元素工作曲线的绘制</td><td>取 6 只 100mL 容量瓶，分别加入汞标准溶液 0mL、0.50mL、1.00mL、1.50mL、2.00mL、2.50mL。在每个容量瓶中，各加 2mL 硝酸，用水稀释至刻度，摇匀。
按仪器工作条件，以不加入汞元素标准溶液的空白溶液调零，按 GB/T 34701—2017《再生烟气脱硝催化剂微量元素分析方法》推荐的分析线波长测定空白溶液的分析线信号强度。
以上述溶液中汞元素的质量浓度（单位为微克每毫升）为横坐标，汞元素的分析线的信号强度值为纵坐标，绘制工作曲线</td></tr>
<tr><td>砷、铬、钾、铁、镁、钠、磷元素工作曲线的绘制</td><td>取 6 只 100mL 容量瓶，分别加入砷、铬、钾、铁、镁、钠、磷混合标准溶液 0mL、0.50mL、1.00mL、1.50mL、2.00mL、2.50mL。在每个容量瓶中，各加 2mL 硝酸，用水稀释至刻度，摇匀。
按仪器工作条件，以不加入混合标准溶液的空白溶液调零，按 GB/T 34701—2017《再生烟气脱硝催化剂微量元素分析方法》推荐的分析线波长测定空白溶液的分析线信号强度。
以上述溶液中元素的质量浓度（单位为微克每毫升）为横坐标，元素的分析线的信号强度值为纵坐标，绘制工作曲线</td></tr>
<tr><td colspan="2">测定</td><td>测定试料溶液中待测元素的分析线信号强度，从工作曲线上查出被测溶液中待测元素的浓度</td></tr>
</table>

依据 GB/T 34701—2017《再生烟气脱硝催化剂微量元素分析方法》，待测元素的推荐分析线波长见表 5-21。

表 5-21 待测元素的推荐分析线波长

名称	波长（nm）	名称	波长（nm）
钾	766.490	铬	267.716
铁	302.107、238.204	汞	253.652
镁	285.213	砷	193.696
钠	589.592	磷	214.914、213.617

第四节 SCR 烟气脱硝催化剂再生市场数据统计

根据公开、公平、公正和企业自愿的原则，从 2005 年起，中国电力企业联合会（简称“中电联”）已连续 13 年组织开展了火力发电厂环保产业登记工作，并随着行业的新需求不断完善、深化登记内容。在环保产业登记工作基础上，中电联每年公布环保装置建设情况及环保公司业绩排序等信息，有效促进了电力环保产业的健康发展。

2017 年当年投运火力发电厂烟气脱硝机组容量约 0.5 亿 kW；截至 2017 年底，已投运火力发电厂烟气脱硝机组容量约 9.6 亿 kW，占全国火电机组容量的 87.3%。

一、2017 年脱硝催化剂生产和再生情况

2018 年 4 月 24 日，中国电力企业联合会发布了“2017 年度火力发电厂环保产业登记信息”，参加 2017 年度火力发电厂环保产业信息登记的脱硝催化剂生产和再生厂家中，脱硝催化剂生产情况见表 5-22，再生情况见表 5-23，处理情况见表 5-24。

表 5-22　　火力发电厂烟气脱硝催化剂生产情况

序号	脱硝催化剂生产厂家名称	机组容量（MW）	2017 年底催化剂生产产能（m^3/年）
1	大唐环境产业集团股份有限公司	40935	板式 30000
2	北京国电龙源环保工程有限公司	26635	蜂窝式 18000
3	国家电投集团远达环保股份有限公司	16935	蜂窝式 12000
4	天河（保定）环境工程有限公司	15040	蜂窝式 20000，板式 30000
5	江苏蜂业科技环保集团股份有限公司	12508	蜂窝式 25000，板式 20000
6	中国华电科工集团有限公司	10533	蜂窝式 10000
7	浙江天地环保科技有限公司	7150	蜂窝式 6000
8	山西同煤电力环保科技有限公司	1000	蜂窝式 3000，板式 3000

注　按 2017 年生产的脱硝催化剂应用于机组容量大小排序。

表 5-23　　火力发电厂烟气脱硝催化剂再生情况

序号	脱硝催化剂再生厂家名称	机组容量（MW）	2017 年底催化剂再生产能（m^3/年）
1	福建龙净环保股份有限公司	8420	80000（含处理）
2	大唐环境产业集团股份有限公司	6470	10000
3	浙江天地环保科技有限公司	4620	5000
4	国家电投集团远达环保股份有限公司	1530	14000
5	天河（保定）环境工程有限公司	300	20000

注　按 2017 年再生的脱硝催化剂应用于机组容量大小排序。

表 5-24　　火力发电厂烟气脱硝催化剂处理情况

序号	脱硝催化剂再生厂家名称	机组容量（MW）	2017 年底催化剂废旧处理能力（m^3/年）	处理方式
1	国家电投集团远达环保股份有限公司	7770	14000	回收处置
2	天河（保定）环境工程有限公司	7570		再生
3	福建龙净环保股份有限公司	6350	80000（含处理）	综合利用

注　按 2017 年处理的脱硝催化剂应用于机组容量大小排序。

二、2016 年脱硝催化剂生产和再生情况

2017 年 5 月 12 日，中国电力企业联合会发布了“2016 年度火力发电厂环保产业信息”，参加 2016 年度火力发电厂环保产业信息登记的脱硝催化剂生产和再生厂家中，脱硝催化剂生产情况见表 5-25，再生情况见表 5-26。

表 5-25　　火力发电厂烟气脱硝催化剂生产情况

序号	脱硝催化剂生产厂家名称	催化剂用量（m^3）	机组容量（MW）	2016 年底催化剂生产产能（m^3/年）
1	大唐环境产业集团股份有限公司	31297.86	42268	30000
2	北京国电龙源环保工程有限公司	18256.50	35735	24000
3	国家电投集团远达环保股份有限公司	11060	19210	12000
4	中国华电科工集团有限公司	9875.62	15503.5	10000
5	江苏峰业科技环保集因股份有限公司	8728.96	13200	25000
6	浙江天地环保科技有限公司	5215	12220	5000
7	安徽元琛环保科技股份有限公司	2264	3210	10000
8	山西同煤电力环保科技有限公司	1801.13	2870	6000

注　按 2016 年生产的脱硝催化剂量大小排序。

表 5-26 火力发电厂烟气脱硝催化剂再生情况

序号	脱硝催化剂再生厂家名称	催化剂再生量（m^3）	机组容量（MW）	2016 年底催化剂再生产能（m^3/年）
1	福建龙净环保股份有限公司	7829.5	15575	40000
2	江苏肯创催化剂再生技术有限公司	4991.79	8810	7795
3	国家电投集团远达环保股份有限公司	1565	2490	6000
4	浙江天地环保科技有限公司	1235	2430	5000

注 按 2016 年再生的脱硝催化剂量大小排序。

三、2015 年脱硝催化剂生产和再生情况

2016 年 4 月 25 日，中国电力企业联合会发布了“2015 年度火力发电厂环保产业信息”，参加 2015 年度火力发电厂环保产业信息登记的脱硝催化剂生产和再生厂家中，脱硝催化剂生产厂家产能情况见表 5-27，再生产能情况见表 5-28。

表 5-27 2015 年火力发电厂烟气脱硝催化剂生产厂家产能情况

序号	脱硝催化剂生产厂家名称	催化剂产能（m^3/年）	蜂窝式	平板式
1	天河（保定）环境工程有限公司	72000	42000	30000
2	江苏峰业科技环保集团股份有限公司	45000	25000	20000
3	大唐环境产业集团股份有限公司	40000		40000
4	浙江德创环保科技股份有限公司	23000	18000	5000
5	北京国电龙源环保工程有限公司	17800	17800	
6	中电投远达环保（集团）股份有限公司	12000	12000	
7	中国华电科工集团有限公司	10000	10000	
8	山西同煤电力环保科技有限公司	6000	6000	

注 按 2015 年底催化剂生产厂家产能大小排序。

表 5-28 2015 年火力发电厂烟气脱硝催化剂再生产能情况

序号	催化剂再生厂家名称	2015 年底催化剂再生产能（m^3/年）	再生规划产能（m^3/年）
1	天河（保定）环境工程有限公司	28000	58000
2	江苏峰业科技环保集团股份有限公司	20000	20000
3	中电投远达环保（集团）股份有限公司	6000	
4	龙净科杰环保技术（上海）有限公司	4694	
5	北京国电龙源环保工程有限公司		10000

注 按 2015 年底催化剂再生厂家产能大小排序。

第六章 废旧SCR烟气脱硝催化剂处理技术

第一节 废旧 SCR 烟气脱硝催化剂处理要求

随着国内发电公司大量投运脱硝装置，机组运行时间增加，大量催化剂的失活不可避免，脱硝催化剂的全寿命管理对延长催化剂的使用寿命具有重要意义。各发电公司应规范催化剂的寿命管理，开展研究废旧催化剂的回收处理技术。一般催化剂的再生次数需通过催化剂的性能检测确定，由于催化剂的机械寿命一般为 10 年，所以最多可再生 2～3 次。废旧催化剂被定性为危险固体废弃物，处理难度大，加强废旧催化剂的处理技术研发，包括催化剂的二次再生技术以及从废旧催化剂中提取微量元素、回收有效成分等是未来发展趋势。国家已将废旧催化剂纳入危险废物进行管理，企业按照有关法律法规依法处理处置废烟气脱硝催化剂，并采取有效措施，防止造成环境污染和资源浪费。

SCR 烟气脱硝技术是目前国内外用于火力发电厂氮氧化物排放控制的主要技术，作为燃煤电厂脱硝系统的重要组成部分，脱硝催化剂费用占据了脱硝工程总投资近 50%的比例，催化剂作为 SCR 烟气脱硝系统核心在使用一段时间后需进行更换，从而加剧了电厂运行成本。随着脱硝装置的广泛应用，成本的增加在“十三五”新形势下将尤为突出。另外，废弃的钒钛基 SCR 烟气脱硝催化剂中含有钒等有毒物质，将造成环境污染问题。研究表明，对可逆性中毒的和脱硝活性降低的烟气脱硝催化剂进行再生工艺处理后，其脱硝活性可恢复至正常水平，再生工程费用仅仅为火力发电厂更换新的脱硝催化剂工程费用的 40%左右，大大降低了燃煤火力发电厂运行成本。因此，脱硝催化剂企业通过积极采取有效措施，加大对失活脱硝催化剂的再生力度投入，提高脱硝催化剂在火力发电厂脱硝装置中的循环综合利用效率，将是降低燃煤火力发电厂脱硝装置运行投入费用的重要突破口。从“降低运行费用，提高综合利用效率”角度来看，再生必将成为处理失效催化剂的首选方式。

工厂对失活 SCR 烟气脱硝催化剂进行再生处理，不仅有利于环境保护，有利于节约原材料，还实现资源的循环再利用。随着人们意识的提升，SCR 烟气脱硝催化剂再生所产生的环境问题也逐渐受到人们的重视。怎样处理好烟气脱硝催化剂再生后产生的环境问题就是重点。

废烟气脱硝催化剂归类为《国家危险废物名录》中“HW49 其他废物”，工业来源为“非特定行业”，废物名称定为“工业烟气选择性催化脱硝过程产生的废烟气脱硝催化剂”。从事废烟气脱硝催化剂收集、贮存、再生、利用处置经营活动的单位，必须办理危险废物经营许可证；转移废烟气脱硝催化剂应执行危险废物转移联单制度；产生废烟气脱硝催化剂的

企业，必须将不可再生且无法利用的废烟气脱硝催化剂交由具有相应能力的危险废物经营单位（如危险废物填埋场）处理处置。

一、法律法规的要求

环保部2014年8月正式发布《关于加强废烟气脱硝催化剂监管工作的通知》（下称《通知》）和《废烟气脱硝催化剂危险废物经营许可证审查指南》（下称《指南》），将废烟气脱硝催化剂纳入危险废物进行管理。此《通知》和《指南》统一了对废催化剂的认识、理解和做法，规范了废催化剂危险废物经营许可证（下称“危废许可证”）的办理和审批流程，为提升废催化剂再生、利用行业的整体水平，促进脱硝催化剂再生行业在中国的持续、健康、良性发展提供了政策保障。目前国内催化剂再生处于起步阶段，面临很多的问题。

二、废烟气脱硝催化剂类别

（1）废烟气脱硝催化剂（钒钛系）是指由于催化剂表面积灰或孔道堵塞、中毒、物理结构破损等原因导致脱硝性能下降而废弃的钒钛系烟气脱硝催化剂。（催化剂再生行业称之为“失活催化剂”）

（2）预处理是指清除废烟气脱硝催化剂（钒钛系）表面浮尘和孔道内积灰的活动。

（3）再生是指采用物理、化学等方法使废烟气脱硝催化剂（钒钛系）恢复活性并达到烟气脱硝要求的活动。

（4）利用是指采用物理、化学等方法从废烟气脱硝催化剂（钒钛系）中提取钒、钨、钛和钼等物质的活动。

（5）废烟气脱硝催化剂（钒钛系）纳入危险废物进行管理，并将其归类为《国家危险废物名录》中“HW49其他废物”，工业来源为“非特定行业”，废物名称定为“工业烟气选择性催化脱硝过程产生的废烟气脱硝催化剂（钒钛系）”。

三、催化剂再生具有显著的经济效益、社会效益和环保效益

（1）废催化剂再生是国家大力支持和鼓励的循环利用、节能环保、利国利民项目。国务院2013年8月11日发布的《关于加快发展节能环保产业的意见》，特别指出要大力发展脱硝催化剂制备和再生，这是国家首次对脱硝催化剂制备以及再生做出明确指示。《通知》鼓励废烟气脱硝催化剂（钒钛系）优先进行再生，培养一批利用处置企业，尽快提高废烟气脱硝催化剂（钒钛系）的再生、利用和处置能力。

（2）当前，国家高度重视氮氧化物的减排治理即脱硝的工作，燃煤电厂等企业的脱硝普遍采用选择性催化还原技术（SCR占95%以上），主要特点是采用催化剂完成脱硝反应，脱硝催化剂保有量约60万m^3。

（3）预计从2016年开始，废催化剂的产生量为每年10万～24万m^3（5万～12万t/年），呈每年递增趋势。更换下来的废催化剂若随意堆存或不当处置，将造成环境污染和资源浪费。废催化剂的再生处理正是解决这些问题的最佳途径，具有显著的社会效益、经济效益和环保效益。

（4）经济效益方面：作为燃煤电厂SCR烟气脱硝系统的核心组件，脱硝催化剂成本约占脱硝工程总投资的35%左右。废催化剂进行再生处理可为电厂节约可观的催化剂购置费

用，否则电厂除了需要投入大量的资金采购新催化剂外还需花费一定费用处理废催化剂。

（5）社会效益方面：废催化剂进行再生，实现了中国有限资源的循环再利用，节约原材料，降低能耗。如果不进行再生和利用，将造成资源的严重浪费。

（6）环保效益方面：大大减少填埋量，有利于环境保护。废催化剂若随意堆存或不当处置，将造成环境二次污染。可以预见，脱硝催化剂再生虽然在国内是全新的业务，但中国的SCR脱硝装置大量使用再生催化剂是大势所趋，脱硝催化剂再生将成为催化剂更换的必由之路。

四、废催化剂的收集、贮存、运输、再生、利用和处置的要求

（一）产生单位的要求

（1）产生废催化剂的单位应严格执行危险废物相关管理制度，并依法向当地环保部门申报废催化剂产生、贮存、转移和利用处置等情况，并定期向社会公布。

（2）严禁产生单位将废催化剂提供或委托给无危废许可证的单位从事经营活动。

（3）经营单位须持危险废物转移五联单和道路危险货物运输许可证才能运走废催化剂。

（4）废催化剂在厂区内贮存和转移过程中，要加强防水（不能淋雨，尽量室内放置）、防压等措施，减小催化剂人为损坏。废催化剂在厂内仓库存放的时间不得超过一年。

（5）《通知》和《指南》正式颁布前，国内部分从事废催化剂再生企业采用现场（移动式）再生方式。新政策出台后，已禁止现场再生（除非产生单位自建固定的再生设施并通过危险废物的环评），严禁持废催化剂危废许可证单位采用移动式再生方式违法处理废催化剂。现场（移动式）再生可免去危险废物转移五联单的办理以及催化剂的来回运输当然比较省事，但废催化剂危废许可证是经过对再生工厂严格的环评才取得的，只适用于环评所在地进行再生、利用，离开自己的环评经营场所进行再生、利用其许可证是无效的。

《通知》规定：新建燃煤电厂等企业自建废烟气脱硝催化剂（钒钛系）贮存、再生、利用和处置设施的，应当依法进行环境影响评价并通过建设项目环境保护竣工验收。

《指南》规定：燃煤电厂、水泥厂、钢铁厂等企业自行再生和利用废烟气脱硝催化剂（钒钛系）的建设项目环境保护竣工验收可参考本《指南》。

（二）经营单位的要求

（1）从事废催化剂收集、贮存、再生、利用、处置经营活动的单位，应严格执行危险废物经营许可证管理制度，办理废催化剂的危废许可证。禁止无危废许可证或者不按照危废许可证规定从事废催化剂的收集、贮存、处置经营活动。

（2）严禁持废催化剂危废许可证单位采用移动式再生方式违法处理废催化剂。

（3）须办理危险废物转移五联单，运输车辆须持道路危险货物运输许可证。危险废物转移五联单须提前办理，废催化剂下来后可马上拉走。如果废催化剂淋雨受潮，将很有可能无法再生或再生效果大打折扣。且如果废催化剂淋雨了，将对存放地周边的环境和水质形成二次污染。再生后的催化剂运输与新催化剂一样，运输车辆不需要持道路危险货物运输许可证。

（4）废催化剂应采用具有一定强度和防水性能的材料密封包装，并有减震措施，防止破

碎、散落和浸泡。

(5) 不可再生的废催化剂可交由具有重金属提炼能力的危险废物经营单位提取钒、钨、钛和钼等物质。不可再生且无法利用的废烟气脱硝催化剂应交由具有相应能力的危险废物填埋场处理处置。

(6)《指南》对再生、利用单位的要求比较多，且非常严格。包括技术人员、运输、包装与贮存、设施及配套设备、工艺与污染防治、规章制度与事故应急等方面的要求。

1) 再生、利用能力均应达到 5000m^3/年（或 2500t/年）及以上。

2) 预处理、再生和利用过程中产生的废酸液、废有机溶剂、废活性炭、污泥、废渣等按照危险废物进行管理。

3) 鼓励新建废催化剂再生、利用企业进入工业园区。

4) 视频监控要求、计量设备要求全过程、全方位控制，可追溯。

5) 建设全套物理与化学性能分析的试验室，配备相应的分析测试仪器和设备。

五、环保执法和考核力度

(1) 相关环境保护行政主管部门必须加大对其产生单位和经营单位的执法监督力度。严厉打击非法转移、倾倒和利用处置废催化剂行为。将废催化剂管理和再生、利用情况纳入污染物减排管理和危险废物规范化管理范畴，加大核查和处罚力度，确保其得到妥善处理。

(2)《最高人民法院、最高人民检察院关于办理环境污染刑事案件适用法律若干问题的解释》于 2013 年 6 月 19 日正式实施，首次界定了“严重污染环境”的 14 项认定标准，非法排放、倾倒、处置危险废物三吨以上的，构成犯罪的，依法追究刑事责任。

(3) 新修订的《环境保护法》是“史上最严”的环保法，被誉为“长牙齿的法律”。新法赋予环境监察机构执法权。针对目前环保领域“违法成本低、守法成本高”的问题，将进一步加大对违法行为的处罚力度，视情节严重程度可对企业进行设备扣押、按日计罚、停业关闭、行政拘留直至追究刑事责任。

(4) 十八届四中全会首次关注“依法治国”，10 月 28 日《中共中央关于全面推进依法治国若干重大问题的决定》发布，决定用严格的法律制度保护生态环境，加快建立有效约束开发行为和促进绿色发展、循环发展、低碳发展的生态文明法律制度，强化生产者环境保护的法律责任，大幅度提高违法成本。

第二节　废旧 SCR 烟气脱硝催化剂处理技术方案

目前国内 SCR 烟气脱硝催化剂失活后的再生处理主要有两种方案，一是现场再生，二是工厂化再生。这与欧洲和美国最初经历的过程相同，但在 2005 年以后美国已经不再采用现场再生方法。现场过程可以把表面沉积物和附载物用物理化学方法简单清除，再负载一定量的化学活性物质。但是现场再生可能带来的危害：失活的催化剂含有砷及钒、钼、钨等重金属，现场再生清洗过程中会产生含有重金属的废水、废渣，加之现场没有无害化处理设备和系统，极易对电厂周边环境和水质形成二次污染，对电厂工作人员产生较大的健康风险。

工厂化再生是通过物理和化学方法有机的结合，可以将催化剂表面和微孔堵塞物完全去除，更重要的是把化学中毒物砷、磷和碱金属也有效地去除。工厂化再生可以严格控制烘干、煅烧的参数，这对化学活性物的负载过程的有效性至关重要。真正的工厂化再生工艺是一个非常复杂的物理化学过程，通过合适的再生方案，可以使催化剂的活性恢复到新鲜催化剂的90%以上。工厂化再生配有污水处理设施，可以将再生过程中产生的废水处理到达标排放。环境保护部在2014年8月26日发布的《废烟气脱硝催化剂危险废物经营许可证审查指南》中明确鼓励脱硝催化剂制造工厂开展再生工程，工厂化再生将必然成为SCR烟气脱硝催化剂再生行业主流技术。

催化剂是SCR烟气脱硝系统的核心部件，一般催化剂使用3年左右就会出现失活现象。造成失活的原因主要有催化剂的烧结、砷中毒、钙中毒、碱金属中毒、SO_3中毒以及催化剂空隙积灰堵塞等。对失活催化剂更换或是再生将直接影响SCR系统的运行成本。因此，研究SCR烟气脱硝催化剂的失活与再生，具有很重要的现实意义。我国催化剂研究已有好多年，目前比较成熟的有V_2O_5-WO_3/TiO_2、V_2O_5-MoO_3/TiO_2及V_2O_5-WO_3-MoO_3/TiO_2，它们都是以TiO_2为载体，V_2O_5、WO_3、MoO_3、为活性物质负载在其上。具有较好的活性、高选择性以及强抗中毒性。下面主要对于脱硝催化剂的失活原因、失活再生、废弃的催化剂回收再利用做简单介绍。

一、脱硝催化剂失活原因

脱硝催化剂会随着使用时间增加逐渐失活，造成催化剂失活的因素繁多，包括由于烟气中的碱金属、砷等元素造成的中毒、催化剂的烧结、表面及孔道堵塞、磨损、腐蚀，以及水蒸气凝结和硫酸铵盐沉积等原因造成的催化剂活性降低或中毒。

1. 烧结

脱硝催化剂长期在高温环境中（450℃以上）运行会引起催化剂的烧结，导致催化剂粒径增大，比表面积减小，脱硝活性降低。

2. 表面及孔道堵塞

脱硝催化剂的堵塞主要是由于硫酸铵盐、硫酸钙及飞灰等的颗粒物在催化剂表面及孔道内聚集，阻碍NO_x、NH_3和O_2接触催化剂活性位，引起催化剂钝化，导致催化剂失活。

3. 金属元素中毒

碱金属造成的催化剂中毒现象较常见，碱金属对催化剂的毒性从强到弱依次为Cs、Rb、K、Na、Li。除上述碱金属的氧化物以外，碱金属硫酸盐和碱金属氯化物也会造成催化剂的失活。

催化剂砷中毒主要是由烟气中气态As_2O_3不断扩散至催化剂表面及孔道内，并在孔道内形成堆积。同时As_2O_3可在催化剂活性位与其他物质发生反应，降低催化剂活性。

飞灰中的CaO和SO_3反应生成的$CaSO_4$会大量附着在催化剂表面，从而阻碍了反应物向催化剂表面及孔道内扩散，从而导致催化剂活性降低。

二、失活SCR烟气脱硝催化剂的再生技术

在实际应用领域，脱硝催化剂失效后主要采用现场再生及工厂再生两种方式。由于现场再生易对现场环境和水质造成污染，且现场再生的催化剂的质量和性能较差，所以工厂再生是发展方向。经过再生后的SCR烟气脱硝催化剂，活性和使用寿命等能够达到运行要求，

可以实现再利用，达到节省火力发电厂环保投入和运行成本的目的。

SCR烟气脱硝催化剂工厂再生工艺首先使用超声水洗清除废旧催化剂表面的溶解性碱金属物质和堵塞在SCR烟气脱硝催化剂孔道中的灰尘颗粒沉积物，超声水洗过程中使用渗透促进剂、表面活性剂等有机高分子清洗剂提高清洗能力，特别是对硫酸盐等污垢的去除，为了进一步提高SCR烟气脱硝催化剂的活性，应用超声浸渍法在催化剂表面负载钒、钨、钼等活性组分，以满足提高脱硝催化活性的要求。SCR烟气脱硝催化剂工厂再生工艺流程见图6-1。

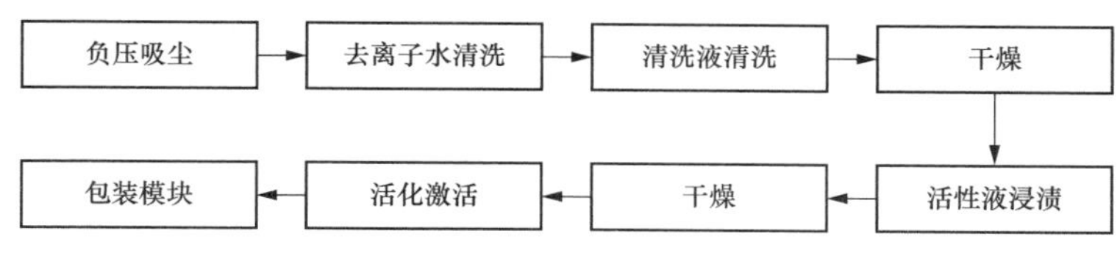

图6-1　SCR烟气脱硝催化剂工厂再生工艺流程

1. 催化剂失活原因诊断

为了使失活催化剂得到有效再生，需首先对失活催化剂样品的组分含量、比表面积、孔隙率、强度、活性等各物理化学性能指标进行分析检测，通过对失活原因进行研究、分析确定造成催化剂失活的具体原因，为接下来催化剂的再生提供支持。

2. 吹扫及去离子水清洗

在负压状态下采用压缩空气进行吹扫，去除催化剂表面附着的及孔道内的大部分灰尘颗粒。然后用去离子水冲洗、清洗和溶解沉积在催化剂表面的可溶性物质和部分颗粒。

水洗再生一般作为催化剂再生前的预处理阶段。水洗再生对催化剂的孔尺寸和孔结构、机械强度影响不大。通过对某电厂废旧催化剂水洗再生时发现，水洗可以溶剂反应过程中沉积在催化剂表面的飞灰、钾盐以及含硫物质，同时，对活性物质钒和钨的溶剂较弱。但水洗后的催化剂脱硝活性提高的也不多，分析认为催化剂表面含有的硫分较多，水洗除去了表面大量的硫，抵消了一部分因飞灰、钾的去除催化剂活性的提高。

3. 化学清洗液清洗及干燥

失效催化剂表面及孔道沉积着金属、盐等有毒物质，而催化剂反应活性与其外表面积和孔道特性有很大程度上的关系，简单的吹扫及水冲洗无法完全去除催化剂孔道中的堵塞物。去离子水清洗完成之后，将失效催化剂放入混合清洗剂中，在超声、鼓泡的配合方式下催化剂进行清洗若干小时，可以去除催化剂孔道中物理方法无法去除的堵塞物，从而达到提高失效催化剂的孔隙率。将清洗后的失效催化剂用去离子水冲洗至pH接近7，采用热风干燥。

4. 活性负载

催化剂在运行过程中，会因为高温挥发、水冲洗和机械磨损等原因导致活性组分的流失，另外，在再生过程中也会造成活性组分的流失，因此，清洗完成后需采用活性补充液（如偏钒酸铵、仲钨酸铵、仲钼酸铵等）浸泡的方法对催化剂进行活性物质再负载。再生过程使催化剂的活性恢复到90%以上。

5. 干燥及高温煅烧

经活化后的催化剂需要进行干燥和焙烧，催化剂在热风中干燥，干燥完成后的催化剂放入炉窑中进行烧制。催化剂的焙烧温度与催化剂活性密切相关，焙烧很多过低，不利于催化剂活性相的形成；焙烧温度过高，催化剂又会产生烧结团聚现象，影响活性相在催化剂中的分散性，从而导致催化活性下降。煅烧温度模拟催化剂生产的温度控制，对催化剂的干燥、升温、煅烧、保温、冷却经过工艺计算曲线控制，实现催化剂的活性成分在催化剂基体的牢固负载。

6. 再生技术指标

再生完成后，使用SEM、XRD、孔径分析仪等确认再生催化剂状态。催化剂再生指标有：

（1）再生后的催化剂的活性恢复到新鲜催化剂的90%以上。

（2）再生后催化剂的 SO_2/SO_3 转化率小于1%。

（3）再生后催化剂的机械强度寿命应大于5年，同样运行条件下再生催化剂失活速率与原始催化剂一致。

7. 再生清洗液选择

化学清洗液是废弃SCR烟气脱硝催化剂再生工艺中不可缺少的关键技术，该技术在国内外现有脱硝催化剂再生生产中被广泛应用。美国Coalogix公司、Steag公司的脱硝催化剂再生都将化学清洗作为一种主要的核心再生技术。系统研究化学清洗再生技术，对于推动我国失活脱硝催化剂再生技术研究，丰富和优化国内再生技术具有重要意义。

8. 清洗原理

催化剂灰垢清洗使用的清洗剂是由一些有机化合物在无机酸碱的催化作用下，经过缩合、加成等化学反应合成的表面活性剂、渗透剂再复配一定的络合剂及其他助剂，形成了强渗透性、剥离性、水溶性良好的清洗剂。该清洗剂通过一定的物理渗透，在催化剂孔径灰垢中，与 SO_3、Al_2O_3、CaO化合物等进行化学反应，产生微量的气体；同时，通过表面活性剂的作用，使得固态物质发生膨胀疏松，降低表面张力，使污垢在重力作用下从催化剂细孔中脱落，从而达到对催化剂灰垢进行清洗、清除的目的。

9. 清洗配方选择

清洗配方选择的主要依据是垢样成分与垢层分布形态。采用晶格畸变理论，通过渗透剂的作用带入一部分化学清洗药剂，在化学反应的作用下促使垢层分布状态发生变化，导致其坍塌，并在重力作用下自动脱落。

10. 清洗工艺条件

（1）清洗温度：常温。

（2）清洗时间：根据污垢严重程度确定（2～4h）。

（3）清洗方式："鼓泡＋超声"。

（4）压力：≤0.1MPa。

11. 清洗工艺步骤

催化剂清洗工艺主要包括以下几个步骤：去离子水清洗→剥离除垢清洗→去离子水清洗→干燥。

脱硝催化剂再生项目符号国家的环保政策，可为国家节约大量资源，并避免了对环境的二次污染。目前从美国的技术来看可以再生两次，最多再生4次，即需报废，再生周期为

4～5年。再生成本约为生产制造成本的2/3，再生的利润空间大于生产制造产品的利润空间。但如果对催化剂的清洗无法彻底实现，再生质量也就大打折扣。通过对脱硝催化剂清洗配方的研究，可以有效地解决再生之前的清洗问题，减少固废排放，为催化剂制造及火力发电厂节约了生产成本。

三、废旧SCR烟气脱硝催化剂回收和利用

对于废旧脱硝催化剂的回收和利用目前仍集中在试验室研究阶段，国内外可供参考的文献资料较为有限，并没有产业化应用的成熟技术。当前研究主要集中于采用干法、湿法或干湿混合法等技术对废烟气脱硝催化剂中有较高价值的元素进行回收和利用。下面就依据不同的处理方法对废旧脱硝催化剂的回收和利用研究情况进行简要介绍。

1. 干法回收技术

干法回收通常是采用固体碱（NaOH或Na_2CO_3）与清洗后的废旧脱硝催化剂混合，于650℃左右灼烧熔融，使其中的V_2O_5和WO_3、MoO_3转变为水溶性的钒酸盐和钨酸盐、钼酸盐，TiO_2转变为钛酸盐，再加入水进行过滤浸渍，钛酸盐遇水形成微溶于水的偏钛酸，滤液中的钒酸盐和钨酸盐、钼酸盐经沉淀、过滤工艺分离得到钒、钨、钼。

采用碱系熔盐技术，将研磨至一定细度的废旧脱硝催化剂（粒径＞45μm，粒子质量分数小于5%）与固体氢氧化钠进行熔盐反应，对钛、钨、钒3种元素进行低温碱系转化，在熔盐反应时间为60min、熔盐反应温度为（500±5）℃、废旧脱硝催化剂与固体氢氧化钠的质量比为1∶1.5的条件下，采用离子交换深度除杂技术处理脱硝催化剂，回收二氧化钛、五氧化二钒、三氧化钨，效果良好。

将废旧脱硝催化剂破碎并经高温焙烧预处理后，按比例加入Na_2CO_3并混合、粉碎，进行高温焙烧。烧结块粉碎后投入热水中搅拌、浸出。所得钛酸盐加入硫酸，经过滤、水洗、焙烧，得到TiO_2。浸出后的滤液加硫酸调节pH值至8.0～9.0，再加入过量NH_4Cl沉钒。将过滤得到的NH_4VO_3经高温分解、制得V_2O_5成品。沉钒后的滤液加盐酸调节pH值至4.5～5.0，再加入$CaCl_2$沉钼、钨，过滤所得$CaMoO_4$和$CaWoO_4$用盐酸处理再经焙烧即可得WO_3、MoO_3。也有文献报道将废钒催化剂直接进行高温活化、焙烧，然后采用碳酸氢钠和氯酸钾溶液浸出并氧化，接着过滤、浓缩浸出液，再加入氯化铵得到偏钒酸铵沉淀、干燥、煅烧得到五氧化二钒。

干法回收技术能耗高及碱消耗量大，回收成本高。同时，由于废旧催化剂中SiO_2、Al_2O_3等杂质焙烧时，钒与其反应转化为不溶于水的含钒硅酸盐，造成钒的浸出率较低，该工艺需进一步探索、优化。

2. 湿法回收技术

湿法回收技术通常采用强酸、强碱及其他溶剂，借助还原、水解及络合等化学反应，将部分金属氧化物溶解到溶液中，随后再进行提取和分离。

使用Na_2CO_3与SCR催化剂于750℃共混煅烧，用热水洗涤得到Na_2TiO_3，酸洗煅烧得到TiO_2。向滤液中加HCl调节pH值至8～9，得到$MgSiO_3$沉淀；再加入NH_4Cl，得到NH_4VO_3沉淀。将沉钒滤液调节pH值为4～5，加入$CaCl_2$，得到$CaMoO_4$沉淀。借助XRD、XRF等分析手段对回收产品进行了表征，优化了回收工艺，最终得到了纯度高达

93%的 TiO_2 产品。

对废脱硝催化剂进行清洗、粉碎、磨粉，利用浓硫酸对其酸解制得硫酸氧钛浓溶液，再加水稀释，随后依次经过絮凝、压滤、水解、过滤、煅烧等工序制得到 TiO_2 成品。该方法能够减少废旧脱硝催化剂的处置量，并使其资源化，降低脱硝催化剂的生产成本。

通过 NaOH 溶液高温高压浸取得到金红石型钛白粉滤渣，浸出液经过调节 pH 值后加入 $MgCl_2$ 在 90℃以上除杂，再通过调节 pH 值，高温下加入 $CaCl_2$ 得到 $CaWO_4$ 和 Ca（VO_3）$_2$ 沉淀，最终通过盐酸固液分离 HVO_3 滤液和 H_2WO_4 滤渣。

湿法酸性还原方法先分离钒和钛、钨、钼。首先通过高压水冲洗废催化剂表面飞灰及其他杂质，接着酸浸（$H_2SO_4+Na_2SO_3$）还原，使 V^{5+} 被还原，成溶于水的 V^{4+}，即可分离 V^{4+} 溶液和钛、钨、钼固体；然后利用常温下 NaOH 溶液能溶解 WO^{3-}，但不与 TiO_2 反应的原理分离钨、钼和钛。

相比干法回收技术，湿法回收技术能耗较低，但在该工艺过程中需用到大量的酸和碱，且废旧催化剂本身含有大量有毒有害的元素，因此，湿法回收过程中产生废液的处理就显得尤为重要。

随着 SCR 技术在燃煤电厂中的大规模应用，以及未来延伸到水泥、钢铁等行业，随之而来的是越来越多的废烟气脱硝催化剂，因此，未来对于脱硝催化剂制造企业来讲，仍需加大废烟气脱硝催化剂综合利用的研究，开发出切实可行的回收利用路线，实现资源的有效利用，进而推进整个脱硝行业的进一步发展。

第三节　废旧 SCR 烟气脱硝催化剂处理案例

SCR 烟气脱硝催化剂存在两个寿命：物理寿命和化学寿命。通常物理寿命远远长于化学寿命，物理寿命由其机械强度等物理性质决定，催化剂的活性等化学性质决定了其化学寿命，随着催化剂的使用，其活性会逐渐衰减，为维持必需的脱硝效率，一般在 SCR 烟气脱硝催化剂投运 1.5 万 h 后在反应器内预留层再增加一层催化剂，6 万 h 后需更换第一层，8.5 万 h 后需更换第二层，每隔 2 年进行一次大修。从节约成本的角度出发，也可将活性下降的催化剂取出再生，再生后的催化剂安装到备用层，一般从上而下依次再生，也有的直接再生，不添加新催化剂层，从而减少烟气阻力，降低风机能耗。

被更换下来的催化剂，可报废或再生。由于催化剂的价格非常昂贵，加之其含有 V_2O_5、WO_3 等重金属，被更换下来的催化剂需要进行专门的无害化处理。根据国外的经验，废弃催化剂的处理费用高达 500 欧元/m^3。再生是把催化剂经过清洗、化学药剂浸渍、重新加入活性物质等处理过程后，将其催化效率恢复到出厂之初。在国外，催化剂再生所需的费用为购买全新催化剂费用的 1/2，虽然耗资较大，但还是较重新购买便宜，并且可以省下处理废弃催化剂的费用，降低对环境二次污染的压力。

我国目前已引进国外催化剂生产设备和技术，但核心技术仍为外方掌握，再生技术更是几乎没有涉及。我国对该技术领域的研究尚处于起步阶段，大多数仍处于试验室研究阶段。肯创公司是国内最早研究 SCR 烟气脱硝催化剂再生技术、最早取得核心专利技术、最早取得实质性工业应用的单位，也是目前取得专利技术数量最多、技术成果最成熟的单位。肯创公司开发出的现场再生和基地式再生相结合的 SCR 烟气脱硝催化剂再生技术符合我国客观

需求，再生费用仅为新催化剂的 1/2 左右。从 2011 年至今，肯创再生技术已经先后在国华太仓电厂、厦门嵩屿电厂、华能北京高碑店电厂、华能玉环电厂 4 家电厂 7 台锅炉成功实施，机组规模从200～1000MW，再生涵盖蜂窝式、波纹板式以及板式全部催化剂类型，最长的已正常安全运行超过 20000h。再生项目先后通过上海发电成套研究院、西安热工研究院、日立生产厂家等单位检测合格，运行稳定。

经中国机电工程学会组织的国家级专家技术鉴定会鉴定，认为肯创再生技术填补国内空白，达到国内领先，技术优势明显。肯创再生技术还先后获得国家科技部火炬计划项目、中国电力科技进步三等奖和国家能源局科技进步二等奖。

肯创再生技术主要特点包括：

（1）针对我国燃煤锅炉烟气高含硫、高含钙、高灰分三高特点，采用以有机高分子材料为主的中性化学清洗剂配合超声波辅助清洗工艺，有效去除遮蔽堵塞催化剂活性位的钙盐、硅盐，解决催化剂清洁问题，并且对基体没有损伤。

（2）针对失活催化剂活性成分的丢失，配制专用再生液药剂，通过溶液双电层理论浸渍补充活性成分及抗 SO_2 氧化助剂，提高催化剂活性能力并控制 SO_2/SO_3 转化率小于 1%。采用超声波辅助催化剂活性再植入技术，保证了金属化合物催化组分在催化剂载体表面存在的价态、晶粒尺度和分散度，使再生液浸渍后活性物质与抗 SO_2 氧化助剂均质负载，提高了再生品质。

（3）针对 SCR 烟气脱硝催化剂孔道堵塞这一棘手的问题发明了旋转式孔道疏通装置，催化剂孔道疏通率大大提高。

（4）配备可移动式具有现场清洗再生功能的清洗再生车，可提高催化剂再生的方便实用性，具有很强的灵活性。

（5）采用 SCR 烟气脱硝催化剂专用高温激活活化装置，不仅使活性负载物质受热分解成真正活性物质，通过高温煅烧，还可确保这些物质在载体上牢固黏合，能有效延长再生催化剂的使用寿命。

（6）针对清洗再生产生的废水，相应配套有再生废水处理装置，采用 pH 值调节、重金属捕集和絮凝沉淀等相结合的工艺，废水悬浮物（SS）和重金属去除效率高、渣量少，部分外排水回用，处理单元集成化，设备占地面积小，实现绿色施工。

一、某电厂催化剂再生概况

某电厂 4 号机组为 600MW 国产直接空冷亚临界凝汽式汽轮发电机组，于 2008 年 5 月投入商业运行，并于 2009 年 10 月完成 SCR 烟气脱硝改造工程。脱硝装置采用“高含尘布置方式”的 SCR 烟气脱硝装置，在设计煤种、锅炉最大工况（BMCR）、处理 100%烟气量、入口 NO_x浓度为 650mg/m^3（标准状态）条件下，按脱硝效率不小于 90%设计，催化剂层数按 2 层运行 1 层备用设计。反应器加装的是日立远东有限公司（巴布科克日立株式会社，简称日立巴布科克）的板式催化剂，催化剂以不锈钢丝网为基材，基体为锐钛型二氧化钛（TiO_2），活性物质包括五氧化二钒（V_2O_5）等。单件催化剂模块外形尺寸为 1881mm×948mm×1440mm，单件质量为 1300kg。单台机组脱硝催化剂体积总量为 626m^3，催化剂模块数量为 312 块。

2013 年 6 月日立巴布科克对电厂催化剂进行取样检测，与未使用过的催化剂相比，使用过催化剂经过18000h的运行及前后33个月的室外放置，脱硝效率小于65%，已经低于所要求的脱硝效率。2014年3月经用户取样送检，催化剂活性比仅为0.57，说明催化剂脱硝性能衰减严重，在正常保证值内，催化剂活性衰减趋势通常是平缓的，一旦超出正常保证值，衰减趋势将会有所加剧，给脱硝运行带来极大隐患，此时通常应考虑加装第三层，这不仅将增加巨额催化剂采购成本，同时由于增加一层，也增加了风机能耗。除增加备用层以外，对失活催化剂及时进行再生恢复其活性是更值得推荐的措施，根据国外经验以及之前再生已取得的经验也证明了这一点。

根据用户检修计划，4号机组将在2014年6月底进行检修，检修期约50天，完全能满足现场再生所必须的时间。

二、失效催化剂再生前期工作准备

2014年3月，肯创公司对某电厂4号机组失效催化剂（4号机组SCR反应器左侧上、下层各一片及右侧上、下层各一片）进行了采样分析，在设计条件下，检测旧催化剂的脱硝效率、活性及SO_2/SO_3转化率，并做了再生小试。对同一生产厂家同一型号的新鲜催化剂（样品取自另外某电厂）进行了对比试验分析。

（一）检测条件

催化剂检测条件如表6-1所示。

表6-1　催化剂检测条件

项目	单位	数值
温度	℃	380
AV	m/h	12
MR		0.9
SO_2	μL/L	469
NO	μL/L	317
O_2	%	4.09

注　*AV*——面积速度，烟气流量与催化剂的总几何表面积（催化剂体积×比表面积）之比，m/h；
MR——氨氮摩尔比。

（二）脱硝效率和活性

在设计条件下，取样催化剂、再生催化剂和新鲜催化剂的脱硝效率和活性的测试结果见表6-2。催化剂NO转化率随温度的变化如图6-2所示。

表6-2　催化剂脱硝效率和活性测试结果

项目	单位	左上	右上	再生	新鲜
入口NO	μL/L	317	317	315	316
出口NO	μL/L	80	71	34	41
NO转化率	%	74.76	77.60	89.21	87.03
活性	m/h	18.92	20.87	40.43	33.28

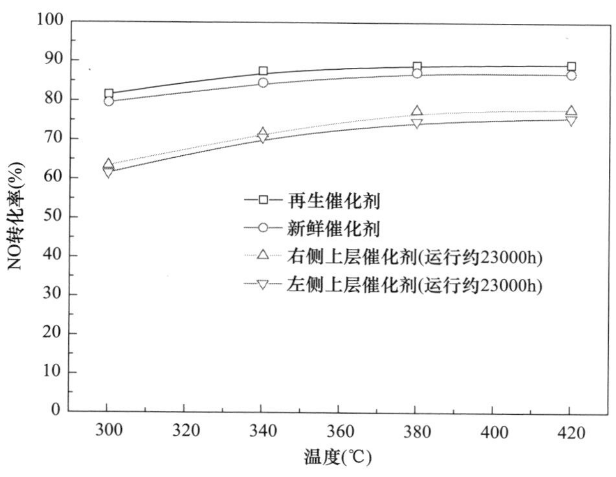

图 6-2　催化剂 NO 转化率随温度的变化

（三）SO_2/SO_3 转换率

在设计条件下，取样催化剂、再生催化剂和新鲜催化剂的 SO_2/SO_3 转换率的检测数据见表 6-3。

表 6-3　催化剂的 SO_2/SO_3 转化率的检测数据

项目	单位	左上	右上	再生	未使用
温度	℃	380	380	380	380
入口 SO_2	μL/L	469	471	472	471
出口 SO_3	μL/L	4.03	4.14	4.30	3.53
SO_2/SO_3 转化率	%	0.86	0.88	0.91	0.75

（四）化学成分分析

采用 X 射线荧光光谱仪对受测催化剂样品表面化学物质成分进行分析，检测结果见表 6-4。

表 6-4　检　测　结　果　%

检测项目	样 1	样 2	再生	新鲜
V_2O_5	1.35	1.36	1.85	0.64
WO_3	8.20	8.05	9.17	11.43
MoO_3		0.01	0.01	
Na_2O	0.28	0.24		—
K_2O	0.24	0.25	0.04	—
Fe_2O_3	0.62	0.82	0.75	0.25
SO_3	3.06	3.77	0.75	0.42
CaO	0.22	0.18	0.04	0.05
SiO_2	11.84	11.16	11.32	10.63
TiO_2	69.00	69.76	72.50	72.35
MgO	0.06	0.05		—

续表

检测项目	样 1	样 2	再生	新鲜
Al_2O_3	4.85	3.93	3.26	3.62
P_2O_5	0.06	0.05	0.05	0.04
As_2O_3	0.01	0.01	0.01	—
Cr_2O_3	—			0.08
CeO_2	—	0.19		0.22
ZnO	0.03	0.01		0.08
CuO	0.02	0.01	0.01	—
ZrO_2	0.06	0.05	0.05	0.07
Nb_2O_5	0.10	0.10	0.10	0.11
SrO		0.01		
Cl	0.01			0.01
V/Ti 摩尔比	0.01717	0.01711	0.02239	0.00776

从检测结果看，4 号机组取样催化剂脱硝效率不足 75%，低于设计效率 90%，并且反应器左侧上层催化剂活性只有 18.92m/h，活性比仅是同一生产厂家同一型号的未使用催化剂的 60%左右，催化剂已基本处于失活状态，继续运行很难保证在下一个检修周期到来之前仍能满足大气污染排放要求。结合日立巴布科克的检测报告，可以判断，4 号机组脱硝催化剂已经失活，应及时寻求解决方案，以确保机组安全运行。

结合表 6-4 检测结果分析，与未使用催化剂样品相比，4 号机组取样催化剂样品孔道表面上 Ca、S 的含量显著提高，这说明催化剂内部微孔通道及表层被硫酸钙颗粒堵塞，是造成其活性惰化的重要原因。此外，与新鲜催化剂样品相比，失活催化剂样品孔道表面上碱金属 K、Na 的含量也有一定程度的增高。对于 SCR 烟气脱硝催化剂，烟气及灰分中 Na、K 等碱金属成分的存在会占据催化剂酸性中心，进而导致反应活性下降。

从失活机理分析上看，上述失活机理导致的催化剂失效是可逆的，对失效催化剂进行试验室再生小试结果表明，在试验条件下，通过再生，催化剂中硫、钙及碱金属等有害元素得到有效去除，催化剂脱硝效率提高至接近 90%，活性达到 40m/h，甚至超过未使用催化剂，SO_2/SO_3 转化率小于 1%，再生效果良好。因此，肯创公司能够通过再生工艺恢复其活性，肯创再生技术在国内已经有若干家电厂进行了大规模的成功再生应用，技术可靠。

因此，在充分准备和论证前提下，对催化剂进行再生处理，将是对宝贵经验的积累，也是切实可行的。

（五）SCR 烟气脱硝催化剂再生技术方案

1. 再生技术路线

根据上述对催化剂失活机理的分析，以及再生试验，本次再生工程拟采用的技术路线为：首先采用额定压力的射流机冲洗，去除附着不牢的浮灰和堵塞物，然后采用鼓泡清洗清除失活催化剂表面和堵塞在 SCR 烟气脱硝催化剂孔道中的灰尘颗粒沉积物，超声化学清洗过程中使用渗透促进剂、表面活性剂作为助剂，在专利清洗剂的作用下清洗去除溶解性碱金属、硫酸钙等污垢，为了进一步提高 SCR 烟气脱硝催化剂的活性，应用超声浸渍法在催化剂表面负载含有钒、钨等氧化物的活性组分及抗 SO_2 氧化助剂，以满足提高脱硝催化活性与

抑制 SO_2/SO_3 转化率的要求，最后采用高温煅烧激活活性物质，并使活性物质与基体牢固黏附。

再生工艺流程如图 6-3 所示。

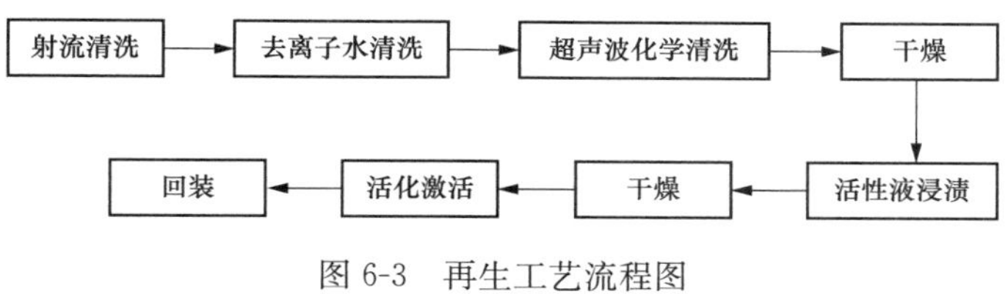

图 6-3　再生工艺流程图

工艺说明如下：

(1) 射流清洗：利用额定压力的 SCR 烟气脱硝催化剂专用射流清洗剂进行冲洗，除去黏附尚且不牢的浮灰和孔道堵塞物。

(2) 去离子水清洗：使用去离子水进一步清除负压吸尘遗留下的粉尘，降低下一步化学清洗污垢干扰，去离子水中添加渗透促进剂和表面活性剂等化学药剂，使载体污垢表面浸润，为下一步化学清洗创造良好清洗界面。

(3) 超声波化学清洗：根据取样分析，判断催化剂失活机理主要是催化剂内含有 Na^+、K^+ 等碱金属离子、硫酸钙等污垢，使用专用中性清洗药剂，去除 Na^+、K^+ 等碱金属离子，扭曲难除污垢晶键形态，使顽固性硫酸钙等污垢发生溶胀效果，达到去除的目的。为增加除垢效果，采用超声波辅助。

(4) 活性液浸渍：经水洗、化学清洗后，催化剂表面呈洁净状态，但部分活性成分丢失，根据取样分析，配制专用再生液，根据溶液 Zeta 双电层理论控制浸渍条件，控制活性组分 V、W 及抗 SO_2 氧化助剂在 SCR 烟气脱硝催化剂上吸附行为，同时辅以超声波作用，实现组分在催化剂上有效均质负载。

(5) 活化激活：将负载有原始活性成分的催化剂送入活化炉进行活化，活化炉采用温控技术，有效激活催化剂活性物质及抗 SO_2 氧化助剂，激活惰性 V、W 价态，恢复其活性，提高催化剂活性能力的同时能够抑制 SO_2 氧化，保证 SO_2/SO_3 转化率小于 1%。通过高温处理，活性物质与基体牢固黏附，可延长再生后的催化剂使用寿命，再生后的成品应及时回装。

2. 废弃物处置方案

再生活性液废液产生的废弃物为催化剂清洗废水，废水水质呈高悬浮物的特点，主要成分为粉煤灰。针对这一特点，配备一套再生废水处理装置，废水处理方案如下：

根据水质特点，主要针对悬浮物、部分重金属等污染物进行处理，经综合分析，选用包括重金属捕集、絮凝沉淀等工序的二级沉淀处理工艺。废水经调解 pH 值后进入初沉池，加入重金属捕集剂，其在常温下与废水中各种金属离子，如铬、砷、钒、钨等迅速反应，生成不溶性的高分子螯合盐，并形成絮状沉淀，从而迅速将废水中重金属离子完全去除。同时，初沉池还可去除废水中的可沉物和漂浮物，废水经初沉后，约可去除可沉物和漂浮物的 50%。初沉池可减轻后续处理设施的负荷，使细小的固体絮凝成较大的颗粒，强化了固液分离效果，对胶体物质具有一定的吸附去除作用，在一定程度上初沉池可起到调节池的作用，对水质起到一定程度的均质效果，减少水质变化对后续构筑物的冲击。将初沉池进水设置成瀑布的形式，废水经初沉池出水进入斜板沉淀池，加入絮凝剂进一步沉淀。

废水处理工艺流程如图 6-4 所示。

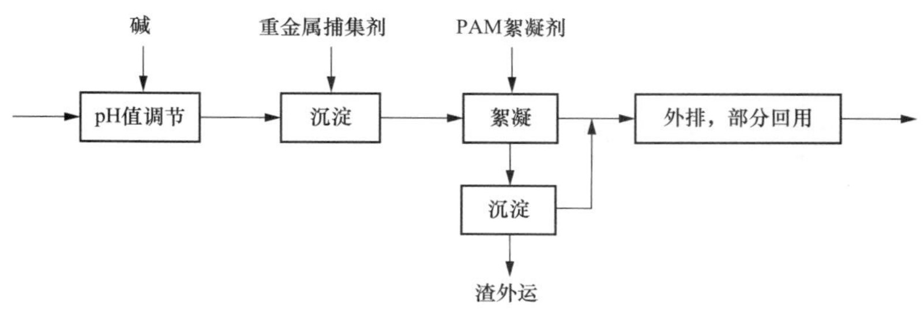

图 6-4 废水处理工艺流程图

3. 再生方案实施细则

（1）关于现场再生场地。考虑再生对去离子水、电、蒸汽的需要，应在厂内选择离上述资源较近的平坦开阔场所，场地面积 500m^2 以上，搭建临时清洗泵站。四周设围栏与外界隔离。业主在厂房内路一侧拥有具备上述条件的开阔场地，场地问题可以解决。

（2）关于工期。各阶段预计所需时间，去离子水清洗为 1～2h，超声化学清洗为 0.5～1h，活化时间为2～4h，干燥时间为 2～4h，形成流水作业，平均再生产能为 20～25m^3/天，现场再生为 626m^3 约需 30 天，加上 600MW 机组催化剂拆装时间约为 20 天，但考虑现场再生能够与催化剂拆装交叉进行，故现场再生项目预计需要总工期 40 天左右。

（3）再生技术质量标准。

通过催化剂再生技术的实施，可以达到以下质量标准：

1）催化剂清洗洗净率达 90%以上。

2）显著提高催化剂活性，活性能力恢复达 80%以上。

3）再生液对催化剂基体无损坏，不会造成载体机械强度的降低，有利于维持催化剂的使用寿命，使用寿命可延长达新催化剂使用寿命 80%以上。

4）再生后的催化剂氨逃逸浓度达到相应标准要求，即小于 3μL/L。

5）再生后的催化剂 SO_2/SO_3 转换率达到相应标准要求，即小于 1%。

（六）经济效益分析

以电厂 4 号机组的实际情况为例，拟再生现有两层失效催化剂，与新购一层催化剂加装至备用层，进行经济分析比较如下：

1. 再生费用统计

目前板式催化剂再生市场费用约 1.3 万元/m^3（不含拆装及用电），4 号机组两层失效再生总费用为

$$626m^3 \times 1.3 \text{万元}/m^3 \approx 814 \text{万元}$$

2. 新催化剂采购成本

由于对国外催化剂生产技术的引进和消化，催化剂采购成本近年来有了较大降低，从 5～6 万元/m^3，降到现在 3.5～4 万元/m^3，板式催化剂价格较其他型式催化剂稍低，约为 3.2 万元/m^3，但是由于国家大气污染治理政策的要求，催化剂市场需求呈井喷形式，采购

周期通常在6个月以上，即使按3.2万元/m^3采购成本计算，按采购一层加装考虑，单层催化剂采购费用为

$$313m^3 \times 3.2\text{万元}/m^3 \approx 1002\text{万元}$$

3. 风机能耗

根据电厂脱硝技术协议中设计数据，二层催化剂压损为462Pa，增加一层新催化剂，则意味着反应器大概增加231Pa烟气阻力（数据参照脱硝技术协议设计数据），约增加能耗231kW，通过再生，催化剂使用寿命至少延长2.4万h，上网电价按0.385元/(kW·h)，引风机能耗节省为

$$231kW \times 2.4\text{万}h \times 0.385\text{元}/(kW \cdot h) \approx 213\text{万元}$$

4. 再生项目经费节约统计

通过再生，共可节约经费为

$$1002 + 213 - 814 = 401\ (\text{万元})$$

（七）结论

（1）根据电厂4号机组SCR烟气脱硝催化剂的实际状况，开展SCR催化剂再生项目十分必要，以确保机组安全生产。

（2）根据电厂4号机组检修计划，通过现场再生完全能够满足业主检修时间的要求。

（3）通过再生试验，失效催化剂再生后可以恢复至新催化剂的脱硝性能，再生效果良好，具有良好的再生条件。

（4）再生项目的开展可以为电厂节约401万元左右的经费投入，再生经济效益明显。

参考文献

[1] 朱林，吴碧君，段枚祥，等．SCR 烟气脱硝催化剂简介［J］．石油商技，2015，6：48-55.

[2] 袁亮，吴涛，王刚．火电厂 SCR 烟气脱硝设计的探讨［J］．科技专论，2013，11（78）：289，292.

[3] 李新燕，孟凡强．影响蜂窝式烟气脱硝催化剂设计选型的因素［J］．贵州电力技术，2018，2（40）：64-70.

[4] 朱林，吴碧君，段玖祥，等．SCR 烟气脱硝催化剂生产与应用现状［J］．中国电力，2009，42（8）：61-64.

[5] 苑志伟，刘志坚．烟气脱硝 SCR 脱硝催化剂的生产及应用进展［J］．当代石油石化，2013，3：18-21，35.

[6] 朱崇兵，金保升，仲兆平，等．V_2O_5-WO_3/TiO_2 烟气脱硝催化剂的载体选择［J］．中国电机工程学报，2008，11（28）：41-47.

[7] 虞君．SCR 烟气脱硝催化剂生产工艺分析及应用探究［J］．工艺技术，2018，18：187-188.

[8] 王先鹏．板式 V_2O_5/TiO_2 脱硝催化剂的制备及性能研究［D］．北京：北京化工大学，2012.

[9] 朱崇兵．蜂窝式 SCR 烟气脱硝催化剂的制备与工程应用研究［D］．南京：东南大学，2014.

[10] 谷东亮．SCR 板式脱硝催化剂的工艺与性能研究［D］．镇江：江苏科技大学，2014.

[11] 陈美军，李朝杰．燃煤电厂 SCR 法烟气脱硝技术简介及选型思路［J］．贵州电力技术，2012，7（15）：19-21.

[12] 李小海，王虎，於承志．平板式脱硝催化剂的基本性能［J］．化工进展，2012，（31）：147-151.

[13] 华攀龙，于光喜，华杰，等．蜂窝式 SCR 脱硝催化剂制造中几个关键工序的技术分析［J］．机械设计与制造工程，2015，7（44）：71-73.

[14] 肖雨亭，陆金丰．脱硝催化剂的影响因素与选型［J］．节能与环保，2012，10：48-50.

[15] 吴丽燕，舒英钢，梁材，等．中等温度 SCR 脱硝催化剂在高硫、高钙条件下的适应性研究［J］．电力环境保护，2008，2（24）：13-16.

[16] 李倩．平板式烟气脱硝催化剂国家标准解读［J］．中国电力，2015，7（50）：143-146.

[17] 乐园园．火电厂 SCR 法脱硝催化剂的几个重要指标介绍［J］．电力科技与环保，2010，4（26）：22-25.

[18] 董长青，马帅，傅玉，等．火电厂 SCR 脱硝催化剂寿命预估研究［J］．华北电力大学学报（自然科学版），2016，43（03）：64-68.

[19] 周井祝．火力发电厂脱硝催化剂寿命管理［J］．现代商贸工业，2017（13）：186-187.

[20] 杨义东．火电厂 SCR 脱硝系统全寿命管理研究［D］．北京：华北电力大学，2016.

[21] 霍秋宝，田亮，赵亮宇，等．火电机组不同脱硝方式下的运行费用分析［J］．华北电力大学学报，2012，39（5）：87-92.

[22] 李敏．氨选择性催化还原（SCR）氮氧化物的 V_2O_5/TiO_2 基催化剂活性及动力学研究［D］．南京：东南大学，2005.

[23] 姜烨，张涌新，吴卫红，等．用于选择性催化还原烟气脱硝的 V_2O_5/TiO_2 催化剂钾中毒动力学研究［J］．中国电机工程学报，2014，34（23）：3899-3906.

[24] 廖永进，陆继东，黄秋雄，等．选择性催化还原服役后催化剂活性及动力学实验研究［J］．中国电机工程学报，2013，33（17）：37-44.

[25] 曹志勇，秦逸轩，陈聪．SCR 烟气脱硝催化剂失活机理综述［J］．浙江电力，2010，（12）：35-37.

[26] 刘智湘. 在役 SCR 催化剂活性及动力学参数研究 [D]. 广州：华南理工大学，2013.

[27] 李德波，廖永进，陆继东，等. 燃煤电站 SCR 催化剂更换周期及策略优化数学模型 [J]. 中国电力，2013，46 (12)：118-121.

[28] 李德波，廖永进，徐齐胜，等. 燃煤电站 SCR 脱硝催化剂更换策略研究 [J]. 中国电力，2014，41 (3)：155-159.

[29] 刘联胜. 燃烧理论与技术 [M]. 北京：化学工业出版社，2008.

[30] 郭汉贤. 应用化工动力学 [M]. 北京：化学工业出版社，2003.

[31] 朱开宏，袁渭康. 化学反应工程分析 [M]. 北京：高等教育出版社，2002.

[32] 孙克勤，韩祥. 燃煤电厂烟气脱硝设备及运行 [M]. 北京：机械工业出版社，2011.

[33] 王幸宜. 催化剂表征 [M]. 上海：华东理工大学出版社，2008.

[34] 云端，宋蔷，姚强. V_2O_5-WO_3/TiO_2 SCR 催化剂的失活机理及分析 [J]. 煤炭转化，2009，32 (1)：91-96.

[35] 任杰. 催化裂化催化剂水热失活动力学模型 [J]. 石油学报（石油加工），2002，18 (5)：40-46.

[36] 赵红兵，马王哲，蒋中杰，等. SCR 脱硝催化剂工厂化再生项目的设计 [J]. 工程建设与设计，2015，11：92-96.

[37] 张发捷，张强，程广文，等. SCR 脱硝催化剂再生技术试验研究 [J]. 热力发电，2015，44 (3)：34-39.

[38] 周俊强，杨晓伟，明立，等. SCR 脱硝催化剂再生实验研究及评价分析 [J]. 华北电力技术，2013，8：6-11.

[39] 陈智. SCR 烟气脱硝催化剂再生过程中的环境问题及处理措施 [J]. 化工时刊，2016，30 (6)：39-41.

[40] 沈家铨，张建华，邹宜金，等. 波纹板式 SCR 催化剂失活机理及再生研究 [J]. 电力科技与环保，2016，32 (3)：8-11.

[41] 宣小平，姚强，岳长涛，等. 选择性催化还原法脱硝研究进展 [J]. 煤炭转化，2015，(25)：26-31.

[42] 周涛，刘少光，唐明早，等. 选择性催化还原脱硝催化剂研究进展 [J]. 硅酸盐学报，2009，(37)：317-324.

[43] 谭青，冯雅晨. 我国烟气脱硝行业现状与前景及 SCR 脱硝催化剂的研究进展 [J]. 化工进展，2011，(30)：709-713.

[44] 周慧，黄华存，董文华. SCR 脱硝催化剂失活及再生技术的研究进展 [J]. 无机盐工业，2017，(49)：9-13.

[45] 张烨，缪明烽. SCR 脱硝催化剂失活机理研究综述 [J]. 电力科技与环保，2011，(27)：6-9.

[46] 曾瑞. 浅谈 SCR 废催化剂的回收再利用 [J]. 中国环保产业，2013，(2)：39-42.

[47] 周井祝. 火力发电厂脱硝催化剂寿命管理 [J]. 现代商贸工业，2017 (13)：186-187.

[48] 董长青，马帅，傅玉，等. 火电厂 SCR 脱硝催化剂寿命预估研究 [J]. 华北电力大学学报（自然科学版），2016，43 (03)：64-68.

[49] 杨义东. 火电厂 SCR 脱硝系统全寿命管理研究 [D]. 北京：华北电力大学，2016.

[50] 赵毅. V_2O_5/WO_3/MoO_3-TiO_2 基整体式燃煤烟气脱硝 SCR 催化剂的研究 [D]. 西安：陕西科技大学，2009.

[51] 张亚平，汪小蕾，孙克勤，等. WO_3 对 MnO_x/TiO_2 低温脱硝 SCR 催化剂的改性研究 [J]. 燃料化学学报，2011，39 (10)：782-786.

[52] 姜烨，高翔，吴卫红，等. 操作条件对 V_2O_5/TiO_2 催化剂选择性催化还原烟气脱硝性能的影响 [J]. 洁净煤技术，2013，19 (2)：55-58，62.

[53] Jirát J，těpánek F，Marek M，et al. Comparison of design and oper-ation strategies for temperature

control during selective catalytic re-duction of NO_x [J]. Chemical Engineering and Technology, 2001, 24 (1): 35-40.

[54] 方朝君，余美玲，郭常青，等. 燃煤电站脱硝喷氨优化研究 [J]. 工业安全与环保，2014，40 (2): 25-27.

[55] 陈进生，商雪松，赵金平，等. 烟气脱硝催化剂的性能检测与评价 [J]. 中国电力，2010，43 (11): 64-69.

[56] 孟小然，于艳科，陈进生，等. 平板式 SCR 催化剂的性能检测 [J]. 中国电力，2014，47 (12): 144-148，155.

[57] 王乐乐，宋玉宝，杨晓宁，等. 火电厂 SCR 运行性能诊断技术 [J]. 热力发电，2014，43 (10): 95-99.

[58] 李德波，廖永进，徐齐胜，等. 燃煤电站 SCR 脱硝催化剂更换策略研究 [J]. 中国电力，2014，47 (3): 155-159.

[59] 杨恂，黄锐，孔凡海，等. SCR 脱硝催化剂活性的测量和应用 [J]. 热力发电，2013，42 (1): 15-19.

[60] Nicosia D, Czekaj I, Kr cher O. Chemical deactivation of V_2O_5/WO_3-TiO_2 SCR catalysts by additives and impurities from fuels, lubrication oils and urea solution. Part II: characterization study of the effect of alkali and alkaline earth metals [J]. Applied Cataly-sis B: Environmental, 2008, 77 (3): 228-236.

[61] 王宝冬，汪国高，刘斌，等. 选择性催化还原脱硝催化剂的失活、失效预防、再生和回收利用研究进展 [J]. 化工进展，2013，32 (S1): 133-139.

[62] 顾庆华. 再生催化剂在超临界机组烟气脱硝中的应用 [J]. 热力发电，2014，43 (5): 142-145.

[63] 吴凡，段竞芳，夏启斌，等. SCR 脱硝失活催化剂的清洗再生技术 [J]. 热力发电，2012，41 (5): 95-98.

[64] 王春兰，宋浩，韩东琴. SCR 脱硝催化剂再生技术的发展及应用 [J]. 中国环保产业，2014 (4): 22-25.

[65] 陈进生. 燃煤电厂烟气脱硝技术——选择性催化还原法 [M]. 北京：中国电力出版社，2008.

[66] 商雪松，陈进生，胡恭任. 不同运行时间烟气脱硝催化剂性能对比分析 [J]. 中国电力，2012，45 (1): 45-49.

[67] 沈伯雄，熊丽仙，刘亭，等. 纳米负载型 V_2O_5-WO_3/TiO_2 催化剂碱中毒及再生研究 [J]. 燃料化学学报，2010，38 (1): 85-90.

[68] 孟小然，于艳科，陈进生，等. 平板式 SCR 催化剂的性能检测 [J]. 中国电力，2014，47 (12): 144-148.

[69] 张烨，徐晓亮，缪明烽. SCR 脱硝催化剂失活机理研究进展 [J]. 能源环境保护，2011，25 (4): 14-18.

[70] 喻小伟，周瑜，刘帅，等. SCR 脱硝催化剂失活原因分析及再生处理 [J]. 热力发电，2014，43 (2): 109-113.

[71] 云端，宋蔷，姚强. V_2O_5-WO_3/TiO_2 SCR 催化剂的失活机理及分析 [J]. 煤炭转化，2009，32 (1): 91-96.

[72] Tang F S, Xu B L, Shi H H, et al. The poisoning effect of Na^+ and Ca^{2+} ions dopedon the V_2O_5/TiO_2 catalysts for selectivecatalytic reduction of NO by NH_3 [J]. Applied Catalysis B: Environmental, 2010, 94 (1-2): 71-76.

[73] 商雪松，陈进生，赵金平，等. SCR 脱硝催化剂失活及其原因研究 [J]. 燃料化学学报，2011，39 (6): 465-470.

[74] 李德波，廖永进，徐齐胜．SCR 脱硝系统催化剂综合分析管理系统［J］．中国电力，2014，47（6）：135-139.

[75] 李德波，廖永进，陆继东，等．燃煤电站 SCR 催化剂更换周期及策略优化数学模型［J］．中国电力，2013，46（12）：118-121.

[76] 陈进生，商雪松，赵金平，等．烟气脱硝催化剂的性能检测与评价［J］．中国电力，2010，43（11）：64-69.

[77] 张强，杨世极．某火电厂 SCR 脱硝催化剂运行状况与活性测试［J］．热力发电，2010，39（4）：62-66.

[78] 杨恂，黄锐，孔凡海，等．SCR 脱硝催化剂活性的测量和应用［J］．热力发电，2013，42（1）：15-19. ［1］梁川，沈越．1000MW 机组 SCR 烟气脱硝系统优化运行［J］．中国电力，2012，45（1）：41-44.

[79] 曹志勇，谭城军，李建中，等．燃煤锅炉 SCR 烟气脱硝系统喷氨优化调整试验［J］．中国电力，2011，44（11）：55-58.

[80] 刘红辉，刘伟，黄锐，等．燃煤电厂 SCR 脱硝催化剂失活及其再生性能研究［J］．中国电力，2014，47（4）：139-143.

[81] 李德波，廖永进，徐齐胜，等．燃煤电站 SCR 脱硝催化剂更换策略研究［J］．中国电力，2014，47（3）：155--159.

[82] 王静，沈伯雄．钒钛基 SCR 催化剂中毒及再生研究进展［J］．环境科学与技术，2010，23（9）.

[83] 马良，陈超．常规燃煤电厂超低排放技术路线分析［J］．山西建筑，2014，40（28）.

[84] 崔力文，宋浩，吴卫红，等．电站失活 SCR 催化剂再生实验研究［J］．能源与环境，2012，43（4）.

[85] 孙克勤，钟泰，于爱华．SCR 催化剂的碱金属中毒研究［J］．中国环保产业，2007，40（10）.

[86] 刘红辉，刘伟，黄锐，等．燃煤电厂 SCR 脱硝催化剂失活及其再生性能研究［M］．北京：中国电力出版社，2014.

[87] 郝永利，孙绍锋，胡华龙．浅析废烟气脱硝催化剂环境管理［J］．环境与可持续发展，2014，39（1）：17-18.

[88] 张涛，肖雨亭，白伟，等．失活脱硝催化剂再生和回收研究进展［J］．电力科技与环保，2015，31（5）：20-22.

[89] 李俊华，杨恂，常化振．烟气催化脱硝关键技术研发及应用［M］．北京：科学出版社，2015.

[90] 王乐乐，宋玉宝，杨晓宁，等．火电厂 SCR 运行性能诊断技术［J］．热力发电，2014，43（10）：95-99.

[91] 王乐乐，孔凡海，何金亮，等．超低排放形势下 SCR 脱硝系统运行存在问题与对策［J］．热力发电，2016，45（12）：19-24.

[92] 安敬学，王磊，秦淇，等．SCR 脱硝系统催化剂磨损机理分析与治理［J］．热力发电，2015，44（12）：119-125.

[93] 喻小伟，周瑜，刘帅，等．SCR 脱硝催化剂失活原因分析及再生处理［J］．热力发电，2014，43（2）：109-113. YU Xiaowei，ZHOU Yu，LIU Shuai，et al. Reason analysis for deactivation of commercial SCR de-NO_x catalyst and its regeneration［J］. Thermal Power Generation，2014，43（2）：109-113.

[94] 张光学，周安琪，范海燕，等．铁铈氧化物催化剂脱硝性能及抗碱金属盐中毒性能研究［J］．热力发电，2016，45（1）：37-41.

[95] 刘智湘．在役 SCR 催化剂活性及动力学参数研究［D］．广州：华南理工大学，2013：27.

[96] 王琦，王树荣，岑可法，等．燃煤电厂 SCR 脱硝技术催化剂的特性及进展．电站系统工程，2005，21（3）：4-6.

[97] 谭青，冯雅晨．我国烟气脱硝行业现状与前景及SCR脱硝催化剂的研究进展［J］．化工进展，2011，Sl：709．

[98] 刘予，王沛迪，王雪涛，等．燃煤发电机组SCR脱硝催化剂类型与失活的防治措施［J］．上海电力学院学报，2014，30（3）：287-291．

[99] 李敏．氨选择性催化还原（SCR）氮氧化物的 V_2O_5/TiO_2 基催化剂活性及动力学研究［D］．南京：东南大学，2005．

[100] 云端，宋蔷，姚强．V_2O_5-WO_3/TiO_2 SCR催化剂的失活机理及分析［J］．煤炭转化，2009，32，（1）：91-96．

[101] 宋闯，王刚，李涛，等．燃煤烟气脱硝技术研究进展［J］．环境保护与循环经济，2010（1）：63-65．

[102] 潘光．烟气脱硝技术及在我国的应用［J］．中国环境管理干部学院学报，2008，18（1）：90-931．

[103] 王钟，王颖．火电厂烟气脱硝技术探讨［J］．吉林电力，2005，6：1-5．

[104] 杨冬，徐鸿．SCR烟气脱硝技术及其在燃煤电厂的应用［J］．电力环境保护，2007，（23）：49-51．

[105] 周井祝．火力发电厂脱硝催化剂寿命管理［J］．现代商贸工业，2017（13）：186-187．

[106] 董长青，马帅，傅玉，等．火电厂SCR脱硝催化剂寿命预估研究［J］．华北电力大学学报（自然科学版），2016，43（03）：64-68．

[107] 杨义东．火电厂SCR脱硝系统全寿命管理研究［D］．北京：华北电力大学，2016．

[108] 曹志勇，秦逸轩，陈聪．SCR烟气脱硝催化剂失活机理综述［J］．浙江电力，2010（12）：36-37．

[109] 宋玉宝，王乐乐，金理鹏，等．基于现场性能测试的脱硝装置潜能评估及寿命预测［J］．热力发电，2015，44（5）：39-44．

[110] 李德波，廖永进，徐齐胜，等．燃煤电站SCR脱硝催化剂更换策略研究［J］．中国电力，2014，47（3）：155-159．

[111] 吴国潮，刘长东，薛东武，等．燃煤电厂SCR脱硝催化剂性能检测与寿命管理［J］．环境影响评价，2016，38（5）：73-75，88．

[112] 赵瑞，刘毅，廖海燕，等．火电厂脱硝催化剂寿命管理现状及发展趋势［J］．洁净煤技术．2015，21（4）：134-138．

[113] 刘静．全寿命管理在我国电力项目中的应用［D］．西安：西安建筑科技大学，2017．

[114] 崔海峰．浅谈全寿命管理概念［J］．科技情报开发与经济，2009，19（15）：171-174．